Lecture Notes in Mathematics

Edited by A. Dold and B. Eckmann

665

Journées d'Analyse Non Linéaire

Proceedings, Besançon, France, June 1977

Edité par P. Bénilan et J. Robert

Springer-Verlag
Berlin Heidelberg New York 1978

Editeurs
Philipp Bénilan
Jacques Robert
Université de Besancon
Faculté des Sciences (Mathematiques)
Route de Gray
F-25030 Besançon/Cedex

Library of Congress Cataloging in Publication Data

Journées d'analyse non linéaire, Besançon, France, 1977.
Proceedings, Besançon, France, June 1977.

(Lecture notes in mathematics ; 665)
French or English.
Bibliography: p.
Includes index.
1. Mathematical analysis--Congresses. 2. Differential equations, Partial--Congresses. I. Bénilan, Philippe, 1940- II. Robert, Jacques, 1929- III. Series: Lecture notes in mathematics (Berlin) ; 665.
QA3.L28 no. 665 [QA300] 510'.8s [515] 78-13678

ISBN 3-540-08922-5 Springer-Verlag Berlin Heidelberg New York
ISBN 0-387-08922-5 Springer-Verlag New York Heidelberg Berlin

Printing and binding: Beltz Offsetdruck, Hemsbach/Bergstr.
2141/3140-543210

Math Sep.

PREFACE

Les " Journées d'Analyse non linéaire de Besançon " ont été organisées en Juin 1977 par le laboratoire de Mathématiques (E.R.A.n° 070654) de l'Université de Franche-Comté , à Besançon (France) , avec le soutien financier de la Société Mathématique de France et du C.N.R.S. Quatre vingt mathématiciens, de dix nationalités différentes , y ont participé .

Le programme de ces journées concernait les " problèmes quasi-linéaires " qui sont les plus fréquents parmi les problèmes d'équations aux dérivées partielles non linéaires qui interviennent en Mécanique , Physique , Biologie , Econométrie , etc ...

Dix-sept conférences ont été données . Ce volume contient les résumés de quinze d'entre elles , les travaux exposés par H. Brézis et L. Nirenberg ayant été publiés ailleurs . Ces résumés correspondent à des résultats récents qui n'ont pas fait l'objet de publications antérieures.

C'est un plaisir de remercier tout particulièrement Mme Oleinik et Messieurs Nirenberg , Marsden et Brézis pour leur participation à ces journées . La réalisation des textes de ce volume a été possible grâce au dévouement et à l'efficacité de M. Th. Paris et S. Prudent , collaboratrices CNRS du laboratoire de Mathématiques de Besançon .

Ph. Bénilan et J. Robert

TABLE DES MATIERES

LISTE DES CONFERENCIERS ET DES EXPOSES

H.ATTOUCH (Paris).

Convergence de fonctionnelles convexes.

H.BREZIS. (Paris).

Comment ajouter les images d'opérateurs non linéaires ?

A.DAMLAMIAN. (Paris).

Sur certaines équations quasi-linéaires du type "divergentielle" d'ordre arbitraire.

G.DUVAUT. (Paris).

Homogénéisation des plaques à structure périodique en théorie non linéaire de Von Karman.

A.FOUGERES - J.C.PERALBA. (Perpignan).

Application au calcul des variations de l'optimisation intégrale convexe.

J.P.GOSSEZ. (Bruxelles).

Sur certains problèmes de Dirichlet fortement non linéaires à la résonance.

P.HESS. (Zürich).

Perturbations non linéaires de problèmes linéaires à la résonance : existence de multiples solutions.

M.T.LACROIX. (Lyon).

Echelle d'espaces intermédiaires entre un espace de Sobolev-Orlicz et un espace d'Orlicz. Trace d'espaces de Sobolev-Orlicz avec poids.

J.E.MARSDEN.(Berkeley). Two examples in nonlinear elasticity.

U.MOSCO. (Rome).

Sur l'existence de la solution régulière de l'inéquation quasi-variationnelle non linéaire du contrôle optimal impulsionnel et continu.

L.NIRENBERG. (New-York).

Regularity in free boundary problems.

O.A.OLEINIK. (Moscou).

On the Navier-Stokes equation in a domain with the moving boundary.

L.A.PELETIER . (Delft).

A nonlinear eigenvalue problem occuring in population genetics.

J.P.PUEL. (Paris).

Un problème de valeur propre non linéaire et de frontière libre.

J.SIMON. (Paris).

Régularité de la solution d'une équation non linéaire dans $\mathbb{R}^N$.

L.TARTAR. (Orsay).

Une nouvelle méthode de résolution d'équations aux dérivées partielles non linéaires.

J.R.L.WEBB. (Glasgow).

Strongly nonlinear elliptic equations.

CONVERGENCE DE FONCTIONNELLES CONVEXES

Hedy ATTOUCH
Laboratoire de Mathématiques. Bat.425
Université Paris-Sud. Centre d'Orsay
91 405 ORSAY Cedex

Plan

I) Convergence au sens de Mosco. Rappels.

II) Convergence des solutions d'inéquations variationnelles d'évolution.

III) Application au problème d'obstacle pour une suite d'opérateurs G-convergente.

Dans tout ce qui suit, H désignera un espace de Hilbert réel muni d'un produit scalaire $\langle . , . \rangle$ et de la norme associée $| . |$ et $(\Phi^n)_{n\in\mathbb{N}}$, $\Phi^n : H \longrightarrow]-\infty, +\infty]$, une suite de fonctions convexes, semi-continues inférieurement (s.c.i), propres ($\not\equiv +\infty$).

Dans la première partie, on rappelera un certain nombre de résultats concernant la convergence "au sens de Mosco" ([10]) d'une telle suite $(\Phi^n)_{n\in\mathbb{N}}$ et on fera le lien avec la convergence au sens des résolvantes des sous-différentiels $(\partial\Phi^n)_{n\in\mathbb{N}}$ ([1], [2]).

On utilisera ces résultats pour aborder le problème de la convergence des solutions d'inéquations variationnelles elliptiques et paraboliques :

Soit $(\varphi^n)_{n\in\mathbb{N}}$ une suite convergente au sens de Mosco, $\varphi^n \xrightarrow{M} \varphi$, et soit K un convexe fermé non vide de H. Considérons les inéquations variationnelles

$$(I_n)\quad u_n \in K\ ,\quad \varphi^n(v) \geq \varphi^n(u_n)\qquad \forall v \in K$$

$$(II_n)\quad u_n \in \mathfrak{K}\ ,\ \int_0^T \varphi^n(v)\,dt \geq \int_0^T \varphi^n(u_n)\,dt + \int_0^T \langle v-u_n, f_n - \frac{du_n}{dt}\rangle\,dt$$

$$\forall v \in \mathfrak{K}\ ,\quad u_n(o) = u_{o,n}$$

où $\mathfrak{K} = \{ v \in L^2(0,T;H) \,/\, \text{p.p.t } v(t) \in K \}$. On suppose l'existence de solutions u_n aux problèmes (I_n) (resp. (II_n)). Le problème général peut se formuler de la façon suivante :

La suite $(u_n)_{n \in \mathbb{N}}$ est-elle convergente et notant u sa limite, à quel problème satisfait u ?

La méthode suivie consiste à formuler (I_n) et (II_n) en termes de $\Phi^n = \varphi^n + I_K$, où I_K désigne la fonction indicatrice du convexe K, et à étudier la suite $(\Phi^n \xrightarrow{M} \Phi)$. Un des intérêts principaux de cette approche est de traiter simultanément les cas elliptiques et paraboliques. A cet effet, dans la deuxième partie, nous étudierons, de façon générale, les propriétés de convergence de la suite $(u_n)_{n \in \mathbb{N}}$ où u_n est solution de

$$\frac{du_n}{dt} + \partial\Phi^n(u_n) \ni f_n\ ,\quad u_n(o) = x_n\ .$$

Sous l'hypothèse $\Phi^n \longrightarrow \Phi$, $f_n \longrightarrow f$ dans $L^2(0,T;H)$, $x_n \longrightarrow x$ ($x_n \in \overline{D(\Phi^n)}$) on montrera, outre la convergence uniforme de u_n vers u (H.Brézis [7]), la convergence de $\frac{du_n}{dt}$ vers $\frac{du}{dt}$ dans $L^2_{loc}(]0,T[;H)$ fort ; (u désigne la solution du problème limite).

Dans la troisième partie, on appliquera les résultats précédents au cadre suivant :

$$H = L^2(\Omega)\ ,\quad K = K(\psi) = \{ u \in H^1_0(\Omega) \ /\ u \geq \psi \text{ au sens } H^1_0(\Omega) \}$$

(avec pour unique hypothèse sur ψ , $K(\psi)\neq\emptyset$),

$$\varphi^n(u) = \begin{cases} 1/2 \int_\Omega \sum_{i,j=1}^{N} a_{ij}^n(x) \frac{\partial u}{\partial x_i} \frac{\partial u}{\partial x_j} dx & u \in H_0^1(\Omega) \\ + \infty & \text{ailleurs} \end{cases}$$

(les a_{ij}^n sont supposés uniformément elliptiques).

Sous l'hypothèse $\varphi^n \xrightarrow{M} \varphi$, ce qui revient à supposer que $A^n = \partial\varphi^n$ G-converge vers $A = \partial\varphi$ ([12]), on montrera que $\Phi^n = \varphi^n + I_K \xrightarrow{M} \Phi = \varphi + I_K$, d'où l'on déduira par application directe des résultats précédents, la convergence des solutions des I.V. associées (I_n) et (II_n) ; on retrouvera, pour le problème (I_n), les résultats de Murat [11] (cas autoadjoint) et on généralisera les résultats de Boccardo-Marcellini [6] qui par une méthode voisine étudient le cas d'un obstacle régulier.

I. Convergence au sens de Mosco. Rappels.

Soit H un Hilbert réel, $\langle .,. \rangle$ le produit scalaire et $|.|$ la norme associée. Soit $\varphi^n : H \longrightarrow]-\infty, +\infty]$ une suite de fonctions convexes, s.c.i, propres. Supposons que le problème variationnel

(1.1) $\qquad \forall v \in H \quad \varphi^n(v) \geq \varphi^n(u_n) + \langle f, v - u_n \rangle$

admette une solution u_n et que la suite u_n reste bornée (il suffit de supposer, par exemple, les φ^n uniformément coercives) ;

Soit $u_{n_k} \xrightarrow{w-H} u$; si l'on veut que u soit solution du problème

(1.2) $\qquad \forall v \in H \quad \varphi(v) \geq \varphi(u) + \langle f, v - u \rangle$

on est naturellement amené à supposer

(1.3) (s.sci) $\forall x \in D(\varphi) \ \exists (x_n)_{n\in\mathbb{N}} \ x_n \longrightarrow x$ et $\varphi(x) \geq \overline{\lim}\ \varphi^n(x_n)$

(1.4) (w.scs) $\forall (n(k))_{k\in\mathbb{N}}$, suite extraite, $\forall (x_k)_{k\in\mathbb{N}}$
$(x_k \xrightarrow{W-H} x) \Rightarrow (\varphi(x) \leq \underline{\lim}\ \varphi^{n(k)}(x_k))$.

Si (1.3) et (1.4) sont satisfaits on dira que la suite φ^n converge au sens de Mosco vers φ et l'on notera $\varphi^n \xrightarrow{M} \varphi$.

Notant $\partial\varphi$ le sous-différentiel de φ, (1.1) peut s'écrire également

$$\partial\varphi^n(u_n) \ni f .$$

On est amené naturellement à chercher la notion de convergence pour la suite $(\partial\varphi^n)_{n\in\mathbb{N}}$, correspondante à la convergence au sens de Mosco de la suite $(\varphi^n)_{n\in\mathbb{N}}$; auparavant, rappelons les définitions suivantes :

(1.5) Soit $(A^n)_{n\in\mathbb{N}}$ une suite d'opérateurs maximaux monotones ; on dira que A^n converge vers A au sens des résolvantes, et l'on notera $A^n \xrightarrow{R} A$, si : $\forall\lambda>0,\ \forall x\in H \quad (I+\lambda A^n)^{-1}x \xrightarrow[(n\to+\infty)]{} (I+\lambda A)^{-1}x$.

On montre simplement que :

(1.6) $\quad A^n \xrightarrow{R} A \Leftrightarrow \forall (u,f)\in A\ \exists (u_n,f_n)\in A^n\ u_n \longrightarrow u$ et $f_n \longrightarrow f$.

(1.7) $\quad A^n \xrightarrow{R} A \Rightarrow \forall (u_{n_k},f_{n_k})\in A^{n_k}\ (u_{n_k} \xrightarrow{w\text{-}H} u, f_{n_k} \longrightarrow f) \Rightarrow (u,f)\in A.$

(1.6) $\quad \Rightarrow$(1.8) $A^n \xrightarrow{R} \Leftrightarrow (A^n)^{-1} \xrightarrow{R} A^{-1}$.

Etant donné A maximal monotone et $\lambda>0$ on note A_λ son approximation Yosida, $A_\lambda = 1/\lambda\,[I-(I+\lambda A)^{-1}]$; si $A=\partial\varphi$, on a

(1.9) $\quad A_\lambda = \partial\varphi_\lambda$ où $\varphi_\lambda(x) = \underset{y\in H}{\mathrm{Min}} \{\varphi^n(y)+\frac{1}{2\lambda}|x-y|^2\}$; φ_λ est convexe, Fréchet différentiable, et $\varphi_\lambda \uparrow \varphi$ lorsque $\lambda\downarrow 0$.

Nous sommes à présent en mesure d'énoncer le Théorème suivant, présenté sous forme de tableau à deux colonnes, les colonnes de gauche et de droite indiquant les mêmes propriétés, respectivement en termes de fonctionnelles et de sous-différentiels.

.../...

(1.10) THEOREME. (cf.[2])

$\varphi^n \xrightarrow{M} \varphi$ $\overset{(1.11)}{\Longleftrightarrow}$ $\begin{cases} \cdot\ \partial\varphi^n \xrightarrow{R} \partial\varphi \\ \cdot\ \exists (u, v) \in \partial\varphi \ \ \exists (u_n, v_n) \in \partial\varphi^n \ \ u_n \to u,\ v_n \to v, \\ \quad \varphi^n(u_n) \to \varphi(u) \end{cases}$

$\Updownarrow$ (1.12) $\qquad\qquad\qquad\qquad$ $\Updownarrow$ (1.14)

$\forall \lambda > 0 \ \ \forall x \in H \ \ \varphi^n_\lambda(x) \to \varphi_\lambda(x)$ $\overset{(1.13)}{\Longleftrightarrow}$ $\begin{cases} \cdot\ \forall\lambda > 0 \ \ \forall x \in H \ \ (I+\lambda\partial\varphi^n)^{-1} x \xrightarrow{W-H} (I+\lambda\partial\varphi)^{-1} x \\ \cdot\ \exists (u,v) \in \partial\varphi \ \ \exists (u_n, v_n) \in \partial\varphi^n \ \ u_n \to u, v_n \to v, \\ \quad \varphi^n(u_n) \to \varphi(u). \end{cases}$

(1.15) REMARQUE.

L'équivalence (1.11) entre convergence au sens de Mosco des $(\varphi^n)_{n\in\mathbb{N}}$ et convergence au sens des résolvantes des $(\partial\varphi^n)_{n\in\mathbb{N}}$ se révèle d'un emploi très souple pour résoudre nombre de problèmes, certains se traitant mieux en termes de fonctionnelles, d'autres en termes d'opérateurs sous-différentiels . Dégageons à présent quelques résultats qui nous serons utiles pour la suite :

(1.16) PROPOSITION . (cf.[1], Prop.3.4).

Soit H un espace de Hilbert séparable, $(\Omega, \mathfrak{T}, \mu)$ un espace mesuré, μ mesure positive σ-finie, $\mathfrak{T}$ une tribu μ-complète.

Soit, d'autre part, $(\varphi^n)_{n\in\mathbb{N}}$, φ une suite d'intégrandes convexes normales φ^n, $\varphi : \Omega\times H \to]-\infty, +\infty]$. On note $\mathfrak{H} = L^2(\Omega, d\mu ; H)$ muni du produit scalaire $\langle u, v\rangle_{\mathfrak{H}} = \int_\Omega \langle u(t), v(t)\rangle d\mu(t)$.

Supposons : a) μ p.p.$t \in \Omega$ $\varphi^n(t, .) \xrightarrow{M} \varphi(t, .)$

b) Il existe deux suites $(u_n)_{n\in\mathbb{N}}$ et $(f_n)_{n\in\mathbb{N}}$ de $\mathfrak{H}$ telles que:

μ ppt $\in \Omega$ $f_n(t) \in \partial\varphi^n(u_n(t))$, $u_n \xrightarrow{\mathfrak{H}} u$, $f_n \xrightarrow{\mathfrak{H}} f$ et

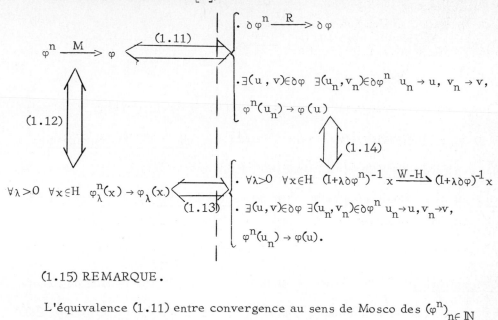

$$\int_\Omega \varphi^n(t,u_n(t))\,d\mu(t) \to \int_\Omega \varphi(t,u(t))\,d\mu(t).$$

Alors, $\psi^n = \int_\Omega \varphi^n(t,.)\,d\mu(t) \longrightarrow \psi = \int_\Omega \varphi(t,.)\,d\mu(t)$ dans

$\mathfrak{H} = L^2(\Omega, d\mu; H)$.

(1.17) COROLLAIRE. Soit $\varphi^n \xrightarrow{M} \varphi$ une suite M-convergente dans un espace de Hilbert H séparable. Pour tout ρ tel que $-1 < \rho < +1$, la suite de fonctionnelles $\psi^n = \int_0^T \varphi^n\,dt$ M-converge vers $\psi = \int_0^T \varphi\,dt$ dans $\mathfrak{H} = L^2(0, T; t^\rho\,dt; H)$.

Démonstration. La démonstration de la Proposition (1.16) résulte de l'équivalence (1.11) en notant que : $\forall h \in \mathfrak{H}$ $[(I+\partial\psi^n)^{-1}h](t) = [I+\partial\varphi^n(t,.)]^{-1}(h(t))$ μ ppt ; on applique ensuite le Théorème de Vitali. Le corollaire s'en déduit en prenant $d\mu(t) = t^\rho\,dt$ et $\varphi^n(t,.) = t^{-\rho}\varphi^n$.

(1.18) LEMME. Soit $(a_n^1)_{n\in\mathbb{N}}, \dots, (a_n^\ell)_{n\in\mathbb{N}}$ une famille finie de suites de réels vérifiant pour tout $n \in \mathbb{N}$ $\sum_{k=1}^{\ell} a_n^k = 0$. On suppose que pour tout $k=1,\dots,\ell$ $a^k \le \underline{\lim}\, a_n^k$ et $\sum_{k=1}^{\ell} a^k \ge 0$. Alors, $\forall k=1,\dots,\ell$ $a_n^k \xrightarrow[(n\to+\infty)]{} a^k$.

Démonstration. $a_n^1 = -\sum_{k\ne 1} a_n^k$ d'où

$$\overline{\lim}\, a_n^1 = -\underline{\lim}\Big(\sum_{k\ne 1} a_n^k\Big) \le -\sum_{k\ne 1}\big(\underline{\lim}\, a_n^k\big) \le -\sum_{k\ne 1} a^k \le a^1$$

et donc $a_n^1 \longrightarrow a^1$; de la même façon $a_n^k \xrightarrow[n\to+\infty]{} a^k$.

Nous allons maintenant, à l'aide du Théorème 1.10, donner d'autres formulations de la convergence au sens de Mosco, faisant intervenir, de façon symétrique, les fonctionnelles et leurs conjuguées.

(1.19) PROPOSITION. Soit $(\varphi^n)_{n\in\mathbb{N}}$, $\varphi^n : H \longrightarrow]-\infty, +\infty]$ convexes, s.c.i, propres ; sont équivalents :

i) $\varphi^n \xrightarrow{M} \varphi$

ii) $\begin{cases} \forall x \in D(\varphi) \quad \exists x_n \longrightarrow x \ , \quad \varphi(x) \geq \overline{\lim}\ \varphi^n(x_n) \\ \forall y \in D(\varphi^*) \quad \exists y_n \longrightarrow y \ , \quad \varphi^*(y) \geq \overline{\lim}\ \varphi^{n*}(y_n) . \end{cases}$

iii) $\begin{cases} \forall x \in D(\varphi) \quad \exists x_n \longrightarrow x \ , \quad \varphi^n(x_n) \longrightarrow \varphi(x) \\ \forall y \in D(\varphi^*) \quad \exists y_n \longrightarrow y \ , \quad \varphi^{n*}(y_n) \longrightarrow \varphi^*(y) . \end{cases}$

iv) $\begin{cases} \forall (n(k))_{k\in\mathbb{N}} \quad (x_k \xrightarrow{w-H} x) \Rightarrow \varphi(x) \leq \underline{\lim}\ \varphi^{n(k)}(x_k) \\ \forall (n(k))_{k\in\mathbb{N}} \quad (y_k \xrightarrow{w-H} y) \Rightarrow \varphi^*(y) \leq \underline{\lim}\ \varphi^{*n(k)}(y_k) \\ \exists x_o \in D(\varphi) \quad \exists x_n \in D(\varphi^n) \quad x_n \xrightarrow{w-H} x_o \quad \text{et} \quad \sup_n \varphi^n(x_n) < +\infty . \end{cases}$

en particulier, $\varphi^n \xrightarrow{M} \varphi \Leftrightarrow \varphi^{n*} \xrightarrow{M} \varphi^*$.

Démonstration de la proposition (1.19).

(i) $\Rightarrow$ (ii). On vérifie directement à partir de (1.11) l'équivalence $(\varphi^n \xrightarrow{M} \varphi) \Leftrightarrow (\varphi^{n*} \xrightarrow{M} \varphi^*)$. Il suffit de remarquer que $\partial(\varphi^*) = (\partial\varphi)^{-1}$ et d'utiliser (1.8). On exprime alors la propriété (s.sci) pour les suites $(\varphi^n)_{n\in\mathbb{N}}$ et $(\varphi^{n*})_{n\in\mathbb{N}}$.

(ii) $\Rightarrow$ (i). Soit $z_{n_k} \xrightarrow{w-H} z$;(notons $n(k)=n$) ; montrons que

$$\varphi(z) \leq \underline{\lim}\ \varphi^n(z_n) .$$

Par hypothèse,

$$\forall y \in D(\varphi^*) \quad \exists y_n \longrightarrow y \ , \ \varphi^*(y) \geq \overline{\lim}\ \varphi^{n*}(y_n).$$

Ecrivons que $\varphi^n = (\varphi^{n*})^*$:

$$\forall n \in \mathbb{N} \quad \varphi^n(z_n) \geq \langle z_n, y_n \rangle - \varphi^{n*}(y_n)$$

d'où, par passage à la limite inférieure, et, tenant compte de l'inégalité précédente,

$$\forall y \in D(\varphi^*) \quad \underline{\lim}\ \varphi^n(z_n) \geq \langle z, y \rangle - \varphi^*(y) \text{ et par passage au sup.}$$

$$\underline{\lim}\ \varphi^n(z_n) \geq \varphi(z).$$

(ii)$\Rightarrow$(iii). Soit $x \in D(\varphi)$; d'après (ii) il existe $x_n \longrightarrow x$, $\varphi(x) \geq \overline{\lim}\ \varphi^n(x_n)$; Or (ii)$\Rightarrow$(i) et, d'après la propriété (w.scs) $\varphi(x) \leq \underline{\lim}\ \varphi^n(x_n)$; par conséquent, $\varphi^n(x_n) \longrightarrow \varphi(x)$; par symétrie, on obtient la même propriété pour la suite $(\varphi^{n*})_{n\in\mathbb{N}}$.

(iii)$\Rightarrow$(ii) évident.

(i) $\Rightarrow$ (iv) on écrit la propriété (w.scs) pour les suites $(\varphi^n)_{n\in\mathbb{N}}$ et $(\varphi^{n*})_{n\in\mathbb{N}}$.

(iv)$\Rightarrow$(i) Montrons tout d'abord que $\partial\varphi^n \xrightarrow{R} \partial\varphi$:

Soit $f \in H$ et $u_n = (I + \partial\varphi^n)^{-1} f$; on a $u_n + \partial\varphi^n(u_n) \ni f$, où, de façon équivalente :

$$\varphi^n(u_n) + \varphi^{n*}(f - u_n) = \langle f - u_n, u_n \rangle$$

$$(1.20) \quad \varphi^n(u_n) + \varphi^{n*}(f - u_n) + |u_n|^2 - \langle f, u_n \rangle = 0$$

Montrons que la suite $(u_n)_{n\in\mathbb{N}}$ reste bornée :

D'après [1], Remarque 1.4, il résulte de l'hypothèse (w.scs) sur la suite $(\varphi^n)_{n\in\mathbb{N}}$ et, de l'existence d'une suite $(x_n)_{n\in\mathbb{N}}$ satisfait à la dernière propriété de (iv), que :

$$\exists c_1, c_2 \geq 0 \quad \forall n\in\mathbb{N} \quad \forall x\in H \quad \varphi^n(x)+c_1|x|+c_2\geq 0 \text{ ; écrivons}$$
$$\forall n\in\mathbb{N} \quad \varphi^n(x_n) \geq \varphi^n(u_n)+\langle x-u_n, f-u_n\rangle \text{ , d'où}$$
$$\forall n\in\mathbb{N} \quad \varphi^n(x_n)+c_1|u_n|+c_2\geq\langle x-u_n, f\rangle-\langle x, u_n\rangle+|u_n|^2 \text{ et}$$

par conséquent $\sup_n |u_n| < +\infty$.

Soit $u_{n_k} \xrightarrow{w\text{-}H} u$; d'après (iv) on a :

$$(1.21) \quad \begin{cases} \varphi(u)\leq \underline{\lim}\ \varphi^{n_k}(u_{n_k}) \\ \varphi^*(f-u)\leq \underline{\lim}\ \varphi^{n_k^*}(f-u_{n_k}) \\ |u|^2\leq \underline{\lim}\ |u_{n_k}|^2 \\ \langle f, u\rangle\leq \underline{\lim}\ \langle f, u_{n_k}\rangle \end{cases}$$

Passant à la limite inférieure sur (1.20), on obtient :

$$\varphi(u)+\varphi^*(f-u)-\langle u, f-u\rangle\leq 0 \ .$$

Or, par définition de φ^*, $\varphi^*(f-u)+\varphi(u)-\langle u, f-u\rangle\geq 0$ et donc

$$\varphi(u)+\varphi^*(f-u)-\langle u, f-u\rangle=0 \quad \text{ce qui exprime que}$$

$$f-u \in \partial\varphi(u) \quad \text{i.e } u=(I+\partial\varphi)^{-1} f \text{ ;}$$

Par conséquent, $u_n \xrightarrow{w\text{-}H} u$; il résulte d'autre part du lemme (1.18) que

$$|u_n|^2 \longrightarrow |u|^2 \ , \quad \varphi^n(u_n)\longrightarrow\varphi(u) \quad \text{et} \quad \varphi^{n*}(f-u_n)\longrightarrow\varphi^*(f-u).$$

On a donc, $\forall f\in H \ (I+\partial\varphi^n)^{-1}f \longrightarrow (I+\partial\varphi)^{-1}f$ et $\partial\varphi^n \xrightarrow{R} \partial\varphi$.

D'autre part, reprenant la démonstration précédente ,

$$f-u \in \partial\varphi(u) \quad f-u_n \in \partial\varphi^n(u_n) \quad u_n \longrightarrow u , \ f-u_n \longrightarrow f-u ,$$

$\varphi^n(u_n) \longrightarrow \varphi(u)$ et donc, d'après l'équivalence (1.11), $\varphi^n \xrightarrow{M} \varphi$.

(1.22) REMARQUES.

1°) Les formulations précédentes, symétriques en φ et φ^*, mettent clairement en évidence la continuité de la transformation de Young-Feuchel ($\varphi \multimap \varphi^*$) pour la topologie de la convergence au sens de Mosco. Cette propriété justifie l'importance théorique de cette notion de convergence.

2°) La formulation (iii) de la M-convergence permet de définir simplement une notion de rapidité de convergence pour une suite M-convergente.

3°) Il résulte de (iii) que sous l'hypothèse, φ^n et φ^{n*} partout définis, la convergence simple de φ^n vers φ et de φ^{n*} vers φ^* entraine la M-convergence de φ^n vers φ ; ce résultat améliore la Proposition 1.7 de [2] .

4°) Nous utiliserons dans la démonstration du Théorème 2.1 la formulation (iv) de la M-convergence ; elle s'avère dans un certain nombre de cas plus simple que la formulation initiale donnée en définition.

II. <u>Convergence des solutions d'inéquations variationnelles d'évolution</u>.

Nous allons montrer le théorème suivant :

(2.1) THEOREME.

<u>Soit</u> $\partial\Phi^n \xrightarrow{R} \partial\Phi$ <u>une suite convergente de sous-différentiels dans un espace de Hilbert réel</u> H. <u>Notons</u> u_n (resp. u) <u>les solutions des équations d'é-</u>

volution

$$(II_n) \quad \frac{du_n}{dt} + \partial \Phi^n(u_n) \ni f_n \quad , \quad u_n(o) = x_n$$

$$(II) \quad \frac{du}{dt} + \partial \Phi(u) \ni f \quad , \quad u(o) = x$$

où f_n et $f \in L^1(0,T;H)$, $\sqrt{t}\, f_n$ et $\sqrt{t}\, f \in L^2(0,T;H)$, $x_n \in \overline{D(\Phi^n)}$ et $x \in \overline{D(\Phi)}$

On suppose que $x_n \longrightarrow x$, $f_n \xrightarrow{L^1(0,T;H)} f$, $\sqrt{t}\, f_n \xrightarrow{L^2(0,T;H)} \sqrt{t}\, f$.

1°) Alors, | $u_n \longrightarrow u$ uniformément sur $[0,T]$ et $\int_0^T t \left| \frac{du_n}{dt} - \frac{du}{dt} \right|^2 dt \underset{n\to+\infty}{\longrightarrow} 0$.

De plus, désignant par Φ^n, Φ des primitives de $\partial\Phi^n$, $\partial\Phi$ telles que $\Phi^n \xrightarrow{M} \Phi$, on a :

$$\sup_{t\in[0,T]} t \,|\, \Phi^n(u_n(t)) - \Phi(u(t)) \,| \underset{n\to+\infty}{\longrightarrow} 0 ,$$

$$\int_0^T |\, \Phi^n(u_n(t)) - \Phi(u(t)) \,| \, dt \underset{n\to+\infty}{\longrightarrow} 0 ,$$

$$\forall \varepsilon > 0 \quad \int_0^T t^\varepsilon \,|\, \Phi^{n*}(f_n - \frac{du_n}{dt}) - \Phi^*(f - \frac{du}{dt}) \,| \, dt \underset{n\to+\infty}{\longrightarrow} 0 .$$

2°) Si l'on suppose en outre que $\sup_n \Phi^n(x_n) < +\infty$ et que $f_n \longrightarrow f$ dans $L^2(0,T;H)$

$$\frac{du_n}{dt} \rightharpoonup \frac{du}{dt} \quad \text{dans } w - L^2(0,T;H)$$

$$\forall \varepsilon > 0 \quad \int_0^T t^\varepsilon \left| \frac{du_n}{dt} - \frac{du}{dt} \right|^2 dt \underset{n\to+\infty}{\longrightarrow} 0$$

$$\forall \varepsilon > 0 \quad \sup_{t\in[0,T]} t^\varepsilon \,|\, \Phi^n(u_n(t)) - \Phi(u(t)) \,| \underset{n\to+\infty}{\longrightarrow} 0$$

$$\forall \varepsilon > 0 \quad \int_0^T | \Phi^{n*}(f_n - \frac{du_n}{dt}) - \Phi^*(f - \frac{du}{dt}) | \frac{dt}{t^{1/2-\varepsilon}} \xrightarrow[n\to+\infty]{} 0 .$$

3°) Si l'on suppose que $\Phi^n(x_n) \longrightarrow \Phi(x)$ et que $f_n \longrightarrow f$ dans $L^2(0,T;H)$

$\frac{du_n}{dt} \longrightarrow \frac{du}{dt}$ dans $L^2(0,T;H)$ et $\Phi^n(u_n) \longrightarrow \Phi(u)$ uniformément sur $[0,T]$.

Démonstration du Théorème 2.1.

a) Estimations sur les solutions $(u_n)_{n\in\mathbb{N}}$ des problèmes approchés (Π_n).

Soit, de façon générale, v solution de

$$(2.2) \qquad \frac{dv}{dt} + \partial \Phi(v) \ni f \quad , \quad v(o) = v_o$$

avec $v_o \in D(\Phi)$ et $f \in L^2(0,T;H)$; multiplient (2.2) par $t\frac{dv}{dt}$ et intégrant sur $]0,T[$, on obtient :

$$\int_0^T t \left|\frac{dv}{dt}\right|^2 dt + \int_0^T t \langle \frac{dv}{dt} , \partial \Phi(v(t)) \rangle dt = \int_0^T t \langle \frac{dv}{dt} , f(t) \rangle dt$$

Or, d'après [7], lemme 3.3, la fonction $t \longrightarrow \Phi(v(t))$ est absolument continue sur $[0,T]$ fermé et ppt $\in]0,T[$ $\frac{d}{dt}\Phi(v(t)) = \langle \frac{dv}{dt}(t), \partial \Phi(v(t)) \rangle$; après intégration par parties, on obtient :

$$(2.3) \qquad \int_0^T t \left|\frac{dv}{dt}\right|^2 dt + T\Phi(v(t)) = \int_0^T \Phi(v(t))dt + \int_0^T \langle \sqrt{t}\frac{dv}{dt}, \sqrt{t} f(t) \rangle dt$$

Soit $(\alpha, \beta) \in \partial \Phi$; écrivant que $f - \frac{dv}{dt} \in \partial \Phi(v)$

$$\Phi(\alpha) \geq \Phi(v) + \langle \alpha - v , -\frac{dv}{dt} \rangle + \langle \alpha - v , f \rangle$$

et intégrant sur $]0,T[$

$$T\,\Phi(\alpha)\geq\int_0^T \Phi(v)\,dt+\frac{1}{2}|v(T)-\alpha|^2-\frac{1}{2}|v_o-\alpha|^2+\int_0^T\langle\alpha-v,f\rangle\,dt$$

$$(2.4)\qquad \int_0^T \Phi(v)\,dt\leq T\,\Phi(\alpha)+\frac{1}{2}|v_o-\alpha|^2+\|\alpha-v\|_{L^\infty}\cdot\|f\|_{L^1}$$

Soit $c_1,c_2\geq 0$ tels que $\forall\, x\in H \quad \Phi(x)+c_1|x|^2+c_2\geq 0$ (2.5) ;

combinant (2.3) , (2.4) et (2.5) on obtient :

$$(2.6)\qquad \int_0^T t\left|\frac{dv}{dt}\right|^2 dt\leq c_1T\cdot|v(T)|^2+c_2T+T\Phi(\alpha)+\frac{1}{2}|v_o-\alpha|^2+$$

$$\|\alpha-v\|_{L^\infty}\cdot\|f\|_{L^1}+\int_0^T\langle\sqrt{t}\,\frac{dv}{dt},\sqrt{t}\,f\rangle\,dt$$

Etant donné $v_o\in\overline{D(\Phi)}$ et $f\in L^1(0,T;H)$, $\sqrt{t}f\in L^2(0,T;H)$, on approche v_o par une suite $(v_{o,n})_{n\in\mathbb{N}}$ d'éléments de $D(\Phi)$ et f par une suite de fonctions f_n de $L^2(0,T;H)$ telles que $f_n\xrightarrow{L^1(0,T;H)}f$, $\sqrt{t}f_n\xrightarrow{L^2(0,T;H)}\sqrt{t}\,f$.

La suite $(v_n)_{n\in\mathbb{N}}$ des solutions correspondantes converge uniformément et sa limite v satisfait à l'équation

$$\frac{dv}{dt}+\partial\Phi(v)\ni f\ ;\ v(o)=v_o\quad .$$

De plus, d'après (2.6) $\sup_n\int_0^T t\left|\frac{dv_n}{dt}\right|^2dt<+\infty$ et donc $\int_0^T t\left|\frac{dv}{dt}\right|^2dt<+\infty$.

On sait d'après [7] que la fonction $t\longrightarrow\Phi(v(t))$ est absolument continue sur tout intervalle $[\delta,T]$, $\delta>0$, et intégrable sur $[0,T]$; montrons que :

(2.7) $\lim_{t\to 0} t\,\Phi(v(t))=0$; à cet effet, on repasse par l'intermédiaire des solutions approchées v_n ; d'après (2.3),

$$T\,\Phi(v_n(T))\leq\int_0^T\Phi(v_n(t))\,dt+\frac{1}{2}\int_0^T t\,|f_n(t)|^2\,dt,\ \text{et d'après (2.4)}$$

$$\forall\,\alpha\in D(\Phi)\quad\int_0^T\Phi(v_n(t))\,dt\leq T\,\Phi(\alpha)+\frac{1}{2}|v_{o,n}-\alpha|^2+\|\alpha-v_n\|_{L^\infty}\cdot\|f_n\|_{L^1}\ ;$$

ajoutant ces deux inégalités

$$\forall \alpha \in D(\Phi) \quad T\Phi(v_n(T)) \leq T\Phi(\alpha) + \frac{1}{2}|v_{o,n} - \alpha|^2 + \|\alpha - v_n\|_{L^\infty} \cdot \|f_n\|_{L^1(0,T)}$$

$$+ \frac{1}{2}\|\sqrt{t}\, f_n\|_{L^2(0,T)}$$

Passant à la limite inférieure $(n \to +\infty)$ sur cette inégalité

$$\forall \alpha \in D(\Phi) \quad T\Phi(v(T) \leq T\Phi(\alpha) + \frac{1}{2}|v_o - \alpha|^2 + \|\alpha - v\| \int_0^T |f(t)|\, dt$$

$$+ \frac{1}{2}\int_0^T |f(t)|^2\, t\, dt$$

Faisant tendre T vers zéro,

$$\forall \alpha \in D(\Phi) \quad \overline{\lim}\; T\Phi(v(t)) \leq \frac{1}{2}|v_o - \alpha|^2$$

Le second membre pouvant être rendu arbitrairement petit, il résulte que

$$\overline{\lim}\; T\Phi(v(T)) \leq 0 \quad .$$

D'autre part, $T\Phi(v(t)) + c_1 T|v(T)|^2 + c_2 T \geq 0$ d'où, $\underline{\lim}\; T\Phi(v(T)) \geq 0$, et donc (2.7) .

Notons enfin que v satisfait encore à (2.6).

Revenons à présent au problème (II_n) ; d'après [7], Théorème 3.16, la suite u_n converge uniformément vers u sur $[0,T]$; d'autre part, puisque $\Phi^n \xrightarrow{M} \Phi$ il existe une suite $(\alpha_n, \beta_n) \in \partial\Phi^n$, $(\alpha, \beta) \in \partial\Phi$ telle que $\alpha_n \longrightarrow \alpha$, $\beta_n \longrightarrow \beta$, $\Phi^n(\alpha_n) \longrightarrow \Phi(\alpha)$; par conséquent, $\forall n \in \mathbb{N}$ $\forall x \in H$ $\Phi^n(x) \geq \Phi^n(\alpha_n) + \langle x - \alpha_n, \beta_n \rangle$ et il existe donc c_1 et $c_2 \geq 0$ tels que $\forall n \in \mathbb{N}$ $\forall x \in H$ $\Phi^n(x) + c_1|x|^2 + c_2 \geq 0$.

D'après (2.6), $\forall n \in \mathbb{N}$ $\|\sqrt{t}\,\frac{du_n}{dt}\|^2_{L^2} \leq c_1 T|u_n(T)|^2 + c_2 T + T\Phi^n(\alpha_n)$ +

$$\frac{1}{2}\,|x_n-\alpha_n|^2+\|\alpha_n-u_n\|_{L^\infty}\cdot\|f_n\|_{L^1}+\|\sqrt{t}\frac{du_n}{dt}\|_{L^2}\cdot\|\sqrt{t}\,f_n\|_{L^2}$$

et donc (2.8) $\sup_{n\in\mathbb{N}}\int_0^T t\,|\frac{du_n}{dt}|^2\,dt<+\infty$; d'après (2.4)

(2.9) $\sup_{n\in\mathbb{N}}\int_0^T \Phi^n(u_n(t))dt<+\infty$ et d'après (2.3)

(2.10) $\sup_{n\in\mathbb{N}} t\,\Phi^n(u_n(t))<+\infty$.

Nous allons montrer que $\sqrt{t}\frac{du_n}{dt}$, $\Phi^n(u_n)$, $t\,\Phi^n(u_n)$ convergent <u>fortement</u> dans les espaces où l'on vient de les estimer, à savoir, respectivement $L^2(0,T;H)$, $L^1(0,T;H)$, $\mathscr{C}_u([0,T])$.

b) <u>Convergence de</u> $\sqrt{t}\frac{du_n}{dt}$ <u>vers</u> $\sqrt{t}\frac{du}{dt}$ <u>dans</u> $L^2(0,T;H)$.

Soit (II_n) $\frac{du_n}{dt}+\partial\Phi^n(u_n)\ni f_n$; $u_n(o)=x_n$ et (II) $\frac{du}{dt}+\partial\Phi^n(u)\ni f$; $u(o)=x$.

Sous les hypothèses, $f_n\xrightarrow{L^1} f$, $\sqrt{t}f_n\xrightarrow{L^2}\sqrt{t}f$, $x_n\longrightarrow x$ $(x\in\overline{D(\Phi)})$ et $\Phi^n\xrightarrow{M}\Phi$, on vient donc de montrer que $u_n\longrightarrow u$ uniformément sur $[0,T]$

et $$\sqrt{t}\,\frac{du_n}{dt}\longrightarrow\sqrt{t}\frac{du}{dt} \quad \text{dans } w-L^2(0,T;H) .$$

Montrons que $\int_0^T t\,|\frac{du_n}{dt}-\frac{du}{dt}|^2\,dt\xrightarrow[n\to+\infty]{} 0$;

On peut, sans diminuer la généralité du problème, supposer que $\forall n\in\mathbb{N}$ $\Phi^{n*}\geq 0$: il suffit, à cet effet, de se ramener au cas $\Phi^n(o)=0$: soit $\alpha_n\longrightarrow\alpha$ dans H et $\Phi^n(\alpha_n)\longrightarrow\Phi(\alpha)$; posons pour tout z de H ,

$$\psi^n(z)=\Phi^n(z+\alpha_n)-\Phi^n(\alpha_n)\ ,\quad \psi(z)=\Phi(z+\alpha)-\Phi(\alpha)\ .$$

On a bien $\psi^n(o)=0$; $\psi(o)=0$ et $\psi^n\xrightarrow{M}\psi$; d'autre part, u_n solution de $\frac{du_n}{dt}+\partial\Phi^n(u_n)\ni f_n$, $u_n(o)=x_n$, équivaut à $v_n=u_n-\alpha_n$ solution de

$\frac{dv_n}{dt} + \partial\psi^n(v_n) \ni f_n$, $v_n(o) = x_n - \alpha_n$ et l'on a les équivalences :

$$\begin{cases} \int_0^T t \left|\frac{du_n}{dt} - \frac{du}{dt}\right|^2 dt \xrightarrow[n\to+\infty]{} 0 & \Leftrightarrow \int_0^T t\left|\frac{dv_n}{dt} - \frac{dv}{dt}\right|^2 dt \xrightarrow[n\to+\infty]{} 0 \\ \sup_t t\,|\Phi^n(u_n(t)) - \Phi(u(t))| \xrightarrow[n\to+\infty]{} 0 & \Leftrightarrow \sup_t t\,|\psi^n(v_n(t)) - \psi(v(t))| \xrightarrow[n\to+\infty]{} 0 \\ \int_0^T |\Phi^n(u_n(t)) - \Phi(u(t))|\,dt \longrightarrow 0 & \Leftrightarrow \int_0^T |\psi^n(v_n(t)) - \psi(v(t))|\,dt \longrightarrow 0 \end{cases}$$

– La première étape de la démonstration consiste à montrer que :

$$\left[(2.11) \quad \int_0^T \Phi^n(u_n(t))dt \longrightarrow \int_0^T \Phi(u(t))dt\ .\right.$$

A cet effet, nous allons écrire (II_n) sous la forme

$$\text{p.p.}t \in]0,T[\quad \Phi^n(u_n(t)) + \Phi^{n*}\left(f_n(t) - \frac{du_n}{dt}\right) = \left\langle u_n(t), f_n(t) - \frac{du_n}{dt}\right\rangle$$

$$= \langle u_n(t), f_n(t)\rangle - \frac{1}{2}\frac{d}{dt}|u_n(t)|^2$$

Intégrant sur $[\delta, T]$, $\delta>0$ et faisant tendre δ vers zéro, on obtient :

$$(2.12) \quad \int_0^T \Phi^n(u_n(t))\,dt + \int_0^T \Phi^{n*}\left(f_n(t) - \frac{du_n}{dt}\right)dt - \int_0^T \langle u_n(t), f_n(t)\rangle\,dt$$

$$+ \frac{1}{2}|u_n(T)|^2 - \frac{1}{2}|x_n|^2 = 0\ .$$

Il résulte en particulier de (2.12), vu que $\Phi^{n*} \geq 0$, que $\Phi^{n*}(f_n - \frac{du_n}{dt}) \in L^1(0,T)$.
D'après (1.17), $\int_0^T \Phi^n\,dt \xrightarrow{M} \int_0^T \Phi\,dt$ dans $\mathfrak{H} = L^2(0,T;dt;H)$; puisque u_n converge vers u uniformément (et donc dans $\mathfrak{H}$), d'après la propriété (w - scs),

$$(2.13) \quad \int_0^T \Phi(u(t))dt \leq \underline{\lim} \int_0^T \Phi^n(u_n(t))dt$$

D'autre part, Φ^{n*} étant positive, on a pour tout $\delta>0$:

$$\int_0^T \Phi^{n*}(f_n - \frac{du_n}{dt})\,dt \geq \int_\delta^T \Phi^{n*}(f_n - \frac{du_n}{dt})\,dt$$

D'après (1.16), vu que $\Phi^{n*} \xrightarrow{M} \Phi^*$, $\int_\delta^T \Phi^{n*}dt \xrightarrow{M} \int_\delta^T \Phi^* dt$ dans $\mathfrak{H} = L^2(\delta, T; dt; H)$.

Puisque $f_n - \frac{du_n}{dt} \longrightarrow f - \frac{du}{dt}$ dans $w - L^2(\delta, T; dt; H)$, d'après la propriété (w - scs)

$$\forall\, \delta>0 \quad \underline{\lim} \int_0^T \Phi^{n*}(f_n - \frac{du_n}{dt})\,dt \geq \underline{\lim} \int_\delta^T \Phi^{n*}(f_n - \frac{du_n}{dt})\,dt$$

$$\geq \int_\delta^T \Phi^*(f - \frac{du}{dt})\,dt$$

Cette inégalité étant vraie pour tout $\delta>0$, par passage à la limite ($\delta \to 0$),

$$(2.14) \qquad \int_0^T \Phi^*(f - \frac{du}{dt})\,dt \leq \underline{\lim} \int_0^T \Phi^{n*}(f_n - \frac{du_n}{dt})\,dt \ .$$

Les suites $(u_n)_{n\in\mathbb{N}}$ et $(f_n)_{n\in\mathbb{N}}$ convergent respectivement dans $\mathfrak{C}_u(0,T;H)$ et $L^1(0,T;H)$,

$$(2.15) \qquad \int_0^T \langle u_n(t), f_n(t)\rangle\,dt \longrightarrow \int_0^T \langle u(t), f(t)\rangle\,dt.$$

Remarquant que u satisfait à l'égalité (puisque u est solution de (II))

$$\int_0^T \Phi(u(t))\,dt + \int_0^T \Phi^*(f(t) - \frac{du}{dt})\,dt - \int_0^T \langle u(t), f(t)\rangle\,dt + \frac{1}{2}|u(T)|^2$$

$$- \frac{1}{2}|x|^2 = 0 ,$$

on conclut, tenant compte de (2.12), (2.13), (2.14), (2.15), à l'aide du lemme (1.18) et l'on obtient (2.11) .

– Multiplions à présent (II_n) par $t\frac{du_n}{dt}$ et intégrons sur $]0,T[$;

$$\int_0^T t\left|\frac{du_n}{dt}\right|^2 dt + \int_0^T t\frac{d}{dt}\Phi^n(u_n)dt = \int_0^T t\langle\frac{du_n}{dt}(t), f_n(t)\rangle dt$$

Intégrant par parties et tenant compte, d'après 2.7, que $\lim_{t\to 0} t\Phi^n(u_n(t))=0$,

$$(2.16)\qquad \int_0^T t\left|\frac{du_n}{dt}\right|^2 dt + T\Phi^n(u_n(T)) - \int_0^T \Phi^n(u_n(t))dt - \int_0^T \langle\sqrt{t}\frac{du_n}{dt}, \sqrt{t}f_n\rangle dt$$

$$= 0 \quad .$$

Par semi-continuité inférieure de la norme dans $w - L^2(0,T;H)$,

$$(2.17)\qquad \int_0^T t\left|\frac{du}{dt}\right|^2 dt \le \underline{\lim} \int_0^T t\left|\frac{du_n}{dt}\right|^2 dt .$$

D'après la propriété (w-scs) relative à la convergence $\Phi^n \xrightarrow{M} \Phi$,

$$(2.18)\qquad T\Phi(u(T) \le \underline{\lim}\ T\Phi^n(u_n(T)) .$$

Les suites $\left(\sqrt{t}\frac{du_n}{dt}\right)_{n\in\mathbb{N}}$ et $\left(\sqrt{t}f_n\right)_{n\in\mathbb{N}}$ convergent respectivement dans $w - L^2(0,T;H)$ et $L^2(0,T;H)$

$$(2.19)\qquad \int_0^T \langle\sqrt{t}\frac{du_n}{dt}, \sqrt{t}f_n\rangle dt \longrightarrow \int_0^T \langle\sqrt{t}\frac{du}{dt}, \sqrt{t}f\rangle .$$

Remarquant que u satisfait à l'égalité (puisque u est solution de (II))

$$\int_0^T t\left|\frac{du}{dt}\right|^2 dt + T\Phi(u(T)) - \int_0^T \Phi(u(t))dt - \int_0^T \langle\sqrt{t}\frac{du}{dt}, \sqrt{t}f\rangle dt = 0,$$

on conclut, tenant compte de (2.16), (2.17), (2.18),(2.19), (2.11), d'après le lemme (1.18), que :

$$\int_0^T t\left|\frac{du_n}{dt}\right|^2 dt \longrightarrow \int_0^T t\left|\frac{du}{dt}\right|^2 dt \text{ et } T\Phi^n(u_n(T)) \longrightarrow T\Phi(u(T)).$$

La suite $\sqrt{t}\frac{du_n}{dt}$ convergeant faiblement vers $\sqrt{t}\frac{du}{dt}$ dans $L^2(0,T;H)$, il en résulte

$$\begin{cases} (2.20) & \int_0^T t\left|\frac{du_n}{dt}-\frac{du}{dt}\right|^2 dt \xrightarrow[(n\to+\infty)]{} 0 \quad ;\text{ d'autre part ,} \\ (2.21) & \forall t>0 \quad \Phi^n(u_n(t)) \longrightarrow \Phi(u(t)) \quad . \end{cases}$$

– Soit $c_1, c_2 \geq 0$ tels que $\forall n \in \mathbb{N}$, $\forall x \in H$ $\Phi^n(x)+c_1|x|^2+c_2 \geq 0$;

D'après (2.21), $\forall t>0$ $\Phi^n(u_n(t))+c_1|u_n(t)|^2+c_2 \xrightarrow[n\to+\infty]{} \Phi(u(t))+c_1|u(t)|^2+c_2$

D'après (2.11) $\int_0^T \{\Phi^n(u_n(t))+c_1|u_n(t)|^2+c_2\}dt \longrightarrow \int_0^T \{\Phi(u(t))+c_1|u(t)|^2+c_2\}dt$

Il en résulte, d'après un résultat classique d'intégration que,

$$\Phi^n(u_n)+c_1|u_n|^2+c_2 \longrightarrow \Phi(u)+c_1|u|^2+c_2 \quad \text{dans } L^1(0,T)$$

et donc

$$(2.22) \quad \int_0^T |\Phi^n(u_n(t)) - \Phi(u(t))|\, dt \xrightarrow[n\to+\infty]{} 0 \, .$$

– Montrons enfin que

$$(2.23) \quad \sup_{t\in[0,T]} t\,|\Phi^n(u_n(t)) - \Phi(u(t))| \xrightarrow[n\to+\infty]{} 0 \, .$$

Nous allons montrer, à cet effet que la suite de fonctions $(t \longrightarrow t\,\Phi^n(u_n(t)))_{n\in\mathbb{N}}$ satisfait aux conditions du théorème d'Ascoli :

d'après [7], p.p.t $\frac{d}{dt}\Phi^n(u_n(t)) = \langle \partial\Phi^n(u_n(t)), \frac{du_n}{dt}(t)\rangle$ d'où

$$\text{p.p.t} \quad \frac{d}{dt} t\,\Phi^n(u_n(t)) = t\langle f_n(t) - \frac{du_n}{dt}(t), \frac{du_n}{dt}(t)\rangle + \Phi^n(u_n(t))$$

$$= \langle \sqrt{t}\, f_n(t) - \sqrt{t}\frac{du_n}{dt}, \sqrt{t}\frac{du_n}{dt}\rangle + \Phi^n(u_n(t))$$

On utilise alors le résultat d'intégration suivant :

(2.24) Si deux suites (h_n) et (g_n) convergent dans $L^2(0,T;H)$,

$h_n \xrightarrow{L^2} h$, $g_n \xrightarrow{L^2} g$, alors la suite $(\langle h_n , g_n \rangle)_{n\in\mathbb{N}}$ converge dans $L^1(0,T;H)$ vers $\langle h , g \rangle$.

Nous sommes bien dans cette situation :

$\sqrt{t}\, f_n \longrightarrow \sqrt{t}\, f$ dans $L^2(0,T;H)$ et, $\sqrt{t}\,\frac{du_n}{dt} \longrightarrow \sqrt{t}\,\frac{du}{dt}$ dans $L^2(0,T;H)$ d'après (2.20).

D'autre part, $\Phi^n(u_n) \longrightarrow \Phi(u)$ dans $L^1(0,T)$, d'après (2.22).

La suite $(t \longrightarrow \frac{d}{dt}\, t\,\Phi^n(u_n(t)))_{n\in\mathbb{N}}$ est donc convergente dans $L^1(0,T)$ et forme une famille équiintégrable ; on conclut, soit à l'aide du Théorème d'Ascoli, soit en écrivant directement que

$$\sup_{t\in[0,T]} |t\,\Phi^n(u_n(t)) - t\,\Phi(u(t))| \le \int_0^T \left|\frac{d}{dt}(t\,\Phi^n(u_n(t))) - \frac{d}{dt}(t\,\Phi(u(t)))\right| dt \underset{(n\to+\infty)}{\longrightarrow} 0$$

– La propriété duale de la propriété (2.11), compte-tenu de la transformation effectuée au début du paragraphe pour se ramener au cas $\Phi^{n*} \ge 0$ est :

$$\forall (\alpha_n)_{n\in\mathbb{N}} \quad \alpha_n \xrightarrow{H} \alpha \quad \text{et} \quad \Phi^n(\alpha_n) \longrightarrow \Phi(\alpha) ,$$

$$\int_0^T \Phi^{n*}(f_n - \frac{du_n}{dt}) + \Phi^n(\alpha_n) - \langle f_n - \frac{du_n}{dt}, \alpha_n \rangle\, dt \longrightarrow \int_0^T \Phi^*(f - \frac{du}{dt}) + \Phi(\alpha) - \langle f - \frac{du}{dt}, \alpha \rangle\, dt .$$

On peut montrer également que :

$$(2.25) \quad \forall \epsilon>0 \quad \int_0^T t^\epsilon\, |\Phi^{n*}(f_n - \frac{du_n}{dt}) - \Phi^*(f - \frac{du}{dt})|\, dt \underset{n\to+\infty}{\longrightarrow} 0 \ ;$$

on écrit à cet effet que :

$$\text{p.p.t} \quad t^\epsilon\, \Phi^n(u_n(t)) + t^\epsilon\, \Phi^{n*}(f_n - \frac{du_n}{dt}) - \langle \frac{u_n}{t^{1/2-\epsilon}} , t^{1/2}(f_n - \frac{du_n}{dt}) \rangle = 0 .$$

Utilisant (2.22) et (2.24), on conclut à (2.25).

c) Propriétés supplémentaires dans le cas $\sup_n \Phi^n(x_n) < +\infty$ et $f_n \xrightarrow{L^2(0,T;H)} f$

Multipliant (II_n) par $\frac{du_n}{dt}$ et intégrant sur $]0,T[$ on obtient :

$$(2.26) \qquad \int_0^T \left|\frac{du_n}{dt}\right|^2 dt + \Phi^n(u_n(T)) = \Phi^n(x_n) + \int_0^T \left\langle f_n, \frac{du_n}{dt} \right\rangle dt \quad ;$$

par hypothèse, $\sup_n \|f_n\|_{L^2} < +\infty$, et $\sup_n \Phi^n(x_n) < +\infty$, d'où :

$$(2.27) \qquad \sup_n \int_0^T \left|\frac{du_n}{dt}\right|^2 dt < +\infty$$

$$(2.28) \qquad \sup_{\substack{n\in\mathbb{N}\\ t\in[0,T]}} \Phi^n(u_n(t)) < +\infty$$

Multiplions à présent (II_n) par $t^\varepsilon \frac{du_n}{dt}$ et intégrons sur $]0,T[$,

$$\int_0^T t^\varepsilon \left|\frac{du_n}{dt}\right|^2 dt + \int_0^T t^\varepsilon \frac{d}{dt} \Phi^n(u_n(t))dt = \int_0^T t^\varepsilon \left\langle \frac{du_n}{dt}(t), f_n(t) \right\rangle dt$$

Intégrant par parties et notant, compte-tenu de (2.28) que $\lim_{t\to 0} t^\varepsilon \Phi^n(u_n(t)) = 0$,

on obtient :

$$(2.29) \qquad \int_0^T t^\varepsilon \left|\frac{du_n}{dt}\right|^2 dt + T^\varepsilon \Phi^n(u_n(T)) - \varepsilon \int_0^T \Phi^n(u_n(t)) \frac{dt}{t^{1-\varepsilon}}$$

$$- \int_0^T t^\varepsilon \left\langle \frac{du_n}{dt}(t), f_n(t) \right\rangle dt = 0$$

Tenant compte de (2.21) et de (2.28), par application du théorème de Lebesgue, on obtient :

$$(2.30)\ \forall \varepsilon > 0 \qquad \int_0^T |\Phi^n(u_n(t)) - \Phi(u(t))| \frac{dt}{t^{1-\varepsilon}} \xrightarrow[(n\to+\infty)]{} 0 \qquad \text{et}$$

$$\int_0^T \Phi^n(u_n(t)) \frac{dt}{t^{1-\varepsilon}} \xrightarrow[(n\to+\infty)]{} \int_0^T \Phi(u(t)) \frac{dt}{t^{1-\varepsilon}} \ .$$

D'autre part,

$$T^{\varepsilon}\Phi^{n}(u_n(T)) \longrightarrow T^{\varepsilon}\Phi(u(T)) \quad \text{d'après (2.21), et ,}$$

$$\int_0^T t^{\varepsilon}\left|\frac{du}{dt}\right|^2 dt \leq \underline{\lim} \int_0^T t^{\varepsilon}\left|\frac{du_n}{dt}\right|^2 dt$$

$$\int_0^T \langle t^{\varepsilon/2}\frac{du_n}{dt}, t^{\varepsilon/2}f_n(t)\rangle dt \longrightarrow \int_0^T \langle t^{\varepsilon/2}\frac{du}{dt}, t^{\varepsilon/2}f(t)\rangle dt, \text{ puisque}$$

d'après (2.27), $t^{\varepsilon/2}\frac{du_n}{dt}$ converge dans $w - L^2(0,T;H)$ vers $t^{\varepsilon/2}\frac{du}{dt}$ et puisque f_n converge vers f dans $L^2(0,T;H)$.

Enfin, $x \in D(\Phi)$ puisque $\Phi(x) \leq \underline{\lim}\ \Phi^n(x_n) < +\infty$, et , u satisfait également à (2.29).

On conclut à l'aide du lemme 1.18 :

$$\int_0^T t^{\varepsilon}\left|\frac{du_n}{dt}\right|^2 dt \longrightarrow \int_0^T t^{\varepsilon/2}\ \frac{du}{dt}\Big|^2 dt \quad \text{et donc}$$

$$\text{(2.31)} \qquad \forall \varepsilon > 0 \quad \int_0^T t^{\varepsilon}\left|\frac{du_n}{dt} - \frac{du}{dt}\right|^2 dt \xrightarrow[(n\to+\infty)]{} 0 \ .$$

On montre ensuite que

$$\text{(2.32)} \qquad \sup_{t\in[0,T]} t^{\varepsilon}\,|\Phi^n(u_n(t)) - \Phi(u(t))| \xrightarrow[(n\to+\infty)]{} 0 \ .$$

Comme dans le cas précédent, on écrit

$$\text{p.p.t} \quad \frac{d}{dt}\, t^{\varepsilon}\,\Phi^n(u_n(t)) = \langle t^{\varepsilon/2}\,(f_n(t) - \frac{du_n}{dt}), t^{\varepsilon/2}\frac{du_n}{dt}\rangle + \frac{\varepsilon}{t^{1-\varepsilon}}\,\Phi^n(u_n(t))$$

et l'on conclut, tenant compte de (2.30) et (2.31) à l'équiintégrabilité de la suite $(t \longrightarrow \frac{d}{dt}t^{\varepsilon}\,\Phi^n(u_n(t)))_{n\in\mathbb{N}}$, donc à l'équicontinuité de la suite $(t \longrightarrow t^{\varepsilon}\,\Phi^n(u_n(t)))_{n\in\mathbb{N}}$, et donc à (2.32), d'après le Théorème d'Ascoli.

Examinons à présent la propriété duale :

$$\text{p.p.t} \ \frac{1}{t^{1/2-\varepsilon}}\,\Phi^n(u_n(t)) + \frac{1}{t^{1/2-\varepsilon}}\,\Phi^{n*}(f_n(t) - \frac{du_n}{dt}(t)) = \langle \frac{u_n(t)}{t^{(1-\varepsilon)/2}}, t^{\varepsilon/2}(f_n(t) - \frac{du_n}{dt}(t))\rangle$$

Tenant compte de (2.30) et des convergences

$$\frac{u_n}{t^{(1-\varepsilon)/2}} \xrightarrow[(n\to+\infty)]{} \frac{u}{t^{(1-\varepsilon)/2}} \quad \text{dans } L^2(0,T;H), \quad t^{\varepsilon/2}(f_n - \frac{du_n}{dt}) \xrightarrow[(n\to+\infty)]{} t^{\varepsilon/2}(f - \frac{du}{dt})$$

dans $L^2(0,T;H)$, on conclut :

$$(2.33) \qquad \forall \varepsilon > 0 \quad \int_0^T |\Phi^{n*}(f_n(t) - \frac{du_n}{dt}(t)) - \Phi^*(f(t) - \frac{du}{dt}(t))| \frac{dt}{t^{1/2-\varepsilon}} \xrightarrow[(n\to+\infty)]{} 0 .$$

d) <u>Supposons que</u> $\Phi^n(x_n) \longrightarrow \Phi(x)$ <u>et</u> $f^n \xrightarrow{L^2} f$.

De l'égalité (2.26) il résulte que $\int_0^T |\frac{du_n}{dt}|^2 dt \xrightarrow[(n\to+\infty)]{} \int_0^T |\frac{du}{dt}|^2 dt$ et donc

$$(2.34) \qquad \int_0^T |\frac{du_n}{dt} - \frac{du}{dt}|^2 dt \xrightarrow[(n\to+\infty)]{} 0 .$$

D'autre part, p.p.t $\frac{d}{dt} \Phi^n(u_n(t)) = \langle f_n(t) - \frac{du_n}{dt}, \frac{du_n}{dt} \rangle$, d'où l'on déduit d'après (2.34) et par le même argument que précédemment que :

$$(2.35) \qquad \sup_{t\in[0,T]} |\Phi^n(u_n(t)) - \Phi(u(t))| \xrightarrow[n\to+\infty]{} 0 .$$

(2.36) REMARQUES.

1°) Les résultats de convergence forte dans des espaces du type $L^2(0,T;t^\rho dt;H)$, obtenus dans le théorème (2.1) sont optimaux.

Pour (1) et (3) les convergences sont obtenues dans les espaces correspondant aux meilleures estimations que l'on peut avoir sur les dérivées ; montrons dans (2), que l'on ne peut avoir $\int_0^T |\frac{du_n}{dt} - \frac{du}{dt}|^2 dt \xrightarrow[n\to+\infty]{} 0$, si $\Phi^n(x_n)$ ne converge pas vers $\Phi(x)$. Raisonnons par l'absurde et, supposons donc $\frac{du_n}{dt} \xrightarrow{L^2} \frac{du}{dt}$.

$$\text{p.p.} t \in]0,T[\qquad \frac{d}{dt} \Phi^n(u_n(t)) = \langle f_n(t) - \frac{du_n}{dt}(t), \frac{du_n}{dt}(t) \rangle$$

d'où l'on déduit par un argument déjà développé que la famille $(t \longrightarrow \Phi^n(u_n(t)))_{n\in\mathbb{N}}$

est équicontinue sur $[0,T]$; or $\forall t>0$ $\Phi^n(u_n(t)) \longrightarrow \Phi(u(t))$ et $\sup_n \Phi^n(u_n(o)) = \sup_n \Phi^n(x_n) < +\infty$; d'après le Théorème d'Ascoli, la suite $(t \longrightarrow \Phi^n(u_n(t)))_{n\in\mathbb{N}}$ est relativement compacte dans $\mathcal{C}_u([0,T];H)$; il existe donc v continue et une sous-suite $(n(k))_{k\in\mathbb{N}}$ telles que

$$\forall t\in[0,T] \quad \Phi^{n(k)}(u_{n_k}(t)) \longrightarrow v(t) .$$

Or, on a vu que $\forall t>0$ $\Phi^n(u_n(t)) \longrightarrow \Phi(u(t))$; par conséquent, $\forall t>0$ $\Phi(u(t)) = v(t)$ et les deux fonctions $v(.)$ et $\Phi(u(.))$ étant continues, $v(o) = \Phi(u(o)) = x$; il s'ensuit que $v = \Phi(u)$, que $\Phi^n(u_n)$ converge vers $\Phi(u)$ uniformément sur $[0,T]$ et donc que $\Phi^n(x_n) \longrightarrow \Phi(x)$, ce qui est contraire à l'hypothèse.

2°) Dans la première étape de la démonstration du Th.2.1, à savoir $\int \Phi^n(u_n) \longrightarrow \int \Phi(u)$, nous avons utilisé la formulation (iv) de la Prop (1.19) de la M-convergence de Φ^n vers Φ ; elle se révèle dans cette question d'un emploi plus souple que la définition donnée initialement.

3°) Les conclusions du Théorème 2.1, établissant la convergence forte des dérivées lorsque la suite des opérateurs converge au sens des résolvantes, ne sont pas propres au cas sous-différentiel :

a) On montre sans difficultés les mêmes résultats que précédemment pour le problème perturbé $\frac{du_n}{dt} + \partial\Phi^n(u_n) + B(u_n) \ni f_n$; $u_n(o) = x_n$ où B est un opérateur monotone lipschitzien partout défini.

b) CRANDALL et PAZY dans [8] montrent la convergence $\frac{du_\lambda}{dt}$ vers $\frac{du}{dt}$ dans $L^2(0,T;H)$, où $\frac{du_\lambda}{dt} + A_\lambda u_\lambda = 0$; $u_\lambda(o) = x$, $x \in D(A)$; cette démonstration utilise explicitement la forme particulière de l'approximation Yosida A_λ d'un maximal monotone A.

III. Application au problème d'obstacle pour une suite d'opérateurs G-convergente.

Soit Ω un ouvert borné de $\mathbb{R}^N$; on désigne par $M(\lambda_o, \Lambda_o)$ l'ensemble des opérateurs différentiels sur Ω de la forme

$$Au = -\sum_{i,j=1}^{N} \frac{\partial}{\partial x_i}\left(a_{ij}(x)\frac{du}{\partial x_j}\right)$$

où

$$\left|\begin{array}{ll} a_{ij}(.) \in L^\infty(\Omega) & i,j = 1,2,\dots,N. \\ \text{p.p. } x\in\Omega & \Lambda_o|\xi|^2 \geq \sum_{i,j=1}^{N} a_{ij}(x)\xi_i\xi_j \geq \lambda_o|\xi|^2 \quad \forall \xi\in\mathbb{R}^N \end{array}\right.$$

(3.1) DEFINITION ([12]).

Soit $(A^n)_{n\in\mathbb{N}}$, $A\in M(\lambda_o,\Lambda_o)$; on dira que $A^n \xrightarrow{G} A$ si

$$\forall f\in H^{-1}(\Omega) \qquad (A^n)^{-1}f \xrightarrow{w-H_o^1(\Omega)} A^{-1}f \quad \text{(et dans } L^2(\Omega) \text{ fort).}$$

Etant donné $A\in M(\lambda_o,\Lambda_o)$, notons $A_H = A/L^2(\Omega)\times L^2(\Omega)$ l'opérateur

$$\left|\begin{array}{l} D(A_H) = \left\{u\in H_o^1(\Omega) \;/\; \sum_{i,j=1}^{N} \frac{\partial}{\partial x_i}\left(a_{ij}(x)\frac{\partial u}{\partial x_j}\right)\in L^2(\Omega)\right\} \\ A_H(u) = -\sum_{i,j=1}^{N} \frac{\partial}{\partial x_i}\left(a_{ij}(x)\frac{\partial u}{\partial x_j}\right) \end{array}\right.$$

L'opérateur A_H est maximal monotone linéaire dans $L^2(\Omega)$ et, si $\forall i,j = 1,\dots,N$ $a_{ij} = a_{ij}$, A_H est le sous-différentiel dans $L^2(\Omega)$ de la fonctionnelle φ :

$$\varphi(u) = \left|\begin{array}{ll} 1/2\displaystyle\int_\Omega \sum_{i j=1}^{N} a_{ij}(x)\frac{\partial u}{\partial x_i}\frac{\partial u}{\partial x_j}dx & u\in H_o^1(\Omega) \\ +\infty & u\notin H_o^1(\Omega). \end{array}\right.$$

On vérifie immédiatement l'équivalence

(3.2) $\quad A^n \xrightarrow{G} A \Leftrightarrow A_H^n \xrightarrow{R} A_H$ dans $L^2(\Omega)$.

Soit $\psi : \Omega \longrightarrow [-\infty, +\infty[$ une fonction mesurable et

(3.3) $\quad K(\psi) = \{ v \in H_o^1(\Omega) / v \geq \psi$ au sens $H_o^1(\Omega) \}$.

Suivant STAMPACCHIA [13] on dira que $v \geq \psi$ au sens $H_o^1(\Omega)$ si v est limite dans $H_o^1(\Omega)$ d'une suite $(v_n)_{n \in \mathbb{N}}$ d'éléments de $D(\Omega)$ tels que :

$$\forall x \in \Omega \quad v_n(x) \geq \psi(x) .$$

On supposera dans toute la suite de ce paragraphe que $K(\psi) \neq \emptyset$.

Remarquons tout de suite que, si l'on note

$$\tilde{\psi} = \inf \{ v / v \in D(\Omega), v \geq \psi \text{ partout} \},$$

la fonction $\tilde{\psi}$ est semi-continue supérieurement et $K(\psi) = K(\tilde{\psi})$; en effet, $\tilde{\psi} \geq \psi$, d'où l'inclusion $K(\tilde{\psi}) \subset K(\psi)$; réciproquement , si $v \geq \psi$ au sens $H_o^1(\Omega)$, $v = \lim v_n$ dans $H_o^1(\Omega)$ avec $v_n \geq \psi$ partout et $v_n \in D(\Omega)$; par conséquent $v_n \geq \tilde{\psi}$ partout et donc $v \geq \tilde{\psi}$ au sens $H_o^1(\Omega)$, d'où $v \in K(\tilde{\psi})$ et $K(\psi) \subset K(\tilde{\psi})$.

On peut donc toujours se ramener à étudier le cas où l'obstacle ψ est semi-continu supérieurement.

(3.4) Nous supposerons l'ouvert Ω suffisamment régulier de sorte que $\tilde{\psi}$, régularisée s.c.s de ψ, soit limite d'une suite décroissante $(\psi_n)_{n \in \mathbb{N}}$ de fonctions régulières, négatives ou nulles au bord de Ω.

Etant donné K un convexe fermé non vide dans H on désignera par I_K sa fonction indicatrice $I_K(v) = \begin{vmatrix} 0 & v \in K \\ +\infty & v \notin K \end{vmatrix}$.

Nous sommes à présent en mesure d'énoncer le résultat suivant :

(3.5) THEOREME.

Soit $A^n = -\sum_{i,j=1}^{N} \frac{\partial}{\partial x_i}(a_{ij} \frac{\partial}{\partial x_j}) \xrightarrow{G} A = \sum_{i,j=1}^{N} \frac{\partial}{\partial x_i}(a_{ij}\frac{\partial}{\partial x_j})$

une suite G-convergente d'opérateurs uniformément elliptiques, autoadjoints. Soit, d'autre part, $\psi : \Omega \longrightarrow [-\infty, +\infty[$ et

$K(\psi) = \{v \in H_o^1(\Omega) / v \geq \psi$ au sens $H_o^1(\Omega)\}$ que l'on suppose non vide.

Notons pour $u \in H_o^1(\Omega)$, $\varphi^n(u) = \frac{1}{2}\int_\Omega \sum_{i,j=1}^{N} a_{ij}^n(x) \frac{\partial u}{\partial x_i}\frac{\partial u}{\partial x_j} dx$,

$$\varphi(u) = \frac{1}{2}\int_\Omega \sum_{i,j=1}^{N} a_{ij} \frac{\partial u}{\partial x_i}\frac{\partial u}{\partial x_j} dx ;$$

Alors, $(\varphi^n + I_{K(\psi)})_{n\in\mathbb{N}}$ est une suite de fonctionnelles convexes, s.c.i, propres sur $L^2(\Omega)$ et $\varphi^n + I_{K(\psi)} \xrightarrow{M} \varphi + I_{K(\psi)}$ dans $L^2(\Omega)$. •

Démonstration.

a) $\forall n \in \mathbb{N}$ $\varphi^n + I_{K(\psi)}$ est convexe, s.c.i, propre sur $L^2(\Omega)$: soit $n_o \in \mathbb{N}$ fixé, soit $v_k \xrightarrow{L^2(\Omega)} v$ et supposons que

$$\forall k \in \mathbb{N} \quad \varphi^{n_o}(v_k) + I_{K(\psi)}(v_k) \leq C \qquad (C \geq 0 \text{ donné}) ;$$

il s'ensuit d'une part, que $\forall k \in \mathbb{N}$ $V_k \in K(\psi)$ et, d'autre part, d'après la coercivité des φ^n, que la suite $(v_k)_{k\in\mathbb{N}}$ reste bornée dans $H_o^1(\Omega)$; par conséquent $v_k \xrightarrow{w - H_0^1(\Omega)} v$, $v \in K(\psi)$ car $K(\psi)$ est un convexe fermé non vide de $H_o^1(\Omega)$, et $\varphi^{n_o}(v) + I_{K(\psi)}(v) \leq C$.

b) La propriété de convergence (w-scs) est aussi immédiate à vérifier: Notons tout d'abord, puisque $A^n \xrightarrow{G} A$, que $A_H^n \xrightarrow{R} A_H$ dans $L^2(\Omega)$ (d'après 3.2) ; or $A_H^n = \partial\varphi^n$ $A_H = \partial\varphi$ et, d'après le théorème 1.10,

$$\varphi^n \xrightarrow{M} \varphi \text{ dans } L^2(\Omega) \qquad (\varphi^n(u) = +\infty \text{ si } u \notin H_o^1(\Omega)) .$$

Etant donnée $v_{n_k} \xrightarrow{w-L^2(\Omega)} v$, soit à montrer que

$$\underline{\lim}\, (\varphi^{n_k} + I_{K(\psi)})(v_{n_k}) \geq (\varphi + I_{K(\psi)})(v).$$

Si $\underline{\lim}(\varphi^{n_k} + I_{K(\psi)})(v_{n_k}) = +\infty$ l'inégalité est évidemment vérifiée ; supposons donc $\underline{\lim}\, (\varphi^{n_k} + I_{K(\psi)})(v_{n_k}) < +\infty$ et soit β une valeur d'adhérence finie de la suite $(\varphi^{n_k} + I_{K(\psi)})(v_{n_k})$; il existe alors une sous-suite $n_{k(p)}$ telle que $\beta = \lim (\varphi^{n_{k(p)}} + I_{K(\psi)})(v_{n_{k(p)}})$; la suite $v_{n_{k(p)}}$ est alors bornée dans $H_o^1(\Omega)$, (d'après la coercivité uniforme des φ^n), et $v_{n_{k(p)}} \xrightarrow{w-H_o^1(\Omega)} v$.

Tenant compte de la propriété (w-scs) relative à la convergence $\varphi^n \xrightarrow{M} \varphi$

$$\begin{aligned}\beta &= \lim(\varphi^{n_{k(p)}} + I_{K(\psi)})(v_{n_{k(p)}}) \\ &= \lim \varphi^{n_{k(p)}}(v_{n_{k(p)}}) \\ &\geq \varphi(v)\end{aligned}$$

L'ensemble $K(\psi)$ étant faiblement fermé dans $H_o^1(\Omega)$ et $v_{n_{k(p)}} \xrightarrow{w-H_o^1} v$,

il s'ensuit :

$$\beta \geq (\varphi + I_{K(\psi)})(v)$$

Ceci étant vérifié pour toute valeur d'adhérence finie β de la suite $(\varphi^{n_k} + I_{K(\psi)})(v_{n_k})$, on conclut :

$$\underline{\lim}\, (\varphi^{n_k} + I_{K(\psi)})(v_{n_k}) \geq (\varphi + I_{K(\psi)})(v).$$

c) La difficulté principale de la démonstration du théorème 3.5 réside dans le dernier point, à savoir, l'établissement de la propriété (s.sci) : il s'agit de montrer , étant $v \in K(\psi)$, l'existence d'une suite $(v_n)_{n \in \mathbb{N}}$, $v_n \in K(\psi)$ pour tout $n \in \mathbb{N}$, telle que $v_n \xrightarrow{L^2(\Omega)} v$ et $\varphi^n(v_n) \longrightarrow \varphi(v_n)$.

Nous allons, pour cela, nous ramener au cas d'un obstacle régulier, et à cet effet, nous aurons besoin des deux lemmes préliminaires suivants :

(3.6) LEMME ([1] lemme 1.4)

Soit (X, d) un espace métrique et $(a_{n,m})_{(n,m)\in\mathbb{N}\times\mathbb{N}}$ une suite double telle que $\forall n\in\mathbb{N}$ $a_{n,m} \xrightarrow[(m\to+\infty)]{} a_n$ et $a_n \xrightarrow[(n\to+\infty)]{} a$.

Il existe alors une application $m \longrightarrow k(m)$, croissante au sens large de $\mathbb{N}$ dans $\mathbb{N}$, telle que $a_{k(m),m} \xrightarrow[(m\to+\infty)]{} a$.

(3.7) LEMME (H.ATTOUCH & P.BENILAN & A.DAMLAMIAN)

Soit $(\psi^n)_{n\in\mathbb{N}}$, $\psi^n : \overline{\Omega} \longrightarrow \mathbb{R}$ une suite décroissante de fonctions régulières, négatives ou nulles sur $\partial\Omega$; on note $\psi^n \downarrow \psi$ et comme auparavant,

$K(\psi^n) = \{v\in H_o^1(\Omega)\ /\ v\geq\psi^n$ au sens $H_o^1(\Omega)\}$

$K(\psi) = \{v\in H_o^1(\Omega)\ /\ v\geq\psi$ au sens $H_o^1(\Omega)\}$;

Alors $\forall v\in K(\psi)$ $\exists v_n\in K(\psi^n)$ tel que $v_n \longrightarrow v$ dans $H_o^1(\Omega)$ fort.

Démonstration du lemme (3.7).

On reprend une technique de théorie du potentiel utilisée par de nombreux auteurs (ANCONA, MIGNOT-PUEL...).

Soit $v\in K(\psi)$ ie $v\in H_o^1(\Omega)$, $v\geq\psi$ au sens $H_o^1(\Omega)$; soit w_n l'élément de norme minimum dans $H_o^1(\Omega)$ parmi tous les éléments du cône convexe fermé de $H_o^1(\Omega)$,

$$(\psi^n - v)^+ + H_o^1(\Omega)^+ \quad ;$$

posons $v_n = v + w_n$; puisque $w_n \geq (\psi^n - v)^+$ on a $v_n \geq v + (\psi^n - v)^+ = \sup(v, \psi^n)$ et donc $v_n \in K(\psi^n)$; montrons que $w_n \xrightarrow{H_o^1(\Omega)} 0$, il s'en suivra que $v_n \xrightarrow{H_o^1(\Omega)} v$; w_n satisfait àl'inéquation variationnelle

$$
(3.8) \quad \left|\begin{array}{l} w_n \geq (\psi^n - v)^+ \\[2ex] \displaystyle\int_\Omega |\nabla w_n|^2 dx \leq \int_\Omega \langle \nabla w_n , \nabla \gamma \rangle dx \qquad \forall \gamma \geq (\psi^n - v)^+ \quad \gamma \in H_o^1(\Omega) . \end{array}\right.
$$

La suite $(\psi^n - v)^+$ décroit vers zéro quasi-partout (pour la définition de la partie positive d'un élément de $H_o^1(\Omega)$, cf [13]) et prenant $\gamma = (\psi^p - v)^+$, $p \leq n$, dans (3.8)

on obtient :

$$
(3.9) \qquad \forall n \geq p \quad \int_\Omega |\nabla w_n|^2 dx \leq \int_\Omega \langle \nabla w_n , \nabla (\psi^p - v)^+ \rangle dx .
$$

La suite $(w_n)_{n \in \mathbb{N}}$ est donc bornée dans $H_o^1(\Omega)$; soit $w_{n(k)} \xrightarrow{w - H_o^1(\Omega)} w$; passant à la limite dans (3.9) avec p fixé, on obtient

$$
(3.10) \qquad \forall p \in \mathbb{N} \quad \int_\Omega |\nabla w|^2 dx \leq \int_\Omega \langle \nabla w , \nabla (\psi^p - v)^+ \rangle dx = \int_\Omega (\psi^p - v)^+ d\mu ,
$$

où μ est la mesure positive $-\Delta w$; la suite $(\psi^p - v)^+$ décroissant vers zéro sur le complémentaire d'un ensemble de capacité nulle (et donc μ-négligeable) d'après le théorème de convergence monotone ,

$$
\int_\Omega |\nabla w|^2 dx \leq \lim_{p \to +\infty} \int_\Omega (\psi^p - v)^+ d\mu = 0 .
$$

On en déduit que $w = 0$, $w_n \xrightarrow{w - H_o^1} 0$, et , revenant à (3.9), on obtient finalement que $\int_\Omega |\nabla w_n|^2 dx \longrightarrow 0$, soit $w_n \xrightarrow{H_o^1(\Omega)} 0$.

<u>Suite de la démonstration du Théorème 3.5.</u>

Suivant (3.4) on se ramène au cas ψ s.c.s et on considère une suite ψ^n décroissante de fonctions régulières $(\psi^n \downarrow \psi)$, négatives ou nulles sur $\partial\Omega$ $(K(\psi^n) \neq \emptyset)$. Soit $v \in K(\psi)$; d'après le lemme (3.7), il existe $v_n \xrightarrow{H_o^1(\Omega)} v$ $v_n \in K(\psi^n)$ pour tout $n \in \mathbb{N}$; φ étant continue sur $H_o^1(\Omega)$, on a donc $\varphi(v_n) \to \varphi(v)$.

Supposons le Théorème 3.5 démontré dans le cas d'un obstacle régulier : pour chaque $n \in \mathbb{N}$, on pourra trouver une suite $(v_{n,m})_{n\in\mathbb{N}}$, $v_{n,m} \in K(\psi^n)$ pour tout m, telle que $v_{n,m} \xrightarrow[m\to+\infty]{L^2(\Omega)} v_n$ et $\varphi^m(v_{n,m}) \xrightarrow[m\to+\infty]{} \varphi(v_n)$; nous avons donc

$$v_{n,m} \geq \psi^n \geq \psi \quad \text{et} \quad \begin{array}{ccc} (v_{n,m} \,;\, \varphi^m(v_{n,m})) & \xrightarrow[m\to+\infty]{} & (v_n, \varphi(v_n)) \\ & & \big\downarrow \,(n\to+\infty) \\ & & (v\,,\varphi(v)) \end{array}$$

D'après le lemme (3.6), il existe alors $m \to k(m)$ croissante au sens large telle que $\forall m \in \mathbb{N}$ $v_{k(m),m} \geq \psi$ et $(v_{k(m),m}, \varphi^m(v_{k(m),m})) \to (v\,,\varphi(v))$ dans $L^2(\Omega) \times \mathbb{R}$.

<u>On suppose donc à présent l'obstacle ψ régulier.</u>

On reprend l'argument développé dans [6] par BOCCARDO & MARCELLINI :

soit $K_o(\psi) = \{ v \in \mathscr{C}^1(\overline{\Omega}) \cap H_o^1(\Omega) \,/\, v > \psi \text{ sur } \Omega \}$.

Tenant compte de la densité de $K_o(\psi)$ dans $K(\psi)$ pour la norme $H_o^1(\Omega)$ et utilisant de nouveau le lemme (3.6) on se ramène à montrer que :

$$\forall v \in K_o(\psi) \quad \exists v_n \in K(\psi) \quad v_n \xrightarrow{L^2(\Omega)} v \quad \text{et} \quad \varphi^n(v_n) \longrightarrow \varphi(v) .$$

Soit donc v fixé dans $K_o(\psi)$ et w_n la solution du problème de Dirichlet

$$A^n w_n = Av \qquad w_n \in H^1_o(\Omega)$$

Par définition même de la G-convergence, $w_n \xrightarrow{L^2(\Omega)} v$; posons $v_n = \sup(w_n, \psi)$; on a bien $v_n \xrightarrow{L^2(\Omega)} \sup(v, \psi) = v$.

Montrons que $\varphi^n(v_n) \longrightarrow \varphi(v)$:

d'une part, $\varphi^n(w_n) = \frac{1}{2}\langle w_n, A^n w_n\rangle = \frac{1}{2}\langle w_n, Av\rangle \xrightarrow[(n\to+\infty)]{} \frac{1}{2}\langle v, Av\rangle = \varphi(v)$

d'autre part, $w_n \longrightarrow v$ uniformément sur tout compact de Ω, d'après le théorème de régularité hölderien de De Giorgi-Stampacchia ; il s'ensuit que

$$(3.11) \qquad \lim_{n\to+\infty} \text{mes}\,\{x\in\Omega / w_n(x) < \psi(x)\} = 0 \ :$$

soit $\varepsilon > 0$ et K un compact de Ω tel que $\text{mes}(\Omega - K) < \varepsilon$; la fonction $v - \psi$ est continue, strictement positive sur K, et atteint donc son minimum strictement positif sur K ; la suite w_n convergeant uniformément vers v, pour n suffisamment grand, $w_n > \psi$ sur K, ou de façon équivalente $\{x\in\Omega / w_n < \psi\} \subset \Omega \setminus K$; on a donc bien pour n suffisamment grand, $\text{mes}\,\{x\in\Omega \ / \ w_n < \psi\} < \varepsilon$, c'est-à-dire (3.11).

Ecrivons $\quad \varphi^n(v_n) = \frac{1}{2}\int_\Omega \sum_{i,j=1}^N a^n_{ij}(x)\frac{\partial v^n}{\partial x_i}\frac{\partial v^n}{\partial x_j}\,dx$

$$= \frac{1}{2}\int_{\{w_n \geq \psi\}} \sum_{i,j=1}^N a^n_{ij}(x)\,\frac{\partial w_n}{\partial x_i}\,\frac{\partial w_n}{\partial x_j}\,dx$$

$$+ \frac{1}{2}\int_{\{w_n < \psi\}} \sum a^n_{ij}\,\frac{\partial \psi}{\partial x_i}\,\frac{\partial \psi}{\partial x_j}\,dx$$

$$\leq \frac{1}{2}\int_\Omega \sum_{i,j=1}^N a^n_{ij}(x)\,\frac{\partial w_n}{\partial x_i}\,\frac{\partial w_n}{\partial x_j}\,dx + \frac{\Lambda_o}{2}\int_{\{w_n<\psi\}} \sum_{i,j=1}^N \left|\frac{\partial \psi}{\partial x_i}\right|^2 dx$$

d'où $\overline{\lim_n}\ \varphi^n(v_n) \leq \overline{\lim_n}\ \varphi^n(w_n) = \varphi(v)$; d'après la propriété (w-scs) on a $\varphi(v) \leq \underline{\lim}_n\ \varphi^n(v_n)$; par conséquent, $\varphi^n(v_n) \longrightarrow \varphi(v)$ ce qui achève la démonstration.

(3.12) REMARQUES.

a) Etant donné K compact de Ω et $\overline{\psi} : \Omega \to \mathbb{R}$ continue, il suffit de prendre

$$\psi = \begin{cases} \overline{\psi} & \text{sur } K \text{, pour obtenir le convexe} \\ -\infty & \text{ailleurs} \end{cases}$$

$K_1(\psi) = \{ v \in H^1_o(\Omega) / v \geq \overline{\psi}$ sur $K \}$, où la contrainte n'est imposée que sur une partie de Ω. (cf. [6])

b) Le théorème (3.5) donne un exemple de deux suites de fonctionnelles convergentes $\varphi^n \xrightarrow{M} \varphi$, $I_{K(\psi)} \xrightarrow{M} I_{K(\psi)}$ telles que leur somme converge : $\varphi^n + I_{K(\psi)} \xrightarrow{M} \varphi + I_{K(\psi)}$; ce résultat ne rentre pas dans le cadre du théorème général démontré dans [4] (ATTOUCH & KONISHI), établissant la convergence de $\varphi^n + \psi^n \xrightarrow{M} \varphi + \psi$ sous les hypothèses $\varphi^n \xrightarrow{M} \varphi$, $\psi^n \xrightarrow{M} \psi$ et $\partial(\varphi^n + \psi^n) = \partial\varphi^n + \partial\psi^n$ "uniformément en $n \in \mathbb{N}$" : appliqué au problème qui nous intéresse il faudrait que $\sup_n |(A^n \psi)^+|_{L^2(\Omega)} < +\infty$!

Nous allons à présent appliquer les résultats précédents à la convergence des solutions d'inéquations variationnelles ; nous noterons

$$a_n(u, v) = \int_\Omega \sum_{i,j=1}^N a^n_{ij}(x) \frac{\partial u}{\partial x_i} \frac{\partial v}{\partial x_j} dx$$

A] Cas elliptique.

(3.13) PROPOSITION.

Sous les hypothèses du Théorème 3.5 ($A^n \xrightarrow{G} A$, $K(\psi) \neq \emptyset$) étant donné $f_n \rightharpoonup f$ dans $w\text{-}L^2(\Omega)$, notons u_n (resp. u) les solutions des I.V.

$$(I_n)\quad \begin{cases} a_n(u_n, v-u_n) \geq \int_\Omega f_n . v-u_n\, dx & \forall v \in K(\psi) \\ u_n \in K(\psi) \end{cases}$$

$$(I)\quad \begin{cases} a(u, v-u) \geq \int_\Omega f . v-u\, dx & \forall v \in K(\psi) \\ u \in K(\psi) \end{cases}$$

Alors, $u_n \longrightarrow u$ dans $w\text{-}H_o^1(\Omega)$ et $L^2(\Omega)$ fort ; de plus

$$\int_\Omega \sum_{i,j=1}^{N} a_{ij}^n \frac{\partial u^n}{\partial x_i} \frac{\partial u^n}{\partial x_j}\, dx \underset{(n\to+\infty)}{\longrightarrow} \int_\Omega \sum_{i,j=1}^{N} a_{ij} \frac{\partial u}{\partial x_i} \frac{\partial u}{\partial x_j}\, dx$$

Démonstration de la Proposition (3.13).

Montrons tout d'abord que la suite $(u_n)_{n\in\mathbb{N}}$ reste bornée dans $H_o^1(\Omega)$:

soit $v_o \in K(\psi)$

$$a_n(u_n, v_o) \geq a_n(u_n, u_n) + \langle f_n, v_o - u_n \rangle_{L^2}$$

d'où
$$\Lambda_o |u_n|_{H_o^1} . |v_o|_{H_o^1} \geq \lambda_o |u_n|^2_{H_o^1} + \langle f_n, v_o - u_n \rangle_{L^2} \quad \text{et}$$

$$\sup_n |u_n|_{H_o^1} < +\infty \quad ;$$

Soit $(u_{n_k})_{k\in\mathbb{N}}$ une sous-suite convergeant dans $w\text{-}H_o^1(\Omega)$ et $L^2(\Omega)$ fort, $u_{n_k} \xrightarrow{w\text{-}H_o^1} w$; montrons que $w = u$; d'après la propriété (s.sci) relative à la convergence $\varphi^n + I_{K(\psi)} \xrightarrow{M} \varphi + I_{K(\psi)}$, pour tout $v \in K(\psi)$, il existe $v_n \in K(\psi)$ tel que $v_n \xrightarrow{L^2(\Omega)} v$ et $\varphi^n(v_n) \longrightarrow \varphi(v)$; par définition de u_n, $\forall k \in \mathbb{N}$ $\varphi^{n_k}(v_{n_k}) \geq \varphi^{n_k}(u_{n_k}) + \langle f_{n_k}, v_{n_k} - u_{n_k} \rangle$; par passage à la limite inférieure, $\varphi(v) \geq \underline{\lim}\, \varphi^{n_k}(u_{n_k}) + \langle f, v-w \rangle$

et d'après la propriété (w-scs)

$\forall v \in K(\psi) \quad \varphi(v) \geq \varphi(w) + \langle f, v-w \rangle$; par conséquent $w = u$ solution de (I) et $(u_n)_{n \in \mathbb{N}}$ converge vers u dans $w\text{-}H_o^1(\Omega)$ et $L^2(\Omega)$;

Montrons à présent que $\varphi^n(u_n) \longrightarrow \varphi(u)$; d'après la propriété (w-scs)

$$\varphi(u) \leq \underline{\lim}\ \varphi^n(u_n)$$

D'après la propriété (s.sci) puisque $u \in K(\psi)$, il existe $v_n \in K(\psi)$, $v_n \xrightarrow{L^2(\Omega)} u$ tel que $\varphi^n(v_n) \longrightarrow \varphi(u)$; par définition de u_n

$$\varphi^n(v_n) \geq \varphi^n(u_n) + \langle f_n, v_n - u_n \rangle$$

d'où $\quad \varphi(u) \geq \overline{\lim}\ \varphi^n(u_n) \quad$ (en effet, $f_n \xrightarrow{w\text{-}L^2} f$ et $v_n - u_n \xrightarrow{L^2(\Omega)} 0$).

il s'ensuit que $\varphi^n(u_n) \longrightarrow \varphi(u)$.

B] Cas parabolique.

On étudiera uniquement le cas où les coefficients (a_{ij}^n) et l'obstacle ψ sont indépendants du temps, le cas où ces derniers dépendent du temps se traitant de la même manière en appliquant les résultats de [3].

(3.14) PROPOSITION.

Soit $A^n \xrightarrow{G} A$, $\psi : \Omega \to [-\infty, +\infty[$ tel que $K(\psi) \neq \emptyset$; on note

$$\mathfrak{K}(\psi) = \{ v \in L^2(0,T; L^2(\Omega)) / \text{ ppt} \in]0,T[\quad v(t) \in K(\psi) \} ;$$

On se donne $f_n \longrightarrow f$ dans $L^2(0,T; L^2(\Omega))$

$$u_{o,n} \in L^2(\Omega),\ u_o \in L^2(\Omega),\ u_{o,n} \geq \psi \text{ pp},\ u_o \geq \psi \text{ pp et } u_{o,n} \xrightarrow{L^2(\Omega)} u_o .$$

a) <u>Soit</u> u_n (resp.u) <u>les solutions des I.V. d'évolution</u>

$$(III_n)\quad \left|\begin{array}{l} \int_0^T a_n(u_n(t),\, v(t)-u_n(t))\sqrt{t}\,dt \geq \int_0^T \langle f_n - \frac{du_n}{dt}, v-u_n\rangle \sqrt{t}\,dt \quad \forall v\in \mathfrak{H} \\ \\ u_n \in \mathfrak{H} \ ,\ u_n(o) = u_{o,n} \end{array}\right.$$

<u>avec</u> $u_n \in \mathfrak{C}([0,T];L^2(\Omega))$, $\sqrt{t}\,\frac{du_n}{dt} \in L^2(0,T;L^2(\Omega))$,

$$(\text{resp.})\ (III_n)\quad \left|\begin{array}{l} \int_0^T a(u(t),v(t)-u(t))\sqrt{t}\,dt \geq \int_0^T \langle f - \frac{du}{dt},\ v-u\rangle \sqrt{t}\,dt \\ \\ u\in \mathfrak{H} \ ,\ u(o) = u_o \end{array}\right.$$

<u>avec</u> $u \in \mathfrak{C}([0,T];L^2(\Omega))$, $\sqrt{t}\ \frac{du}{dt} \in L^2(0,T;L^2(\Omega))$.

<u>Alors</u>, u_n <u>converge vers</u> u <u>dans</u> $\mathfrak{C}([0,T],L^2(\Omega))$ <u>muni de la convergence uniforme</u>,

$$\left|\begin{array}{l} \forall t>0 \quad \varphi^n(u_n(t)) \xrightarrow[n\to+\infty]{} \varphi(u(t))\ ,\ \sup_{t\in[0,T]} \{t\,|\varphi^n(u_n(t)) - \varphi(u(t))|\} \underset{n\to+\infty}{\to} 0 \\ \\ \int_0^T t\, \left|\frac{du_n}{dt} - \frac{du}{dt}\right|^2_{L^2(\Omega)} dt \xrightarrow[n\to+\infty]{} 0 \\ \\ \int_0^T |\varphi^n(u_n(t)) - \varphi(u(t))|\ dt \xrightarrow[n\to+\infty]{} 0 \end{array}\right.$$

b) <u>Supposons en outre que</u> $\sup_n \|u_{o,n}\|_{H^1_o(\Omega)} < +\infty$, $u_{o,n} \geq \psi$ <u>au sens</u> $H^1_o(\Omega)$;

<u>Alors</u> $\frac{du_n}{dt} \in L^2(0,T;L^2(\Omega))$, $\frac{du}{dt} \in L^2(0,T;L^2(\Omega))$, u_n (resp.u) <u>sont solutions de</u>

$$\left|\begin{array}{l} \int_0^T a_n(u_n, v-u_n)\,dt \geq \int_0^T \langle f_n - \frac{du_n}{dt}, v-u_n\rangle\, dt \quad \forall v\in\mathfrak{H} \\ \\ u_n\in\mathfrak{H} \ ,\ u_n(o) = u_{o,n} \end{array}\right.$$

$$(\text{resp})\quad \left|\begin{array}{l} \int_0^T a(u,v-u)\,dt \geq \int_0^T \langle f - \frac{du}{dt},\ v-u\rangle\, dt \quad \forall v\in\mathfrak{H} \\ u\in\mathfrak{H} \ ,\ u(o) = u_o \end{array}\right.$$

et $\forall \varepsilon > 0$ $\quad \int_0^T t^{\varepsilon} \left| \frac{du_n}{dt} - \frac{du}{dt} \right|^2_{L^2(\Omega)} \xrightarrow[n\to+\infty]{} 0$,

$$\sup_{t\in[0,T]} \{ t^{\varepsilon} \, | \varphi^n(u_n(t)) - \varphi(u(t)) | \} \xrightarrow[n\to+\infty]{} 0 .$$

c) Supposons finalement que $\varphi^n(u_{o,n}) \longrightarrow \varphi(u_o)$;

alors, $\quad \int_0^T \left| \frac{du_n}{dt} - \frac{du}{dt} \right|^2 dt \xrightarrow[n\to+\infty]{} 0$ et

$$\sup_{t\in[0,T]} \{ | \varphi^n(u_n(t)) - \varphi(u(t)) | \} \xrightarrow[n\to+\infty]{} 0 .$$

Démonstration de la proposition 3.14.

Nous allons utiliser les résultats du Théorème 2.1 et du Théorème 3.5: posons $H = L^2(\Omega)$, $\Phi^n = \varphi^n + I_{K(\psi)}$, $\Phi = \varphi + I_{K(\psi)}$; d'après le Théorème 3.5, $\Phi^n \xrightarrow{M} \Phi$ dans H ; soit u_n (resp. u) les solutions des I.V

$$(II_n) \qquad \frac{du_n}{dt} + \partial\Phi^n(u_n) \ni f_n \quad ; \quad u_n(o) = u_{o,n}$$

$$(II) \qquad \frac{du}{dt} + \partial\Phi(u) \ni f \quad ; \quad u(o) = u_o$$

On sait que pour $u_{o,n} \in \overline{D(\Phi^n)}^{L^2(\Omega)}$, c'est-à-dire pour $u_{o,n} \in L^2(\Omega)$, $u_{o,n} \geq \psi$ p.p , (II_n) admet une solution forte unique u_n vérifiant $\sqrt{t}\,\frac{du_n}{dt} \in L^2(0,T;L^2(\Omega))$ (cf. [7]).

Montrons que $(II_n) \Leftrightarrow (III_n)$:

D'après [7] (II_n) est équivalent à

$$(IV_n) \qquad \forall v \in L^2(0,T;L^2(\Omega))$$

$$\left| \begin{array}{l} \int_0^T \sqrt{t}(\varphi^n + I_{K(\psi)})(v(t))\,dt \geq \int_0^T \sqrt{t}(\varphi^n + I_{K(\psi)})(u_n(t))dt + \int_0^T \sqrt{t}\langle f_n - \frac{du_n}{dt}, v - u_n \rangle\, dt \\ u_n(o) = u_{o,n} \end{array} \right.$$

et $(IV_n) \Leftrightarrow (V_n)$

$$\left|\begin{array}{l} \int_0^T \varphi^n(v(t))\sqrt{t}\,dt \geq \int_0^T \varphi^n(u_n(t))\sqrt{t}\,dt + \int_0^T \langle f_n - \frac{du_n}{dt}, v - u_n\rangle \sqrt{t}\,dt \quad \forall v \in \mathfrak{H} \\ \\ u_n \in \mathfrak{H} \;,\; u_n(o) = u_{o,n} \end{array}\right.$$

Soit $w \in \mathfrak{H}(\psi)$, prenons $v = u_n + t(w - u_n)$, $t \in]0,1]$, dans (V_n), divisons par $t>0$ et faisons tendre t vers zéro ; on obtient

$$(III_n) \left|\begin{array}{l} \int_0^T a_n(u_n, w - u_n)\sqrt{t}\,dt \geq \int_0^T \langle f_n - \frac{du_n}{dt}, w - u_n\rangle \sqrt{t}\,dt \quad \forall w \in \mathfrak{H} \\ \\ u_n \in \mathfrak{H} \;,\; u_n(o) = u_{o,n} \end{array}\right.$$

Réciproquement, si u_n est solution de (III_n), tenant compte de l'inégalité

$$\varphi^n(v(t)) \geq \varphi^n(u_n(t)) + a_n(u_n(t), v(t) - u_n(t)) \;,$$

u_n vérifiera également (V_n) et donc (II_n).

Il suffit alors d'appliquer les résultats du théorème 2.1 pour conclure.

REFERENCES

[1] H.ATTOUCH Thèse. E.D.P associées à des familles de sous-différentiels. Paris VI, 1976.

[2] H.ATTOUCH Familles d'opérateurs maximaux monotones et mesurabilité. Annali di Matematica pura ed applicata. (à paraître)

[3] H.ATTOUCH A.DAMLAMIAN — Solutions fortes d'inéquations variationnelles d'évolution. Journal of Nonlinear Analys. JNA.TMA. (à paraître).

[4] H.ATTOUCH Y.KONISHI — Convergence d'opérateurs maximaux monotones et inéquations variationnelles. C.R.A.S t.282 (Mars 1976).

[5] J.B.BAILLON A.HARAUX — Comportement à l'infini pour des équations paraboliques avec forcing périodique. Lab.Analyse. Numérique. Paris VI.

[6] L.BOCCARDO P.MARCELLINI — Sulla convergenza delle soluzioni di disequazioni variazionali. Ann.di.Math.pura ed appli. (IV) Vol CX, pp.137-159.

[7] H.BREZIS — Opérateurs maximaux monotones et semi-groupes de contractions dans les espaces de Hilbert. (Lectures Notes in Math. North Holland 1973).

[8] CRANDALL PAZY — Nonlinear evolution equations in Banach spaces. Israel Journal of Math. II (1972) pp.57-94.

[9] N.KENMOCHI — The semi-discretisation method...Proc. Jap.Acad. 50 (1974) pp.714-717.

[10] U.MOSCO — Convergence of convex sets and of solutions of variational inequalities. Advances Math. 3 (1969) , pp. 510-585.

[11] F.MURAT — Sur l'homogénisation d'inéquations elliptiques . (Thèse Paris VI).

[12] S.SPAGNOLO Sulla convergenza di soluzioni di equazioni paraboliche ed ellitiche. Ann.Scuola. Norm. Pisa, 22 (1968) pp. 571-597.

[13] G.STAMPACCHIA. M.LEWY On the smoothness of superharmonics which solve a minimum problem. Journal d'Analyse mathématique 22, 1969, p.153.

TWO EXAMPLES IN NONLINEAR ELASTICITY

J.M. BALL , R.J. KNOPS , J.E. MARSDEN
Heriot - Watt University
Edinburgh

This note is concerned with extremals for the integral

$$J(u) = \int_0^1 W(u_x)\,dx$$

with W a given smooth function of $u_x = \frac{du}{dx}$ and with u prescribed at $x = 0$ and $x = 1$; say

$$u(0) = 0 \ , \ u(1) = p_o \ .$$

In applications to one dimensional elasticity , W is the stored energy function. We will call $u_o(x) = p_o x$ the trivial solution .

Our examples point out the care needed in choosing function spaces when discussing the existence and stability of equilibrium solutions in elasticity , and they are indicative of difficulties for realistic models of nonlinear elastic materials in one and higher dimensions .

The purpose of these examples , more specifically , is as follows.

1. The trivial solution need not be isolated in any Sobolev space $W^{1,p} = W^{1,p}(0,1)$, $1 \le p < \infty$ even though

   (a) the second variation of J is positive definite , and

   (b) it is isolated in $W^{2,p}$.

In particular, an implicit function theorem cannot be used to prove local existence and uniqueness in $W^{1,p}$ under assumption (a) alone .

2. Positivity of the second variation at the trivial solution implies u_o locally minimizes J in a topology as strong as $W^{1,\infty}$ although

(a) it need not imply u_o locally minimizes J in $W^{1,p}$ for any p , $1 \le p < \infty$.

(b) in any topology as strong as $W^{1,\infty}$ we always have for $\varepsilon > 0$ sufficiently small ,

$$\inf_{\|u-u_o\|=\varepsilon} J(u) = J(u_o) .$$

Before proceeding to these examples , we make some remarks .

(i) The space $W^{1,p}$ plays a basic role in the existence theory for minimizers in elasticity (Ball [1]) . In example 1 , however , W is not convex.

(ii) The second example shows that in general potential wells (the standard sufficient conditions for stability ; cf. references [5] , [6]) are impossible in topologies as strong as $W^{1,\infty}$. The above conclusions in example 2 were given by Knops [3] for the case $W(u_x) = \frac{1}{2}(u_x^2 - u_x^4)$ and by Knops and Payne [4] in some related three dimensional examples .

(iii) If convexity and polynomial growth conditions are imposed, conditions for a potential well may be met in $W^{1,p}$ by inspection . However it is unknown whether the equations of nonlinear elastodynamics are well posed for suitable weak solutions in $W^{1,p}$ (for any nontrivial choice of stored energy function) .

(iv) Koiter [6] has remarked that in practice the energy criterion is very successful. However this is consistent with the possibility that the energy criterion may fail for hyperelastodynamics. Indeed " in practice " one usually does not observe the very high frequency motions. Masking them may amount to replacing the quasilinear equations of elastodynamics by semilinear approximations. For the latter the proof of the validity of the energy criterion is basically trivial (cf. [7], [8]).

(v) The second example illustrates that the Morse lemma for the function J will fail in $W^{1,p}$, $1 \le p < \infty$, but be valid in $W^{s,p}$, $s \ge 2$, $1 < p < \infty$. See Tromba [9].

The First Example.

Let W be a smooth function of $\mathbb{R}$ to $\mathbb{R}$ and let $p_- < p_o < p_+$ be such that

$$W'(p_-) = W'(p_o) = W'(p_+)$$

and

$$W''(p_o) > 0 .$$

See figure 1.

In $W^{2,p}$ (with the boundary conditions $u(0) = 0$, $u(1) = p_o$ as before), the trivial solution is isolated because the map

$$u \longmapsto W(u_x)_x$$

from $W^{2,p}$ to L^p is smooth and its derivative at u_o is the linear operator

$$v \longmapsto W''(p_o)\, v_{xx},$$

which is an isomorphism. Therefore, by the inverse function theorem, u_o is an isolated zero of $W(u_x)_x$.

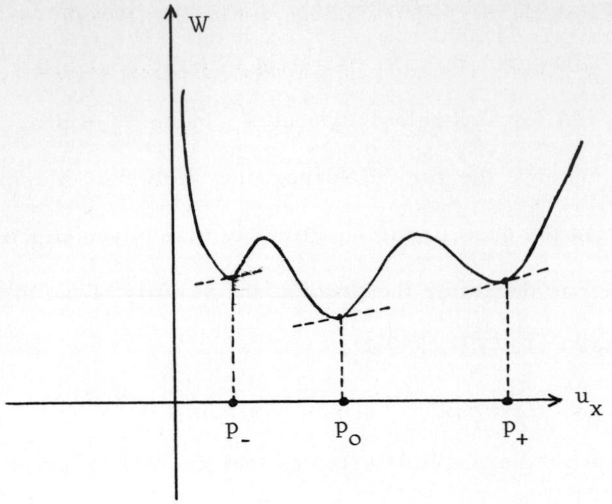

Figure 1

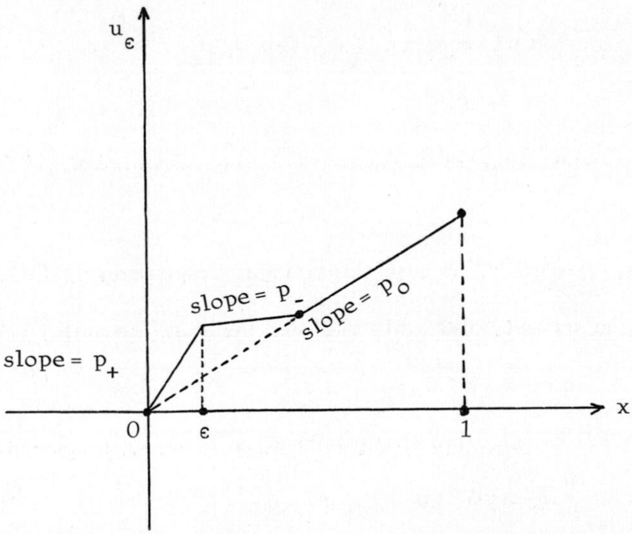

Figure 2

The second variation of J is positive definite (relative to the $W^{1,2}$ topology) at u_o because if v is in $W^{1,2}$ and vanishes at $x = 0, 1$,

$$\frac{d^2}{d\varepsilon^2} J(u_o + \varepsilon v)\Big|_{\varepsilon = 0} = W''(p_o) \int_0^1 v_x^2 \, dx$$

$$\geq c \| v \|^2_{W^{1,2}} .$$

Now we show that u_o is not isolated in $W^{1,p}$.

Given $\varepsilon > 0$, let

$$u_\varepsilon(x) = \begin{cases} p_+ x & \text{for } 0 \leq x \leq \varepsilon \\ p_+\varepsilon + p_-(x-\varepsilon) & \text{for } \varepsilon \leq x \leq (p_+ - p_-)\varepsilon/(p_o - p_-) \\ p_o x & \text{for } (p_+ - p_-)\varepsilon/(p_o - p_-) \leq x \leq 1 \end{cases}$$

See fig. 2 . Since $W'(u_{\varepsilon x})$ is constant each u_ε is an extremal.

Also

$$\int_0^1 |u_{\varepsilon x} - u_{ox}|^p \, dx = \varepsilon |p_+ - p_o|^p + \left[\frac{p_+ - p_o}{p_o - p_-} \right] \varepsilon |p_- - p_o|^p$$

which tends to zero as $\varepsilon \to 0$. Thus u_o is not isolated in $W^{1,p}$.

<u>Remarks</u> . 1. If $W(p_-) = W(p_+) = W(p_o)$ and if $W(p) \geq W(p_o)$ for all p, the same argument shows that there are absolute minima of J arbitrarily close to u_o in $W^{1,p}$.

2. Phenomena like this seem to have first been noticed by Weierstrass . See Bolza [2] , footnote 1 , p. 40 .

The Second Example .

Let $W : \mathbb{R} \to \mathbb{R}$ be a smooth function with $W'(p_o) = 0$ and $W''(p_o) > 0$. As in the first example , $u_o(x) = p_o x$ is an extremal and the second variation of J at u_o is positive definite . Let X be a Banach space continuously included in $W^{1,\infty}$. Then there is an $\varepsilon > 0$ such that

$$\text{if } 0 < \| u - u_o \| < \varepsilon \quad \text{then} \quad J(u) > J(u_o)$$

i.e. u_o is a strict local minimum for J . This follows trivially from the fact that p_o is a local minimum of W and that the topology on X is a strong as that of $W^{1,\infty}$.

In $W^{1,p}$ one cannot conclude that u_o is a local minimum . Indeed the example $W(u_x) = \frac{1}{2}(u_x^2 - u_x^4)$ with $p_o = 0$ shows that in any $W^{1,p}$ neighbourhood , J(u) can be unbounded below , even though its second variation at u_o is positive definite .

Finally we show that

$$\inf_{\|u-u_o\|_X = \varepsilon} J(u) = J(u_o) .$$

Indeed , by Taylor's theorem ,

$$J(u) - J(u_o) = \int_0^1 (W(u_x) - W(p_o))\, dx$$

$$= \int_0^1 \int_0^1 (1-s)\, W''(su_x + (1-s)p_o)(u_x - p_o)^2\, ds\, dx$$

$$\le C \int_0^1 (u_x - p_o)^2\, dx$$

where $C > 0$, since $su_x + (1-s)\, p_o$ is essentially uniformly bounded (by the assumption $X \subset W^{1,\infty}$) and W'' is continuous . However , the topology on X is strictly stronger than the $W^{1,2}$ topology , and so

$$\inf_{\|u - u_o\|_X = \varepsilon} \int_0^1 (u_x - p_o)^2 \, dx = 0 .$$

This proves our claim .

REFERENCES

[1] J.M. BALL : Convexity conditions and existence theorems in nonlinear elasticity .
Arch. Rat. Mech. An. 63 (1977) 337-403 .

[2] O. BOLZA : " Lectures on the Calculus of Variations " .
Chelsea, N.Y. (1973) .

[3] R.J. KNOPS : On potential wells in elasticity (to appear) .

[4] R.J. KNOPS and L.E. PAYNE : On the potential wells and stability in nonlinear elasticity (to appear) .

[5] R.J. KNOPS and E.W. WILKES : Theory of elastic stability .
Handbuch der Physik (ed. C. Truesdell) , Vol. VI a/3 ,
Springer (1973) 125-302 .

[6] W.T. KOITER : A basic open problem in the theory of elastic stability , in " Applications of Methods of Functional Analysis to Problems in Mechanics " (P. Germain and B. Nayroles, eds.),
Springer Lecture Notes in Mathematics 503 (1976) 366-373.

[7] J.E. MARSDEN : On a global solutions for nonlinear Hamiltonian evolution equations .
Comm. Math. Phys. 30 (1973) 79-81 .

[8] L.E. PAYNE and D.H. SATTINGER : Saddle points and instability of nonlinear hyperbolic equations .
Israel J. Math. 22 (1975) 273-303 .

[9] A.J. TROMBA : Almost Riemannian structures on Banach manifolds, the Morse lemma and the Darboux theorem .
Can. J. Math. 28 (1976) 640-652 .

SUR CERTAINES EQUATIONS QUASI-LINEAIRES DE TYPE " DIVERGENTIELLE " D'ORDRE ARBITRAIRE

Alain DAMLAMIAN
Université Paris Sud
91405 Orsay Cedex

Dans Attouch-Damlamian [1] , on étudie la fonctionnelle convexe sur $L^p(\Omega)$ ($1 < p < +\infty$) définie par

$$\Phi(u) = \begin{cases} \int_\Omega J(x, u(x), \operatorname{grad} u(x))\, dx & \text{si } u \in W_o^{1,1}(\Omega) \\ +\infty & \text{sinon} \end{cases}$$

sous certaines hypothèses de coercivité d'intégrabilité et de dépendance régulière en x pour l'intégrande convexe normale J .

La limitation à l'ordre 1 pour l'opérateur différentiel intervenant dans Φ et donc à l'ordre 2 pour l'opérateur différentiel non linéaire $\partial\Phi$ est due à l'utilisation d'une méthode de troncature sur les éléments de $W_o^{1,1}(\Omega) \cap L^p$ pour obtenir un lemme d'approximation . On sait qu'en général les troncatures n'opèrent pas sur les espaces de Sobolev d'ordre supérieur à 1 .

Nous donnons ici une nouvelle méthode d'étude où les troncatures n'interviennent pas ; ceci permet d'obtenir des résultats de même nature que dans [1] mais avec des ordres de dérivation arbitrairement élevés.

Soit Ω un ouvert borné régulier de $\mathbb{R}^N$ (la condition borné n'est pas essentielle mais simplifie de beaucoup l'exposé) .

On obtiendra par exemple sur les espaces $L^p(\Omega)$ les opérateurs suivants avec conditions de Dirichlet homogènes :

a) $u \longmapsto \Delta(\beta \Delta u)$ où β est un graphe maximal monotone partout défini sur $\mathbb{R}$.

b) $u \longmapsto \mathrm{rot}\,(\partial J(\mathrm{rot}\, u))$ où ∂J est le sous-différentiel sur $\mathbb{R}^3$ ($N = 3$) d'une fonction convexe continue sur $\mathbb{R}^3$.

c) $u \longmapsto -\mathrm{div}\, \partial J(\mathrm{grad}\, u)$ où J est convexe continue sur $\mathbb{R}^N$.

d) $u \longmapsto -\mathrm{grad}\, \partial J(\mathrm{div}\, u)$.

Les méthodes utilisées sont assez élémentaires en analyse convexe et par conséquent les résultats sont partiels (conditions aux limites non homogènes ?) . Nous renvoyons à [1] pour une comparaison plus détaillée avec les résultats déjà connus . Citons toutefois la conférence de A. Fougères à ce colloque qui fait en particulier le point sur les méthodes de Sobolev-Orlicz pour ce type de problèmes .

Soient p et q deux exposants conjugués $\neq 1$ et $+\infty$, m un entier naturel et ψ une fonction convexe s c i sur $L^1(\Omega)^{m+1}$.

On note $\Phi = \psi|_{L^q(\Omega) \times L^\infty(\Omega)^m}$.

Soit L un opérateur linéaire fermé de $L^p(\Omega)$ dans $L^1(\Omega)^m$ d'adjoint $\Lambda : L^\infty(\Omega)^m \longrightarrow L^q(\Omega)$ dont on note $\overline{\Lambda}$ la fermeture de $L^1(\Omega)^m \longrightarrow L^1(\Omega)$.

On note enfin Φ^* la fonction convexe conjuguée de Φ , qui est donc définie sur $L^p(\Omega) \times (L^\infty(\Omega))^{*\,m}$.

On pose sur $L^p(\Omega)$

$$F(u) = \begin{cases} \Phi^*(u, Lu) & \text{si } u \in D(L) \\ +\infty & \text{sinon} \end{cases}$$

et on se propose d'étudier son sous-différentiel .

Mais il est faux , en général , que F soit s c i . On introduit donc des conditions qui permettent de résoudre le problème de la détermination de F^* et de montrer la coïncidence entre F et sa biduale . Puis , dans "le cas pratique " où Φ et ψ proviennent d'une intégrande normale convexe (notée $J^*(x,.)$) et où L est un opérateur aux dérivées partielles linéaire qui est la fermeture de sa restriction à $\mathcal{D}(\Omega)$, on explicite le sous-différentiel complètement et il apparaît , comme dans [1] une condition d'intégration par parties non standard .

Pour résoudre le problème de la détermination de F^* on introduit à priori ce que doit être cette fonction :

soit $\quad G(u) = \inf\limits_{v \in D(\overline{\Lambda})} \psi(u - \overline{\Lambda} v, v)$

défini pour $u \in L^q(\Omega)$.

On fait alors les hypothèses suivantes :

H_1) $\quad \psi$ est faiblement inf-compacte sur $L^1(\Omega)^{m+1}$.

En conséquence $G(u) = \min\limits_{v \in D(\overline{\Lambda})} \psi(u - \overline{\Lambda} v, v)$

et G est convexe s c i propre sur $L^q(\Omega)$.

H_2) $\quad$ Hypothèse d'approximation n° 1

$\forall (v_o, v) \in D(\psi) \quad (\subset L^1(\Omega) \times L^1(\Omega)^m)$ avec $v \in D(\overline{\Lambda})$

$\exists (v_o^n, v^n) \in D(\Phi) \quad (\subset L^q(\Omega) \times L^\infty(\Omega)^m)$ tels que

$\overline{\Lambda} v = \lim \Lambda v^n$ dans $L^1(\Omega)$

et $\quad \Phi(v_o^n, v^n) \longrightarrow \psi(v_o, v)$.

En conséquence $G(u) = \inf_{v \in D(\Lambda)} \Phi(u - \Lambda v, v)$.

Si on étudie alors G^* on voit facilement que

$$G^*(w) = \sup_{\substack{u \in L^q \\ v \in D(\Lambda)}} \langle w, u \rangle - \Phi(u - \Lambda v, v)$$
pour $w \in L^p$

$$= \sup_{(v_o, v) \in L^q(\Omega) \times D(\Lambda)} \langle w, v_o + \Lambda v \rangle - \Phi(v_o, v)$$

On peut alors montrer que $G^* \equiv F$ sous deux autres hypothèses :

$H_3)$ $\forall\, v \in L^\infty(\Omega)^m$ $\exists\, v_o \in L^q(\Omega)$ avec $\Phi(v_o, .)$ est borné sur un voi - sinage (fort) de v dans $L^\infty(\Omega)^m$.

$H_4)$ $\forall\, (v_o, v) \in D(\Phi)$ $\exists\, (v_o^n, v^n) \in D(\Phi)$ avec $v^n \in D(\Lambda)$ et $(v_o^n, v^n) \longrightarrow (v_o, v)$ dans $L^q(\Omega) \times L^\infty(\Omega)^m$ $\Phi(v_o^n, v^n) \longrightarrow \Phi(v_o, v)$ lorsque n tend vers l'infini .

Grâce à $H_3)$ on vérifie que si $w \notin D(\Lambda^*)$, $G^*(w) = +\infty$ et grâce à $H_4)$ qui est une seconde hypothèse d'approximation , on a

THEOREME 1 . <u>Sous les hypothèses</u> $H_1)$ $H_2)$ $H_3)$ $H_4)$ <u>on a</u>

$$G^*(u) = \begin{cases} \Phi^*(u, \Lambda^* u) & \underline{\text{si}}\ u \in D(\Lambda^*) \\ +\infty & \underline{\text{sinon}} \end{cases}$$

(ici $\Lambda^* : L^p \longrightarrow (L^\infty(\Omega)^m)^*$) .

<u>Si de plus on suppose</u>

$H_5)$ $D(\Phi^*) \subset L^q(\Omega) \times L^1(\Omega)^m$

<u>alors</u> $G^* = F$ <u>et</u> F <u>est bien convexe s c i</u> .

On peut alors donner une première caractérisation de ∂F .

THEOREME 2 . <u>Sous les hypothèses</u> H_1), H_2), H_3), H_4), H_5), <u>on a l'équi-valence</u>

$$w \in \partial F(u) \Leftrightarrow$$

$$u \in D(F) \ \underline{\text{et}} \ \exists \ (w^n, v^n) \in L^q(\Omega) \times L^\infty(\Omega)^m$$

$$\exists \ \delta_n \longrightarrow 0$$

<u>tels que</u> $\quad w^n \longrightarrow w \quad$ <u>et</u>

$$(w^n - \Lambda v^n, v^n) \in \partial(\Phi^*)_{\varepsilon_n}(u, Lu)$$

<u>où la notation signifie le sous-différentiel à ε_n près</u>

(i.e. $\Phi^*(u, Lu) + \Phi(w^n - \Lambda v^n, v^n) - \langle u, w^n - \Lambda v^n \rangle - \langle Lu, v^n \rangle \le \varepsilon_n$ cf. [4] pour une étude des sous-différentiels à ε près) .

Dans la pratique , (et c'est la motivation de [1] et de ce travail) ψ est associée à $J^*(x,.)$ intégrande convexe normale, c'est-à-dire que

$$F(u) = \begin{cases} \int_\Omega J(x,u,Lu) & u \in D(L) \\ + \infty & \text{sinon} . \end{cases}$$

Dans ce cas chacune des hypothèses introduite ci-dessus a une expression équivalente ou plus forte en terme des fonctions J .

Par exemple H_1) est alors équivalente à

$$\forall \rho \in \mathbb{R}^{m+1} \quad x \longmapsto J(x,\rho) \in L^1(\Omega)$$

(cf. Rockafellar [5]) .

H_2) et H_4) expriment une dépendance régulière de J^* par rapport à la variable $x \in \Omega$ qui joue le rôle de paramètre. (La continuité uniforme de $J^*(x,\rho)$ par rapport à x uniformément par rapport à ρ suffit pour pouvoir utiliser les méthodes de convolution déjà utilisées, mais pour J , dans [1]) .

H_3) est impliquée par exemple par une condition de coercivité par rapport à Lu :

$H_3')$ $\forall \rho > 0$, $\exists C_\rho^1 \in \mathbb{R}^+$ $C_\rho \in L^1(\Omega)$ tels que

$$J(x,r,s) + C_\rho^1 |r|^p + C_\rho(x) \geq \rho(s) \ .$$

Enfin $H_5)$ est impliquée par $H_3)$ pour le cas des intégrandes normales .C'est une conséquence de la proposition suivante, qui généralise un résultat de [5].

PROPOSITION . Soit Φ associée à une intégrande normale sur $L^p(\Omega) \times L^\infty(\Omega)^m$. Supposons

$$\mathrm{proj}_{L^\infty(\Omega)^m} D(\Phi) = L^\infty(\Omega) \ .$$

Alors

$$D(\Phi^*) \subset L^q(\Omega) \times L^1(\Omega)^m \ .$$

Reprenant alors le théorème 2 on obtient

THEOREME 3 . Sous les hypothèses $H_1)$, $H_2)$, $H_3')$ et $H_4)$ on a l'équivalence :

$$w \in \partial F(u) \Leftrightarrow u \in D(F) \ , \ \exists v \in D(\overline{\Lambda})$$

avec $(w - \overline{\Lambda} v, v) \in \partial J(\,.\,, u, Lu)$ p.p

$Lu.v - u.\overline{\Lambda} v \in L^1(\Omega)$ et

$$\int_\Omega (Lu.\,v - u.\,\overline{\Lambda} v) = 0 \ .$$

Cette dernière condition est la condition d'intégration par parties non standard déjà rencontrée dans [1] .

Comme dans [1] cette condition est automatiquement vérifiée si D(F) est symétrique par rapport à l'origine (ou si plus généralement D(F) contient un point interne régulier) .

Exemples : $Lu = \{D^{\alpha}u \; ; \; \alpha \in I$ ensemble fini de multiindices de longueur $\geq 1\}$.

On obtient alors l'opérateur avec condition de Dirichlet homogène

$$\sum_{I} (-1)^{|\alpha|} D^{\alpha} \partial_{\alpha} J(Lu) \ .$$

Les applications de ces résultats sont les mêmes que dans [1] .

Pour les problèmes elliptiques , il s'agit de déterminer des conditions suffisantes garantissant la coercivité de F d'où on obtient la surjectivité de ∂F sur $L^{q}(\Omega)$. Dans la pratique , il faut renforcer H_3' .

Pour les problèmes paraboliques on suppose $p = 2$ et on applique les résultats de H. Brézis [3] ou Attouch-Damlamian [2] pour les problèmes du type $\frac{du}{dt} + \partial\varphi(t, u(t)) \ni f \qquad u(0) = u_o \in \overline{D(\varphi(0))}$.

REFERENCES

[1] H. ATTOUCH - A. DAMLAMIAN : Application des méthodes de convexité et monotonie à l'étude de certaines équations quasi-linéaires . (A paraître : Proceedings. Royal Soc. Edinburgh.) .

[2] H. ATTOUCH - A. DAMLAMIAN : Strong solutions for parabolic variational inequalities . (A paraître Journ. of Nonlinear Analysis JNA-TMA) .

[3] H. BREZIS : Opérateurs maximaux monotones et semi-groupes de contractions dans les espaces de Hilbert . Lecture notes 5 North-Holland (1972) .

[4] I. EKELAND - R. TEMAM : Analyse convexe et problèmes variationnels. Dunod - Gauthier-Villars, Paris (1974) .

[5] R.T. ROCKAFELLAR : Integrals which are convex functionals II . Pac. J. Math. 39 (1971) ; p. 439-469 .

HOMOGENEISATION DES PLAQUES A STRUCTURE PERIODIQUE EN THEORIE NON LINEAIRE DE VON KARMAN

G. DUVAUT
Laboratoire de Mécanique Théorique.
Université Paris VI. Tour 66
4 Place Jussieu
75 230 PARIS Cedex 05

I. INTRODUCTION

Les résultats d'homogénéisation obtenus ces dernières années par De Giorgi et Spagnolo [1], L.Tartar [1] -Bensoussan - J.L.Lions -Papanicolaou [1] ont permis des applications à des problèmes de mécanique des milieux continus. Dans cet ordre d'idées on trouve les travaux de G.Duvaut et A.M. Métellus [1] sur les plaques en théorie linéaire, de G.Duvaut [1] sur l'électricité linéaire tri- ou bi-dimensionnelle, de D.Cioranescu [1] qui traite en particulier le cas de la torsion d'arbres cylindriques creux, de G.Duvaut [1] sur les plaques perforées en théorie linéaire. Enfin, je tiens à citer H.Sanchez-Palencia [1] et Th.Lévy [1] qui travaillent dans un esprit un peu différent en cherchant des relations entre les moyennes des quantités convenablement associées. Leurs résultats, dont la justification ne semble pas complètement établie sur le plan mathématique, portent sur les écoulements en milieu poreux et certains phénomènes liés à l'acoustique.

Dans le présent travail nous étendons les résultats de G. Duvaut et A.M. Metellus [1] au cas des plaques en théorie non linéaire de Von-Karman Il s'agit à ma connaissance, du premier cas d'homogénéisation de système non linéaire. La méthode de l'énergie, mise au point par L. Tartar [1] pour des équations linéaires, peut être adaptée au cas présent, grâce à des raisonnements de compacité qui donnent les résultats de convergence des termes non linéaires.

Les équations non linéaires des plaques de Von-Karman sont celles utilisées lors de l'étude des phénomènes de flambage. C'est dans ce contexte qu'il convient de replacer les résultats obtenus dans le présent travail. Il est à noter que les coefficients homogénéisés obtenus sont les mêmes que ceux correspondants à la théorie linéaire.

Au paragraphe II, on rappelle les équations de Von-Karman et les résultats obtenus par G. Duvaut et J.L. Lions [1].

Au paragraphe III, on pose le problème et établit les résultats d'homogénéisation.

II. PLAQUES DE VON-KARMAN. (cf. G. Duvaut et J.L. Lions [1] [2]).

1) Equations.

Soit Ω un ouvert de $\mathbb{R}^2$, de frontière $\partial\Omega$ régulière.

On désigne par

(1) $$u = \{u_1, u_2\} \quad , \quad \zeta = u_3$$

le champ de déplacements des points de la plaque Ω dans un repère orthonormé dont le plan $0x_1x_2$ est celui de Ω. Les tenseurs symétriques

(2) $$\{N_{\alpha\beta}\} \quad \text{et} \quad \{M_{\alpha\beta}\} \quad (\alpha, \beta = (1, 2))$$

représentent respectivement les contraintes planes et les moments fléchissants.

Les équations d'équilibre s'écrivent

(3) $$\frac{\partial N_{\alpha\beta}}{\partial x_\beta} = 0 \qquad \text{dans } \Omega \qquad (*)$$

(4) $$\frac{\partial^2 M_{\alpha\beta}}{\partial x_\alpha \partial x_\beta} - \frac{\partial}{\partial x_\alpha}\left(N_{\alpha\beta}\frac{\partial\zeta}{\partial x_\beta}\right) = f \qquad \text{dans } \Omega . \qquad (*)$$

Les lois de comportement non linéaires retenues sont

(5) $$N_{\alpha\beta} = a_{\alpha\beta\gamma\delta}(L_{\gamma\delta}(u)+\frac{1}{2}\mu_{\gamma\delta}(\zeta))$$

(6) $$M_{\alpha\beta} = A_{\alpha\beta\gamma\delta}\frac{\partial^2\zeta}{\partial x_\gamma \partial x_\delta}$$

où

(7) $$L_{\alpha\beta}(u)=\frac{1}{2}\left(\frac{\partial u_\alpha}{\partial x_\beta}+\frac{\partial u_\beta}{\partial x_j}\right), \ \mu_{\alpha\beta}(\zeta, z)=\frac{\partial\zeta}{\partial x_\alpha}\frac{\partial z}{\partial x_\beta}$$

(8) $$\mu_{\alpha\beta}(\zeta)=\mu_{\alpha\beta}(\zeta, \zeta)$$

Les tenseurs $a_{\alpha\beta\gamma\delta}$ (resp. $A_{\alpha\beta\gamma\delta}$) satisfont les relations de symétrie

(9) $$a_{\alpha\beta\gamma\delta} = a_{\beta\alpha\gamma\delta} = a_{\gamma\delta\alpha\beta} \qquad (\text{resp. } A_{\alpha\beta\gamma\delta})$$

et de positivité

(10) $$\exists\, \alpha_0 > 0,\ a_{\alpha\beta\gamma\delta}\,\tau_{\gamma\delta}\,\tau_{\alpha\beta} \geq \alpha_0\,\tau_{\alpha\beta}\,\tau_{\alpha\beta}\ ,\ \forall\,\tau_{\alpha\beta} = \tau_{\beta\alpha}\ ,$$

(resp. $A_{\alpha\beta\gamma\delta}$)

On retient les conditions aux limites de la plaque encastrée sur sa frontière

(11) $$u_1 = u_2 = \zeta = \frac{\partial\zeta}{\partial n} = 0 .$$

(*) On fait la convention de sommation sur les indices répétés.

2) Formulation variationnelle.

On introduit les espaces

(12) $\quad V=(H_0^1(\Omega))^2 \quad , \quad Z=H_0^2(\Omega)$

et les formes bilinéaires

(13) $\quad \mathfrak{A}(h,k)=\int_\Omega a_{\alpha\beta\gamma\delta}\, h_{\gamma\delta}\, k_{\alpha\beta}\, dx$

(14) $\quad a(\zeta,z)=\int_\Omega A_{\alpha\beta\gamma\delta} \frac{\partial^2\zeta}{\partial x_\gamma \partial x_\delta} \frac{\partial^2 z}{\partial x_\alpha \partial x_\beta}\, dx .$

On obtient alors aisément que si u et ζ sont les solutions du problème (3)-(11), on a

(15) $\quad u\in V \quad , \quad \zeta\in Z$

(16) $\quad \mathfrak{A}(Lu+\frac{1}{2}\mu(\zeta), Lv)=0 \quad , \quad \forall v\in V$

(17) $\quad a(\zeta,z)+\mathfrak{A}(Lu+\frac{1}{2}\mu(\zeta), \mu(\zeta,z))=(f,z) \quad , \quad \forall z\in Z .$

3) Résultats d'existence et unicité.

THEOREME 1.

Sous les hypothèses (9) (10) et

(18) $\quad a_{\alpha\beta\gamma\delta}\in L^\infty(\Omega) \quad , \quad A_{\alpha\beta\gamma\delta}\in L^\infty(\Omega) \quad , \quad f\in L^2(\Omega) \quad ,$

il existe u,ζ solution de (15)-(17).

De plus, si $|f|_{L^2(\Omega)}$ est assez petite, la solution (u,ζ) est unique.

La démonstration du théorème 1 repose essentiellement sur deux lemmes :

LEMME 1.

L'application

(19) $\quad \zeta \to \mu(\zeta)$

est compacte de Z dans $(L^2(\Omega))^4$.

LEMME 2.

On suppose ζ donné dans Z. Alors il existe u unique tel que

(20) $$u \in V \ , \ \mathfrak{A}(Lu + \frac{1}{2}\mu(\zeta), Lv) = 0 \ , \ \forall v \in V .$$

De plus l'application

(21) $$u = G(\zeta)$$

ainsi définie de Z dans V est continue et compacte.

On trouvera dans G. Duvaut et J.L. Lions [1] les détails des démonstrations des lemmes 1 et 2 et du théorème 1.

III. HOMOGENEISATION.

1) Notations.

On suppose la plaque Ω à structure périodique définie comme suit. Soit

$$Y =]0, Y_1[\times]0, Y_2[$$

un rectangle du plan $0\, y_1 y_2$. On se donne dans Y des coefficients

(22) $$a_{\alpha\beta\gamma\delta}(y) \ , \ A_{\alpha\beta\gamma\delta}(y) \in L^\infty(Y)$$

et qu'on suppose prolongés par Y-périodicité à $\mathbb{R}^2$ tout entier et qui satisfont (9) et (10).

On introduit alors

(23) $$a^\varepsilon_{\alpha\beta\gamma\delta}(x) = a_{\alpha\beta\gamma\delta}(\frac{x}{\varepsilon}) \ , \ A^\varepsilon_{\alpha\beta\gamma\delta}(x) = A_{\alpha\beta\gamma\delta}(\frac{x}{\varepsilon}) \ ,$$

qui satisfont (9) (10) (18).

On a alors, par application du théorème 1

THEOREME 2.

Il existe u^ε, ζ^ε solution de

(24) $$u^\varepsilon \in V \ , \ \zeta^\varepsilon \in Z$$

(25) $\mathfrak{A}^{\varepsilon}(Lu^{\varepsilon}+\frac{1}{2}\mu(\zeta^{\varepsilon}), Lv)=0 \quad , \quad \forall v \in V$

(26) $a^{\varepsilon}(\zeta^{\varepsilon}, z)+\mathfrak{A}^{\varepsilon}(Lu^{\varepsilon}+\frac{1}{2}\mu(\zeta^{\varepsilon}), \mu(\zeta^{\varepsilon}, z))=(f, z), \quad \forall z \in Z,$

où A^{ε} et a^{ε} sont les formes bilinaires, analogues à $\mathfrak{A}$ et a construites avec les coefficients $a^{\varepsilon}_{\alpha\beta\gamma\delta}$ et $A^{\varepsilon}_{\alpha\beta\gamma\delta}$.

2) Problème d'homogénéisation.

Trouver les limites de u^{ε} et ζ^{ε} quand ε tend vers zéro, c'est-à-dire quand la structure périodique de la plaque est de plus en plus fine.

3) Estimations à priori.

On a le

THEOREME 3.

(27) $$\begin{cases} \exists\ C \text{ indépendante de } \varepsilon \text{ telle que} \\ \|u^{\varepsilon}\|_V \leq C\ ,\ \|\zeta^{\varepsilon}\|_Z \leq C\ ,\ |N^{\varepsilon}_{\alpha\beta}|_{L^2(\Omega)} \leq C,\ |M^{\varepsilon}_{\alpha\beta}|_{L^2(\Omega)} \leq C \end{cases}$$

où $N^{\varepsilon}_{\alpha\beta}$ et $M^{\varepsilon}_{\alpha\beta}$ représentent respectivement le tenseur des contraintes planes et des moments fléchissants associés à u^{ε}.

Il résulte des estimations (27), au moins pour des sous-suites, que

(28) $N^{\varepsilon}_{\alpha\beta} \to N_{\alpha\beta}\ ,\ M^{\varepsilon}_{\alpha\beta} \to M_{\alpha\beta}$ dans $L^2(\Omega)$ faible et que

(29) $u^{\varepsilon} \to u$ dans V faible

(30) $\zeta^{\varepsilon} \to \zeta$ dans Z faible.

De plus, on a les équations de conservation

(31) $$\frac{\partial}{\partial x_\alpha} N_{\alpha\beta} = 0$$

(32) $$\frac{\partial^2 M_{\alpha\beta}}{\partial x_\alpha \partial x_\beta} - \frac{\partial}{\partial x_\alpha}\left(N_{\alpha\beta}\frac{\partial \zeta}{\partial x_\beta}\right) = f\ .$$

Démonstration du théorème 3.

On choisit $v = u^\epsilon$ et $z = \zeta^\epsilon$ dans (25) (26). Ajoutant membre à membre les égalités obtenues, on obtient, en utilisant les hypothèses (10) sur les coefficients, les deux premières estimations (27). On obtient les deux autres estimations grâce à (22) et (5) (6). On en déduit les convergences faibles (28) (29) (30). Les relations de conservation passent à la limite au sens des distributions pour donner (31) et (32) (pour obtenir (32) on doit utiliser la convergence faible de $N^\epsilon_{\alpha\beta} \dfrac{\partial \zeta^\epsilon}{\partial x_\beta}$ dans $L^2(\Omega)$ faible qui résulte du lemme 1.)

REMARQUE 1.

Les relations d'équilibre (31) et (32) étant obtenues , il reste à trouver les relations de comportement qui relient les tenseurs $N_{\alpha\beta}$ et $M_{\alpha\beta}$ avec les tenseurs de déformations construits sur les limites u et ζ. Il s'agit de la partie délicate de ce travail car il n'est pas possible de passer à la limite directement dans les relations de comportement

$$(33)\quad \begin{cases} N^\epsilon_{\alpha\beta} = a_{\alpha\beta\gamma\delta}(\frac{x}{\epsilon}) \, (L_{\gamma\delta}(u^\epsilon) + \frac{1}{2}\mu_{\gamma\delta}(\zeta^\epsilon)) \\[2ex] M^\epsilon_{\alpha\beta} = A_{\alpha\beta\gamma\delta}(\frac{x}{\epsilon}) \, \dfrac{\partial^2 \zeta^\epsilon}{\partial x_\gamma \partial x_\delta} \, . \end{cases}$$

C'est pour cette raison que, comme dans les cas linéaires (L.Tartar [1]), nous sommes amenés à faire une construction adjointe.

4) Loi de comportement homogénéisée. Construction adjointe.

On introduit

$$(33)\quad \begin{cases} \tilde{V} = \{ v \mid v \in (H^1(Y))^2 \text{, traces de } v \text{ égales sur les faces opposées de } Y \} \\ \tilde{Z} = \{ z \mid z \in H^2(Y) \text{, traces de } z \text{ et } \nabla z \text{ égales sur les faces opposées de } Y \} \end{cases}$$

Les éléments de $\tilde{V}$ et $\tilde{Z}$ sont alors prolongeables sur $\mathbb{R}^2$ tout entier par Y-périodicité en des fonctions appartenant à $(H^1_{loc}(\mathbb{R}^2))^2$ et $H^2_{loc}(\mathbb{R}^2)$ respectivement. Nous supposons ce prolongement effectué. Soit P_k l'ensemble des polynômes homogènes de degré k. On introduit alors,

$$\forall p = \{ p_1, p_2 \} \in (P_1)^2 \ , \ \forall P \in P_2 \ ,$$

les solutions w et W de

$$(34)\quad \begin{cases} w - p \in \tilde{V} \\ \mathfrak{A}_Y(Lw, Lv) = 0 \ , \ \forall v \in \tilde{V} \end{cases}$$

$$(35)\quad \begin{cases} W - P \in \tilde{Z} \\ a_Y(W, z) = 0 \ , \ \forall z \in \tilde{Z} \end{cases} \qquad (*)$$

Il est facile de vérifier que (34) et (35) possèdent des solutions uniques à une constante additive près.

Introduisons ψ et χ par,

$$(37)\qquad w(y) = p(y) - \psi(y), \quad W(y) = P(y) - \chi(y)$$

(*) On a posé

$$(36)\quad \begin{cases} \mathfrak{A}_Y(h, k) = \int_Y a_{\alpha\beta\gamma\delta}(y) h_{\gamma\delta}\, k_{\alpha\beta}\, dy \\ a_Y(\zeta, z) = \int_Y A_{\alpha\beta\gamma\delta} \dfrac{\partial^2 \zeta}{\partial y_\gamma \partial y_\delta} \dfrac{\partial^2 z}{\partial y_\alpha \partial y_\beta}\, dy \ . \end{cases}$$

et

$$(38) \qquad w^{\varepsilon}(x) = \varepsilon\, w(\tfrac{x}{\varepsilon}) = p(x) - \varepsilon\, \psi(\tfrac{x}{\varepsilon})$$

$$(39) \qquad W^{\varepsilon}(x) = \varepsilon^2\, W(\tfrac{x}{\varepsilon}) = P(x) - \varepsilon^2\, \chi(\tfrac{x}{\varepsilon}) \ .$$

On a alors,

THEOREME 4.

Les lois homogénéisées reliant $N_{\alpha\beta}$, $M_{\alpha\beta}$, u, ζ sont

$$(40) \qquad N_{\alpha\beta} = q_{\alpha\beta\gamma\delta}(L_{\gamma\delta}(u) + \frac{1}{2}\mu_{\gamma\delta}(\zeta))$$

$$(41) \qquad M_{\alpha\beta} = Q_{\alpha\beta\gamma\delta}\, \frac{\partial^2 \zeta}{\partial x_\gamma \partial x_\delta}$$

où les coefficients $q_{\alpha\beta\gamma\delta}$ et $Q_{\alpha\beta\gamma\delta}$ sont des constantes données par

$$(42) \qquad q_{\alpha\beta\gamma\delta} = \frac{1}{|Y|}\, \mathfrak{A}_Y(L(p_{\alpha\beta} - \psi_{\alpha\beta}),\ L(p_{\gamma\delta} - \psi_{\gamma\delta}))$$

$$(43) \qquad Q_{\alpha\beta\gamma\delta} = \frac{1}{|Y|}\, a_Y(P_{\alpha\beta} - \chi_{\alpha\beta},\ P_{\gamma\delta} - \chi_{\gamma\delta}) ,$$

où

$$(44) \qquad (p_{\alpha\beta})_\gamma = \delta_{\alpha\gamma}\, y_\beta \ , \quad P_{\alpha\beta} = \frac{1}{2} y_\alpha y_\beta$$

et où $\psi_{\alpha\beta}$ et $\chi_{\alpha\beta}$ sont les fonctions ψ et χ correspondantes.

Démonstration du théorème 4.

Il résulte de (38) et (34) que w^{ε} satisfait

$$(45) \qquad \mathfrak{A}^{\varepsilon}(L w^{\varepsilon}, L v) = 0 \ , \quad \forall v \in V \ ,$$

et en particulier, si $\varphi \in \mathfrak{D}(\Omega)$, on peut choisir $v = \varphi u^{\varepsilon}$ dans (45) pour obtenir

$$(46) \qquad \mathfrak{A}^{\varepsilon}(L w^{\varepsilon}, L(\varphi u^{\varepsilon})) = 0 \ , \quad \forall \varphi \in \mathfrak{D}(\Omega).$$

On parvient de même à

(47) $\qquad a^\varepsilon(W^\varepsilon, \varphi\zeta^\varepsilon) = 0 \quad , \quad \forall\varphi\in\mathcal{D}(\Omega).$

Par ailleurs, il résulte de (38) et (39) que

(48) $$\begin{cases} w^\varepsilon \to p & \text{dans } (L^2(\Omega))^2 \text{ fort} \\ W^\varepsilon \to p & \text{dans } H^1(\Omega) \text{ fort.} \end{cases}$$

Choisissons alors, ce qui est licite,

(49) $\qquad v = \varphi w^\varepsilon$

dans (25), pour obtenir, en retranchant (47),

(50) $$\mathfrak{A}^\varepsilon(Lu^\varepsilon, L(\varphi w^\varepsilon)) - \mathfrak{A}^\varepsilon(Lw^\varepsilon, L(\varphi u^\varepsilon)) + \mathfrak{A}^\varepsilon(\frac{1}{2}\mu(\zeta^\varepsilon), L(\varphi w^\varepsilon)) = 0$$

ou encore, après réduction,

(51) $$\int_\Omega N^\varepsilon_{\alpha\beta} w^\varepsilon_\alpha \frac{\partial\varphi}{\partial x_\beta} - \left(a_{\alpha\beta\gamma\delta}(\frac{x}{\varepsilon}) \frac{\partial w^\varepsilon_\gamma}{\partial x_\delta}\right)\left(u^\varepsilon_\alpha \frac{\partial\varphi}{\partial x_\beta} - \frac{\varphi}{2}\mu_{\alpha\beta}(\zeta^\varepsilon)\right)dx$$
$$= 0 .$$

Dans cette égalité chaque terme apparaît comme le produit de deux facteurs dont l'un converge faiblement et l'autre fortement dans $L^2(\Omega)$; on peut donc passer à la limite pour obtenir

(52) $$\int_\Omega \{N_{\alpha\beta} p_\alpha \frac{\partial\varphi}{\partial x_\beta} - \mathfrak{M}_{\alpha\beta}(p)[u_\alpha \frac{\partial\varphi}{\partial x_\beta} - \frac{\varphi}{2}\mu_{\alpha\beta}(\zeta)]\}\, dx = 0 .$$

On a en effet remarqué que

(53) $$S^\varepsilon_{\alpha\beta} = a_{\alpha\beta\gamma\delta}(\frac{x}{\varepsilon}) \frac{\partial w^\varepsilon_\gamma}{\partial x_\delta} = \left(a_{\alpha\beta\gamma\delta}(y) \frac{\partial w(y)}{\partial y_\delta}\right)_{y=\frac{x}{\varepsilon}}$$

ce qui entraine que

(54) $$S^\varepsilon_{\alpha\beta} \to \frac{1}{|Y|}\int_Y a_{\alpha\beta\gamma\delta}(y) \frac{\partial w_\gamma(y)}{\partial y_\delta}\, dy = \mathfrak{M}_{\alpha\beta}(p) \text{ dans } L^2(\Omega) \text{ faible.}$$

L'égalité (52) ayant lieu quel que soit $\varphi\in\mathcal{D}(\Omega)$, on en déduit, au sens des distributions, que

$$(55) \qquad -N_{\alpha\beta}\frac{\partial p_\alpha}{\partial x_\beta}+\mathfrak{M}_{\alpha\beta}(p)(L_{\alpha\beta}(u)+\frac{1}{2}\mu_{\alpha\beta}(\zeta))=0 .$$

En choisissant dans (55),

$$(56) \qquad p_\alpha=\delta_{\alpha\gamma}x_\delta=(p_{\gamma\delta})_\alpha$$

on trouve

$$(57) \qquad N_{\gamma\delta}=\mathfrak{M}_{\alpha\beta}(p_{\gamma\delta})(L_{\alpha\beta}(u)+\frac{1}{2}\mu_{\alpha\beta}(\zeta)).$$

On pose alors

$$(58) \qquad q_{\alpha\beta\gamma\delta}=\mathfrak{M}_{\gamma\delta}(p_{\alpha\beta})$$

ce qui donne, en utilisant (54),

$$(59) \qquad q_{\alpha\beta\gamma\delta}=\frac{1}{|Y|}\int_Y a_{\gamma\delta\alpha'\beta'}\frac{\partial}{\partial y_{\beta'}}\left[(p_{\alpha\beta})_{\alpha'}-(\psi_{\alpha\beta})_{\alpha'}\right]dy$$

$$=\frac{1}{|Y|}\mathfrak{A}_Y(p_{\alpha\beta}-\psi_{\alpha\beta},\, p_{\gamma\delta}) .$$

En tenant compte de la définition de $\psi_{\alpha\beta}$ (38) et des propriétés qui en résultent (34) on a aussi

$$(60) \qquad q_{\alpha\beta\gamma\delta}=\frac{1}{|Y|}\mathfrak{A}_Y(p_{\alpha\beta}-\psi_{\alpha\beta}, p_{\gamma\delta}-\psi_{\gamma\delta})$$

ce qui met en évidence les propriétés de symétrie des coefficients $q_{\alpha\beta\gamma\delta}$.

Un calcul analogue conduit à partir de (47) et (17) où on a choisi $z=\varphi\,\zeta^\varepsilon$, fournit la deuxième loi de comportement homogénéisée (43).

REMARQUE 2.

Les relations (38) et (34) qui définissent $\psi_{\alpha\beta}$ peuvent s'écrire

$$(61) \qquad \psi_{\alpha\beta}\in\tilde{V}\ ,\ \mathfrak{A}_Y(L\psi_{\alpha\beta}-Lp_{\alpha\beta}\ ,\ Lv)=0\ ,\ \forall v\in\tilde{V}$$

ou encore

$$(62) \qquad \psi_{\alpha\beta}\in\tilde{V}\ ,\ \mathfrak{A}_Y(L\psi_{\alpha\beta}, Lv)=\int_Y a_{\alpha'\beta'\alpha\beta}(y)\frac{\partial v_{\alpha'}}{\partial y_{\beta'}}dy .$$

On voit que le deuxième membre de (62) est différent de zéro chaque fois que les coefficients $a_{\alpha'\beta'\alpha\beta}$ sont non constants. Il en résulte alors que les fonctions $\psi_{\alpha\beta}$ ne peuvent pas être toutes constantes dès lors que le matériau de base est non-homogène.

Utilisant alors la formule qui donne les coefficients homogénéisées $q_{\alpha\beta\gamma\delta}$ sous la forme, déduite de (59),

$$q_{\alpha\beta\gamma\delta} = \frac{1}{|Y|}\int_Y a_{\alpha\beta\gamma\delta}(y)\,dy - \frac{1}{|Y|}\int_Y a_{\gamma\delta\alpha'\beta'}\frac{\partial}{\partial y_{\beta'}}(\psi_{\alpha\beta})_{\alpha'}\,dy$$

on voit que les coefficients homogénéisés $q_{\alpha\beta\gamma\delta}$ ne peuvent pas être tous égaux aux moyennes des coefficients locaux $a_{\alpha\beta\gamma\delta}(y)$, ce qui prouve qu'un passage à la limite simpliste dans (33) conduit à un résultat incorrect.

REMARQUE 3.

Si on annule le terme $\mu(\zeta, z)$ dans les équations (16) (17) on obtient deux systèmes linéaires non couplés. On peut leur appliquer le processus d'homogénéisation et on obtient les équations (3) (4) (40) (41) sans les termes en μ. Autrement dit les termes non linéaires ne modifient pas les coefficients homogénéisés $q_{\alpha\beta\gamma\delta}$ et $Q_{\alpha\beta\gamma\delta}$.

REMARQUE 4.

Les équations de Von-Karman servant à étudier les phénomènes de flambage, il reste à comparer les conditions de flambage de la plaque à structure εY-périodique avec celles de la plaque homogénéisée.

REMARQUE 5.

Les mêmes raisonnement peuvent s'appliquer aux plaques perforées périodiquement en théorie de Von Karman à condition d'utiliser les techniques mises au point pour les plaques linéaires perforées. (G.Duvaut [1]).

REFERENCES

BENSOUSSAN A., LIONS J.L., PAPANICOLAOU G.

[1] Sur quelques phénomènes asymptotiques stationnaires. C.R.A.S. Paris, T.281, Juillet 1975.

CIORANESCU D.

[1] Homogénéisation dans des ouverts à cavités. C.R.A.S. T.284, série A, 1977, p.857-860.

[2] Thèse de Doctorat ès Sciences. Université P. et M. Curie, Paris. (1977).

DUVAUT G.

[1] Etude des matériaux composites élastiques à structure périodique. Homogénéisation. Congrès IUTAM, Delft, 1976.

[2] Comportement macroscopique d'une plaque perforée périodiquement. Journées mathématiques sur les perturbations singulières et la théorie de la couche limite. 8-10 Décembre 1976, Lyon.

DUVAUT G. et LIONS J.L.

[1] Problèmes unilatéraux en théorie de la flexion forte des plaques . I) le cas stationnaire.
Journal de Mécanique, vol 13, n°1, mars 1974.

[2] II) Le cas d'évolution .
Journal de Mécanique. vol 13, n°1, juin 1974.

DE GIORGI E. et SPAGNOLO S.

[1] Sulla convergenza degli integrali dell energia per operatori elliptici dal secondo ordine.
Bolletino UMI, 48, 1973.

LEVY Th. et SANCHEZ-PALENCIA.

[1] Comportement local et macroscopique d'un type de milieux physiques hétérogène.
Int. J. Eng. Sci., vol 12, 331-351, 1974.

APPLICATION AU CALCUL DES VARIATIONS DE L'OPTIMISATION INTEGRALE CONVEXE

par

Alain FOUGERES et Jean-Claude PERALBA

La théorie des fonctionnelles intégrales convexes s'est développée à partir des travaux de R.T.ROCKAFELLAR [R] [Bi] [Be-La] vers les années 70 grâce à l'introduction de la notion de décomposabilité et de techniques de sélections mesurables dues notamment à C.CASTAING [C.V]. Elle s'est rapidement répercutée en Calcul des Variations (en cadre fonctionnel de type L_2[Br], L_p pour $p>1$ [E-T] puis L_1[R][At-D] et récemment plus général [Au]). Ces développements ont en commun de prouver une inf-compacité $*$-faible grâce au thé-théorème de polarité (inf-équicontinuité) de J.J.MOREAU et R.T.ROCKAFELLAR [M].

Les espaces intégraux de type Orlicz (associés aux intégrandes convexes normales nulles en zéro) ont été étudiés depuis 74 par l'équipe d'analyse non linéaire de Perpignan (C.BARRIL, J.CHATELAIN, E.GINER, R.VAUDENE et les auteurs), parallèlement aux travaux analogues de A.KOZEK [K], B.TURRET [T] et à l'étude des "potentiels" convexes de J.AUDOUNET [Au]. Ils se sont révélés fournir un cadre fonctionnel naturel à l'étude de l'optimisation intégrale [F-G] [F] parce que bien adaptés aux techniques de projection sur des convexes fermés en mesure (dues dans L_1 et en mesure finie à A.V.BUHVALOV et G.LOZANOVSKI [Bu-Lo], V.L.LEVIN [Le] et introduites en France par M.VALADIER [V]) ; c'est la notion de "coercivité" de l'intégrande (au sens $f(x,y)\to\infty$ quand $|y|\to\infty$ dans le cas convexe étudié ici) qui assure alors l'existence d'un espace intégral englobant le domaine de la fonctionnelle intégrale étudiée.

Cet article se propose de montrer comment ces résultats d'optimisation intégrale peuvent s'appliquer aisément dans des problèmes, apparentés au Calcul des Variations, de minimisation "oblique" (au sens de [M]) d'une fonctionnelle du type :

$$I \; : \; u \in L_1^{loc}(\Omega, R^p) \to \int_\Omega f(x, \lambda u(x))dx$$

où f est une intégrande convexe normale coercive et λ un opérateur aux dérivées partielles à image convexe fermée dans l'espace des distributions) ; l'opérateur différentiel apparaît alors comme une contrainte imposée à la fonctionnelle intégrale (alors minimisée sur l'image de λ) ; on peut aussi y ajouter d'autres contraintes convexes (fermées en mesure).

On interprétera également ces résultats en termes de sous-différentiels dont on étudiera l'additivité [P_2], rejoignant ainsi l'étude de H.ATTOUCH et A.DAMLAMIAN [At-D].

1. Coercivité et comparaison des intégrandes.

1.1. Notations et définitions.

On désigne par :

. Ω un ouvert de $\mathbb{R}^k$, μ une mesure borélienne régulière diffuse sur Ω, $(.|.)$ et $|.|$ le produit scalaire et la norme dans $\mathbb{R}^k$.

. $\mathfrak{M}(\Omega, \mathbb{R}^p)$ l'espace vectoriel topologique des (classes) de fonctions mesurables muni de la topologie de convergence en mesure "locale" (i.e. sur les voisinages compacts)

. $f : \Omega\times\mathbb{R}^p \to \overline{\mathbb{R}}$ une "intégrande convexe normale" (i.e. application mesurable sur $\Omega\times\mathbb{R}^p$ telle que pour μ-presque tout $x\in\Omega$, $f(x,.)$ soit convexe, s.c.i) "coercive" [resp. "fortement coercive"] (i.e. vérifiant pour μ-presque tout x : $\infty = \lim_{|y|\to\infty} f(x,y)$ [resp. $\frac{f(x,y)}{|y|}$]) . f admet alors une "sélection minimale" (i.e. il existe $m\in\mathfrak{M}(\Omega,\mathbb{R}^p)$ telle que pour μ-presque tout $x\in\Omega$, on ait : $f(x,m(x)) = \inf_{y\in\mathbb{R}^p} f(x,y) = -f^*(x,0)$). On note alors f_m l'intégrande

$$(x,y)\in\Omega\times\mathbb{R}^p \to f(x,m(x)+y)-f(x,m(x)).$$

f est enfin une "fonction de Young" si elle est de plus paire et nulle en zéro.

A toute intégrande f, on associe la fonctionnelle intégrale (supérieure) I_f :

$$u\in\mathfrak{M}(\Omega,\mathbb{R}^p) \to \int_\Omega f(x,u(x))d\mu \in \overline{\mathbb{R}},$$

$I_f^{\leq}(r) = \{u : I_f(u)\leq r\}$ ("section inférieure d'ordre r de I_f") et

$C_f = \{u : I_f(u)<+\infty\}$ ("domaine de I_f").

1.2. Remarque préliminaire pour le cas où C_f ne contient pas zéro.

A chaque u_o appartenant à C_f, on associe l'intégrande "translatée"

$$f(u_o+.) : (x,y)\in\Omega\times\mathbb{R}^p \to f(x,u_o(x)+y).$$

On remarque alors que minimiser I_f sur un ensemble de contraintes C revient à minimiser $I_{f(u_o+.)}$ sur $C-u_o$. Par contre, on ne peut affirmer que les problèmes de minimisation oblique de I_f (i.e. minimiser $I_{f-(.|v)}$ avec $v\in\mathfrak{M}(\Omega,\mathbb{R}^p)$) sur C et de $I_{f(u_o+.)}$ sur $C-u_o$ sont équivalents que si $(u_o|v)$ est intégrable. Dans la pratique on mettra généralement en évidence une fonction $u_o\in C_f$ telle que pour tout $v\in C_{f^*}$, $(u_o|v)$ soit intégrable. Le choix de la fonction u_o a, comme le montre la proposition suivante, une incidence relative sur le cône $L_{f(u_o+.)}$ (resp. $E_{f(u_o+.)}$) engendré par (resp. sous-jacent à) $C_{f(u_o+.)} = C_f - u_o$.

PROPOSITION.

Soient u_o et u_1 deux éléments distincts de C_f. Pour que les cônes engendrés $L_{f(u_o+.)}$ et $L_{f(u_1+.)}$ coïncident, il faut et il suffit que l'intersection de C_f et de la droite affine définie par u_o et u_1 soit un voisinage du segment $[u_o, u_1]$. Lorsqu'il en est ainsi les cônes sous-jacents $E_{f(u_o+.)}$ et $E_{f(u_1+.)}$ sont aussi égaux. Par contre l'espace vectoriel engendré par $C_{f(u_o+.)}$ ne dépend pas du choix de $u_o \in C_f$.

Pour un exemple simple on peut prendre la fonction

$$(x, y) \in \Omega \times \mathbb{R}^2 \to \delta(y \mid [0,1] \times [0,1]).$$

Nous supposons désormais que 0 appartient à C_f.

1.3. Hypothèse (H_1).

Dans tout l'article nous supposons que f et f^* sont deux intégrandes convexes normales coercives conjuguées telles que $f(.,0)$ et $f^*(.,0)$ soient intégrables.

D'après le théorème de polarité de J.J.Moreau [M], pour μ-presque tout $x \in \Omega$, $f(x,.)$ et $f^*(x,.)$ sont continues en 0, de sorte que int dom $f(x,.)$ et int dom $f^*(x,.)$ sont non vides.

1.4. Dualité.

On définit $[P_1]$ sur $L_f \times L_{f^*}$ une forme de dualité biconique (i.e. sous-additive et positivement homogène par rapport à chaque variable) :

$$(u, v) \in L_f \times L_{f^*} \to \int_\Omega (u(x) \mid v(x)) d\mu \in [-\infty, +\infty[.$$

Définition.

On dit que f est "presque paire" s'il existe $c>0$ et $a \in L^1(\Omega, \mathbb{R})$ tels que l'on ait :

$$\forall x \in \Omega (\mu\text{-pp.}) \ \forall y \in \mathbb{R}^p \ f(x, -y) \le f(x, cy) + a(x).$$

Lorsque f est presque paire, la forme biconique précédente est une forme bilinéaire de dualité séparante entre les deux espaces vectoriels L_f et L_{f^*} qui sont alors des Banach, de boules unité respectives $I_f^{\leq}(1)$ et $I_{f^*}^{\leq}(1)$, inclus topologiquement dans $\mathfrak{M}(\Omega, \mathbb{R}^p)$, et la forme bilinéaire de dualité est fortement continue.

Dans le cas où $f(.,0)+f^*(.,0)=0$ (i.e. si 0 est sélection minimale de f et f^*) le lemme (1.6) montre que la presque parité est necessaire pour que L_f soit vectoriel.

1.5 LEMME DE COERCIVITE $[F_2]$ et $[F_5]$.

Pour toute intégrande f vérifiant les hypothèses (H_1), il existe des fonctions de Young φ et ψ et des fonctions intégrables a et b telles que l'on ait pour μ-presque tout $x \in \Omega$ et tout $y \in \mathbb{R}^p$:

$$\varphi(x,y)-a(x) \leq f(x,y) \leq \psi(x,y)+b(x) \ ;$$

il en résulte les inclusions:

$$C_\psi \subset C_f \subset C_\varphi \quad , \quad L_\psi \subset L_f \subset L_\varphi \quad , \quad E_\psi \subset E_f \subset E_\varphi \ .$$

Enfin, si f est fortement coercive, on peut prendre φ et ψ fortement coercives.

Définition.

On exprime la première inégalité du lemme en disant que f est "φ-coercive".

Si on définit la "polaire absolue" f° de f comme l'application

$$f^\circ : (x,z) \in \Omega \times \mathbb{R}^p \to \sup_{y \in \mathbb{R}^p} (|(y \mid z)| - f(x,y)),$$

il suffit de prendre $\varphi = f^{\circ *} + f(.,0)$, $\psi = f^{*\circ} - f(.,0)$, $a = f^*(.,0)$ et $b = f(.,0)$.

On déterminera dans (1-7) les espaces vectoriels intégraux les plus proches du cône intégral L_f en utilisant le lemme suivant :

1.6. LEMME DE CONDITION DE CROISSANCE [F-V].

Soient f et g deux intégrandes de $\Omega\times\mathbb{R}^p$ dans $\overline{\mathbb{R}}$, f étant supposée positive nulle en 0 et g telle que g(0) soit intégrable. Les conditions suivantes sont équivalentes :

(i) f et g vérifient la "condition de croissance" : il existe a intégrable et b>0 tels que pour μ-presque tout x et pour tout y on ait :

$$g(x,y)\leq bf(x,y)+a(x).$$

(ii) I_g est majorée sur une section de I_f d'ordre r>0.

(iii) C_f est contenu dans C_g.

Plus précisément, lorsque (ii) est vérifiée, la condition de croissance (i) est satisfaite avec b majorant strictement positif de $\displaystyle\operatorname{Sup}_{u\in I_f^{\leq}(1)}(I_g(u)-I_g(0))$,

$a(x)=\displaystyle\operatorname{Sup}_{y\in\mathbb{R}^p}(g(x,y)-bf(x,y))$, et on a :

$$\operatorname{Sup}_{u\in I_f^{\leq}(1)}\int_\Omega[g(x,u(x))-bf(x,u(x))]\,d\mu=\int_\Omega\operatorname{Sup}_{y\in\mathbb{R}^p}[g(x,y)-bf(x,y)]\,d\mu.$$

Enfin si de plus, pour μ-presque tout x et tout y, l'application :

$\lambda\in\mathbb{R}_+\to[g-g(0)]^+(x,\lambda y)\in\overline{\mathbb{R}_+}$ est croissante, les deux conditions suivantes sont équivalentes.

(i') $\exists a\in L^1(\Omega,\mathbb{R}_+)$, $\exists c>0$: $\forall x\in\Omega(\mu-pp)$, $\forall y\in\mathbb{R}^p$

$$g(x,y)\leq f(x,cy)+a(x).$$

(ii') L_f est contenu dans L_g.

1.7. Détermination des espaces vectoriels intégraux proximaux.

PROPOSITION.

(1) m étant une sélection minimale de f (1.1), la régularisée convexe s.c.i paire $(f_m)^{\circ\circ}$ de f_m [F_5] est une fonction de Young. L'espace vectoriel intégral associé $L_{(f_m)^{\circ\circ}}$ est le plus petit espace vectoriel intégral contenant C_f et ne dépend pas du choix de la sélection minimale m.

(2) L'espace vectoriel intégral L_ψ associé à la fonction de Young $\psi = f^{*\circ} - f(.,0)$ est le plus grand espace vectoriel intégral contenu dans L_f.

Démonstration.

(1) Soit φ une fonction de Young telle que L_φ contienne C_f ; L_φ contient aussi $C_{f_m} = C_f - m$, donc L_{f_m}. Le lemme de condition de croissance entraine alors l'existence de $a \in L^1(\Omega, \mathbb{R}_+)$ et $c > 0$ tels que

$$\varphi(x, \frac{y}{c}) \leq f_m(x,y) + a(x) ;$$

φ étant s.c.i paire, le passage à la bipolaire absolue dans l'inégalité précédente donne :

$$\varphi(x, \frac{y}{c}) \leq (f_m)^{\circ\circ}(x,y) + a(x),$$

et il suffit d'utiliser le lemme (1.6) une deuxième fois pour en déduire que $L_{(f_m)^{\circ\circ}}$ est contenu dans L_φ.

L'indépendance de $L_{(f_m)^{\circ\circ}}$ par rapport à m découle évidemment de la proximalité qui vient d'être vérifiée.

(2) Soit ψ une fonction de Young telle que L_ψ soit contenu dans L_f. Alors (1.6) entraine l'existence de $a \in L^1(\Omega, \mathbb{R}_+)$ et $c > 0$ tels que

$$f(x,y) \leq \psi(x, cy) + a(x);$$

par polarité inférieure, puis par polarité absolue, on obtient puisque $\psi^{*\circ} = \psi$:

$$f^{*\circ}(x,y) - f(x,0) \leq \psi(x, cy) + a(x) - f(x,0).$$

(1.6) permet alors d'en déduire que L_ψ est contenu dans $L_{f^{*\circ} - f(.,0)}$.

1.8. Notations.

Désormais φ et ψ représenteront deux fonctions de Young telles que L_φ et L_ψ soient les espaces vectoriels intégraux proximaux.

On utilisera également dans cet article les fonctions :

$$\underline{\varphi}\,[\text{resp. } \overline{\varphi}] : (x,t) \in \Omega \times \mathbb{R} \to \inf_{|y|=|t|} \varphi(x,y) \,[\text{resp. } \sup_{|y|=|t|} \varphi(x,y)]$$

qui vérifient [G] $\underline{\varphi}^* = \overline{\varphi^*}$.

2. Rappel du théorème d'optimisation intégrale.

(On renvoie à $[F_3]$ et $[F\text{-}G]$ pour les démonstrations sous des hypothèses plus générales).

2.1. THEOREME D'EXISTENCE.

Si f vérifie (H_1) (1.3) I_f admet un minimum sur toute partie C de $\mathfrak{M}(\Omega, \mathbb{R}^p)$ dont l'intersection avec une section inférieure de I_f est un convexe non vide fermé en mesure locale. Si de plus $C \cap I_f^{\leq}(r)$ est fermé en mesure locale pour tout $r>0$, alors I_f admet sur C un minimum "oblique" (i.e. minimum pour la fonctionnelle $I_{f-(.|v)} : u \in \mathfrak{M}(\Omega, \mathbb{R}^p) \to \int_\Omega [f(x,u(x)) - (u(x)|v(x))] d\mu$) dans toute direction $v \in C_{f^*}$ qui est sélection mesurable de

$$x \in \Omega \to \operatorname{Int} \operatorname{dom} f^*(x, .) \subset \mathbb{R}^p,$$

donc en particulier si v est point interne cônique de C_{f^*} (i.e. s'il existe $\alpha > 1$ tel que $\alpha v \in C_{f^*}$).

2.2. REMARQUES.

(1) Dire que u minimise : $I_{f-(.|v)} = I_f - \int_\Omega (v|.)$ sur C équivaut à dire que v appartient au sous-différentiel en u de $I = I_f + \delta(.|C)$ dans la dualité cônique (L_f, L_{f^*}) ; bien que la démonstration utilise comme intermédiaire la dualité vectorielle $(L_\varphi, L_{\varphi^*})$, l'existence est prouvée notamment pour tout v appartenant à l'intérieur cônique de C_{f^*}, qui n'est contenu dans L_{φ^*} que lorsque L_{f^*} est vectoriel.

(2) Dans le cas où $C = L_f$, la décomposabilité de L_f montre alors que pour tout $u \in C_f$ on a $[P_1]$:

$$\partial_{L_f L_{f^*}} I_f(u) = \{ v \in C_{f^*} : v(x) \in \partial f(x, u(x)) \quad \forall x \in \Omega \ (\mu\text{-pp}) \}.$$

(3) Si le problème se pose de façon naturelle en cadre cônique, la connaissance des topologies liées à ce cadre est encore trop lacunaire pour qu'on les utilise ici ; par contre, on a la propriété de compacité suivante dans toute dua-

lité vectorielle $(L_\varphi, L_{\varphi^*})$ telle que L_φ contienne L_f :

2.3. THEOREME DE COMPACITE ET D'APPROXIMATION.

Sous les hypothèses du théorème précédent, l'ensemble $\underset{C}{\text{Min}}\, I_f$ des fonctions u mesurables, réalisant le minimum sur C de I_f dans la direction v est un convexe $\sigma(L_\varphi, L_{\varphi^*})$-compact, et toute famille filtrée ("net") minimisante admet une $\sigma(L_\varphi, L_{\varphi^*})$-valeur d'adhérence.

REMARQUE.

Compte-tenu de (1.7), pour tout espace vectoriel intégral L_g contenant C_f (ou de façon équivalente si g est une fonction de Young vérifiant $g(x,y) \leq f(x,cy) + a(x)$ avec $c>0$ et $a \in L^1$), $\sigma(L_g, L_{g^*})$ est moins fine que $\sigma(L_\varphi, L_{\varphi^*})$ et compactifie de ce fait les suites minimisantes.

On peut même vérifier que $\sigma(L_\varphi, L_{\varphi^*})$ est la plus fine topologie de dualité vectorielle intégrale compactifiant les suites minimisantes, d'où son intérêt.

3. Problème classique du calcul des variations.

3.1. Rappelons que L.Schwartz a mis en évidence le lien entre dérivées au sens des fonctions et au sens des distributions [S] :

1) Une distribution T sur un ouvert Ω est régulière (i.e. représentable par une fonction $\omega : \Omega \to \mathbb{R}$) si elle définit une mesure absolument continue de densité ω qui est de ce fait localement intégrable. On note alors T_ω la distribution régulière de densité ω.

2) Si pour tout $\ell (1 \leq \ell \leq k) : \frac{\partial}{\partial x_\ell} T_\omega = T_{\omega_\ell}$, alors ω est absolument continue sur presque toutes les parallèles aux axes et les ω_ℓ sont μ-pp les dérivées partielles de ω au sens des fonctions.

3.2. En identifiant les distributions règulières à leurs densités respectives on peut interpréter le problème classique du Calcul des Variations comme la minimisation de la fonctionnelle :

$$I : u \in L_1^{loc} \to \int_\Omega f(x, (D^i u(x))_{|i|\le m}) d\mu .$$

D'après ce qui précède, $\lambda(u) = (D^i u)_{|i|\le m}$ appartient à $L_1^{loc}(\Omega, \mathbb{R}^{k_m})$; le domaine effectif de I est donc $\lambda^{-1}(C_f \cap L_1^{loc})$.

3.3. Dès que C_f est contenu dans L_1^{loc}, le problème du Calcul des Variations se réduit à la minimisation de la fonctionnelle intégrale I_f sur la "contrainte différentielle" $C = \operatorname{Im} \lambda$. On pourra donc appliquer les résultats d'existence du paragraphe précédent si :

(1) C_f est contenu dans L_1^{loc}

(2) $\forall r>0$ $I_f^{\le}(r) \cap \operatorname{Im}\lambda$ est μ-fermé.

3.4. THEOREME.

C_f est contenu dans L_1^{loc} si et seulement si il existe une fonction $\alpha : \Omega \to \mathbb{R}_+^*$ continue et $\beta \in L^1(\Omega)$ telles que l'on ait :

$$\forall x \in \Omega, \quad \forall y \in \mathbb{R}^p \quad f(x,y) \ge \alpha(x)|y| - \beta(x) .$$

Démonstration.

La condition est évidemment suffisante puisque pour $u \in C_f$ et K compact de Ω, $\varepsilon = \operatorname*{Min}_{x\in K} \alpha(x)$ est strictement positif et

$$\int_K |u(x)| d\mu \le \frac{1}{\varepsilon} \int_K \alpha(x) |u(x)| d\mu \le \frac{1}{\varepsilon} \int_\Omega [f(x, u(x) + \beta(x)] d\mu < +\infty$$

ce qui prouve l'intégrabilité de $u\chi_K$.

Pour la condition nécessaire on considère une suite exhaustive $(K_n)_{n\in\mathbb{N}}$ de compacts de Ω et on vérifie successivement les points suivants :

1er point. $\forall n \in \mathbb{N}$ $\exists b_n > 0$ et $a_n \in L^1$ tels que :

$$\forall x \in K_n \ (\mu\text{-pp}), \ \forall y \in \mathbb{R}^p , \quad \varphi^*(x,y) \le \delta(y \mid B_{b_n}) + a_n(x) .$$

où B_{b_n} représente la boule de rayon b_n de $\mathbb{R}^p$.

En effet, m étant une sélection minimale de f, C_{f_m} est contenu dans

L_1^{loc} ; ainsi, pour chaque $n \in \mathbb{N}$, $C_{f_m}(K_n)$ est contenu dans $L_1(K_n)$ et d'après le lemme (1.6) il existe $b_n > 0$ et $a_n \in L^1$ tels que :

$$\forall x \in K_n \ (\mu\text{-pp}), \ \forall y \in \mathbb{R}^p, \ b_n |y| \leq f_m(x,y) + a_n(x).$$

Il suffit alors de passer à la polaire absolue et de remarquer que $f_m^\circ = f_m^{\circ\circ\circ} = \varphi^*$ [F5] pour obtenir l'inégalité cherchée. On a ainsi $L_\infty^c \subset L_{\varphi^*}$ et, par polarité , $L_\varphi \subset L_1^{loc}$.

<u>2eme point</u>. $\forall n \in \mathbb{N} \ \exists c_n > 0$ <u>tel que</u> $\int_{K_n} \underline{\varphi}^*(x, c_n) d\mu \leq 1$.

En effet, pour chaque $n \in \mathbb{N}$, $L_\infty(K_n) \subsetneq L_{\varphi^*}$ (d'après le 1er point) et il existe donc $c_n > 0$ tel que $B_{L_\infty(K_n)}(c_n) \subset I_{\varphi^*}^{\leq}(1)$.

Ainsi $B_{L_\infty(K_n)}(c_n) = I_{g_n}^{\leq}(1) \subset I_{\varphi^*}^{\leq}(1)$ où

$$g_n : (x,y) \in \Omega \times \mathbb{R}^p \longrightarrow \left| \begin{array}{ll} \delta(y \mid \{0\}) & \text{si } x \notin K_n \\ \delta(y \mid B_{c_n}) & \text{si } x \in K_n \end{array} \right.$$

et on peut alors appliquer la formule intégrale du lemme (1.6) qui donne ici :

$$\int_{K_n} \underline{\varphi}^*(x, c_n) d\mu = \operatorname*{Sup}_{u \in I_{g_n}^{\leq}(1)} \int_\Omega \varphi^*(x, u(x)) d\mu \leq 1 .$$

<u>3eme point</u>. <u>Construction de</u> α <u>et</u> β.

Soit $(d_n)_{n \in \mathbb{N}}$ une suite strictement décroissante de réels positifs telle que

$$c_n \geq 2^n M_n d_n \qquad \text{où} \qquad M_n = \operatorname{Max} \{1, \int_{K_n} |m(x)| d\mu \}.$$

D'après une variante du théorème d'Urysohn [F4], il existe une fonction continue $\alpha : \Omega \to \mathbb{R}_+^*$ telle que

$$\alpha \leq \sum_n d_n \chi_{K_n \setminus K_{n-1}} .$$

Alors $f_m(x,y) \geq \varphi(x,y) \geq \underline{\varphi}(x, |y|) \geq \alpha(x)|y| - \underline{\varphi}^*(x, \alpha(x))$

et donc $f(x,y) \geq \alpha(x)|y| - \beta(x)$

avec $\beta(x) = \alpha(x)|m(x)| + \underline{\varphi}^*(x, \alpha(x)) - f(x, m(x))$.

Il reste à vérifier l'intégrabilité de β ; or :

$$\int_{\Omega} \alpha(x)|m(x)|\,d\mu \leq \sum_n \frac{c_n}{2^n M_n} \int_{K_n \setminus K_{n-1}} |m(x)|\,d\mu \leq \sum_n \frac{1}{2^n} < +\infty$$

et
$$\int_{\Omega} \varphi^*(x,\alpha(x))\,d\mu \leq \sum_n \frac{1}{2^n M_n} \int_{\overline{K_n \setminus K_{n-1}}} \varphi^*(x,c_n)\,d\mu \leq \sum_n \frac{1}{2^n} < +\infty$$

la dernière majoration résultant du 2eme point.

3.5. REMARQUES.

(1) L'utilisation de la dérivée distributionnelle en Calcul des Variations est conditionnée à l'inclusion : $C_f \subset L_1^{loc}$, donc dans le cas étudié ici, à l'existence d'une fonction de Young φ telle que f soit φ-coercive et que L_φ soit un espace de distributions ; ceci équivaut à la décomposabilité de L_{φ^*} (au sens $L_\infty^c \subset L_{\varphi^*}$) ; $\sigma(L_\varphi, L_{\varphi^*})$ est ainsi plus fine que $\sigma(L_1^{loc}, L_\infty^c)$, et à fortiori que $\sigma(\mathcal{D}', \mathcal{D})$.

(2) Aspect "Sobolev" du problème. Le domaine de $I = I_f \circ \lambda$ est donc contenu dans l'espace vectoriel : $L_\varphi^{(m)} = \lambda^{-1}(L_\varphi)$ "espace intégrodifférentiel" de type Sobolev, associé à L_φ, dont la structure topologique (aussi bien forte que faible) se déduit naturellement de celle de L_φ par transfert réciproque, comme dans le cas des espaces de Sobolev classiques [B.V].

Par suite de la continuité de la dérivation dans $\mathcal{D}'_\sigma$, $\lambda(L_\varphi^{(m)})$ est un sous-espace vectoriel de L_φ fermé pour la topologie induite sur L_φ par $\sigma(\mathcal{D}', \mathcal{D})$.

(3) Le théorème de minimisation intégrale s'appliquera donc sous la réserve que pour tout $r>0$ les convexes :

$$\lambda(I^{\leq}(r)) = I_f^{\leq}(r) \cap \mathrm{Im}\,\lambda = I_f^{\leq}(r) \cap (I_\varphi^{\leq}(r) \cap \lambda(L_\varphi^{(m)}))$$

soient fermés en mesure ; ceci sera en particulier vérifié si sur les sections de I_φ la convergence en mesure induit une topologie plus fine que la convergence distributionnelle ; pour cela il ne suffit pas que L_φ soit un espace de distributions (contre-exemple : L_1).

. En particulier, si f vérifie l'hypothèse :

(H_2) f est φ-coercive (1.5) pour une fonction de Young φ telle que E_{φ^*} soit décomposable (3.6)

on peut appliquer les théorèmes d'existence (2.1) et d'approximation (2.3) en raison des résultats suivants :

3.6. THEOREME [F_4].

E_{φ^*} est décomposable si et seulement s'il existe une fonction continue $\alpha : \Omega \to \mathbb{R}_+^*$ appartenant à $E_{\underline{\varphi}^*}$; en d'autres termes φ et α vérifient la relation suivante :

$$\forall n \in \mathbb{N} \ \exists \beta_n \in L^1(\Omega, \mathbb{R}) \ : \ \forall x \in \Omega, \ \ \forall y \in \mathbb{R}^p$$

$$\varphi(x,y) \geq n\alpha(x)|y| - \beta_n(x).$$

Pour une démonstration détaillée, cf [F_4] ; les techniques sont liées au lemme de croissance (1.6) et analogues à celles de (3.4).

3.7. COROLLAIRE.

Si E_{φ^*} est décomposable, $\mathcal{D}(\Omega)$ est fortement dense dans E_{φ^*} ; (réciproquement, lorsque φ est de révolution, l'inclusion $\mathcal{D} \subset E_{\varphi^*}$ entraine la décomposabilité de E_{φ^*}).

L'espace E_{φ^*} est alors un espace normal de distributions, et L_φ est isomorphe à son dual faible, donc $\sigma(L_\varphi, E_{\varphi^*})$ est plus fine que $\sigma(\mathcal{D}', \mathcal{D})$.

cf [F_4] pour le sens direct: on utilise le fait que les compacts forment un anneau générateur σ-fini ; par Egoroff, on montre que l'ensemble des fonctions étagées sur des compacts est dense, puis on déduit le résultat cherché à l'aide d'Urysohn.

La réciproque est aisée dans le cas de révolution, car on peut utiliser une méthode d'ordre : $|u| \leq |v| \Rightarrow \|u\|_\varphi \leq \|v\|_\varphi$, impossible dans le cas général. Le cas non de révolution est ouvert.

D'autre part, φ est alors fortement coercive ; de ce fait L_φ est isomorphe au dual de $E_\varphi^{*}[C]$ et l'injection canonique de L_φ dans $\mathfrak{D}'$ s'identifie à la transposée de l'injection de $\mathfrak{D}$ dans E_φ^{*}.

3.8. PROPOSITION. (de type VALLEE-POUSSIN) [V] [F-V].

Si φ est une fonction de Young fortement coercive et continue en 0, la topologie de convergence en mesure locale induit sur tout borné de L_φ une topologie plus fine que $\sigma(L_\varphi, E_\varphi^{*})$.

Ce qui, combiné au lemme précédent, permet d'appliquer le théorème de minimisation intégrale et le théorème d'approximation correspondant.

On en donnera la version finale au paragraphe 5.

4. Aspect des Intégrandes Admissibles.

4.1. Rôle du paramètre de position.

L'intégrande $f : (x,y) \in [-1,+1] \times \mathbb{R}^p \to |x|^q |y|^r$ où $0<q<r-1$, vérifie (H_1) et (H_2).

La dépendance en x de la fonction de Young $\varphi = f$ permet de tenir compte de l'inhomogénéité du milieu étudié (ici la singularité en $x=0$). Elle ne vérifie aucune inégalité à priori du type $f(x,y) \geq c\,g(y) - a(x)$ (avec $c>0$, $a \in L^1$ et g fonction convexe continue paire nulle en 0 fortement coercive), inégalité classiquement utilisée dans les problèmes d'existence du Calcul des Variations [E-T].

4.2. Comportement en variable d'état.

Il n'est supposé sur f aucune condition de "parité à l'infini" en variable d'état y, ni de finitude quant aux valeurs prises, ce dernier point rendant étudiables des "problèmes à directions interdites au delà d'un seuil critique". L'exemple extrême (vérifiant (H_1) et (H_2)) suivant rend compte de ces deux phénomènes :

$$f : y\in \mathbb{R} \longrightarrow \begin{cases} +\infty & \text{si } y\leq -1 \\ \dfrac{-y}{1+y} & \text{si } -1<y\leq 0 \\ y\,\mathrm{Log}\,y & \text{si } y>0 \end{cases}$$

4.3. Il est à remarquer que la fonction de Young φ définissant l'espace vectoriel intégral proximal n'a pas de raison à priori d'être de révolution, ce qui traduit l'anisotropie du milieu .

5. Extensions diverses du problème du Calcul des Variations.

5.1. Le problème du Calcul des Variations (3.) est apparu comme un problème de minimisation intégrale (I_f) sous contrainte différentielle (λ) tant pour l'existence que pour la relative compacité des suites minimisantes.

De ce fait λ peut tout aussi bien être une application linéaire continue distributionnelle à image fermée par exemple :

$$\lambda : u\in \mathcal{D}'(\Omega, \mathbb{R}^k) \to (u, \operatorname{div} u)\in \mathcal{D}'(\Omega, \mathbb{R}^{k+1})$$

$$\lambda : u\in \mathcal{D}'(\Omega, \mathbb{R}) \to \nabla u\in \mathcal{D}'(\Omega, \mathbb{R}^k)$$

$$\lambda : u\in \mathcal{D}'(\Omega, \mathbb{R}) \to (a_o u, \sum_{|i|\leq m} f_i D^i(g_i u))$$

où f_i, g_i et $a_o\in \mathcal{C}^\infty$ avec $a_o>0$.

5.2. Plus généralement si f est une intégrande vérifiant (H_1) et (H_2) il suffit que λ soit un opérateur non necessairement linéaire, distributionnel ou non, dont la trace de l'image soit un convexe fermé de L_1^{loc}. On aura sans difficulté supplémentaire le résultat suivant.

5.3. THEOREME.

Soient f une i.c.n vérifiant (H_1) (1.3) et (H_2) (3.5(3)) et λ un opérateur tels que $L_1^{loc} \cap \mathrm{Im}\,\lambda$ soit un convexe fermé de L_1^{loc}. Alors, si on pose $I=I_f \circ \lambda$, on a les résultats suivants :

(1) dom $I \subset \lambda^{-1}(L_\varphi)$ ("Sobolev" associé à L_φ par λ^{-1})

(2) $\lambda\lambda^{-1}(L_\varphi) = L_\varphi \cap \mathrm{Im}\lambda$ est un convexe $\sigma(L_\varphi, E_{\varphi^*})$-fermé.

(3) $\forall r>0$ $\lambda(I^{\leq}(r)) = I_f^{\leq}(r) \cap \mathrm{Im}\lambda$ est un convexe borné de L_φ $\sigma(L_\varphi, E_{\varphi^*})$-fermé (donc μ-fermé) et de ce fait $I^{\leq}(r)$ est $\lambda^{-1}\sigma(L_\varphi, E_{\varphi^*})$-fermé.

(4) (Existence) : Si C est un convexe de contraintes de L_φ μ-fermé, pour tout $v \in C^{int}_{f^*}$ il existe $u_C \in \lambda^{-1}(C)$ minimisant sur $\lambda^{-1}(C)$ la fonctionnelle :

$$u \longrightarrow \int_\Omega [f(x, \lambda u(x)) - (\lambda u(x) \mid v(x))] d\mu =$$
$$= \int_\Omega f(x, \lambda u(x)) d\mu - \int_\Omega (\lambda u(x) \mid v(x)) d\mu .$$

De plus, l'ensemble des u_C réalisant le minimum est une partie quasi-compacte fermée non vide de l'espace topologique $(\lambda^{-1} L_\varphi, \lambda^{-1}\sigma(L_\varphi, E_{\varphi^*}))$ et toute suite (resp. famille filtrée) minimisante admet, pour cette topologie, une valeur d'adhérence.

(Rappelons qu'un espace topologique est "quasi-compact" si toute famille filtrée admet une valeur d'adhérence ; il est donc compact s'il est séparé.)

Démonstration.

(1) est évident.

(2) E_{φ^*} étant décomposable, il contient L^c_∞, et L_φ est contenu dans L_1^{loc}, de sorte que $\sigma(L_1^{loc}, L^c_\infty)$ induit sur L_φ une topologie moins fine que $\sigma(L_\varphi, E_{\varphi^*})$.

Or $\lambda\lambda^{-1}(L_\varphi) = L_\varphi \cap \mathrm{Im}\lambda$ est la trace sur L_φ de $L_1^{loc} \cap \mathrm{Im}\lambda$ qui est convexe fermé dans L_1^{loc} et donc $\sigma(L_1^{loc}, L^c_\infty)$-fermé ; il en résulte que $\lambda\lambda^{-1}(L_\varphi)$ est $\sigma(L_\varphi, E_{\varphi^*})$-fermé.

(3) Le théorème de polarité de Rockafellar entraine (car E_{φ^*} est décomposable) que $I_f = (I_{f^*}|_{E_{\varphi^*}})^*$ qui est donc $\sigma(L_\varphi, E_{\varphi^*})$-s.c.i.

Le convexe

$$\lambda(I^{\leq}(r)) = I_f^{\leq}(r) \cap \mathrm{Im}\lambda = I_f^{\leq}(r) \cap (L_\varphi \cap \mathrm{Im}\lambda)$$

est donc $\sigma(L_\varphi, E_\varphi *)$ - fermé d'après (2).

La φ-coercivité de f entraine que $\lambda(I^{\leq}(r))$ est borné dans L_φ.

Enfin $I^{\leq}(r) = \lambda^{-1}\lambda(I^{\leq}(r))$ est $\lambda^{-1}\sigma(L_\varphi, E_\varphi *)$ - fermé.

(4) L'application du théorème (2.1) à la fonctionnelle I_f pour le convexe de contraintes $C \cap \mathrm{Im}\lambda$ (qui est tel que $C \cap \mathrm{Im}\lambda \cap I_f^{\leq}(r)$ soit fermé en mesure), prouve, si v appartient à $\overset{\mathrm{int}}{C_f *}$, l'existence d'un minimum

$w_C \in C \cap \mathrm{Im}\lambda \cap I_f^{\leq}(r) = C \cap \lambda(I^{\leq}(r))$ pour la fonctionnelle

$I_{f-(.|v)}$. Il suffit alors de prendre $u_C \in \lambda^{-1}(w_C)$; de plus

$\underset{\lambda^{-1}(C)}{\mathrm{Min}}\ I = \lambda^{-1}(\underset{C\cap \mathrm{Im}\lambda}{\mathrm{Min}}\ I_f)$ est $\sigma(L_\varphi, E_\varphi *)$-fermé. Pour la quasi-compacité il suffit de vérifier la propriété des familles filtrées minimisantes qui va résulter de l'utilisation du lemme topologique suivant :

LEMME [P_1].

<u>Soit</u> $\lambda : E \to F$ <u>une application ouverte entre les espaces topologiques</u> E <u>et</u> F. <u>Soient</u> $(w_i)_{i\in I}$ <u>une famille filtrée d'éléments de</u> $\mathrm{Im}\lambda$ <u>convergente vers</u> $w \in \mathrm{Im}\lambda$ <u>et</u> $u \in \lambda^{-1}(w)$. <u>Alors la famille</u> $(w_i)_{i\in I}$ <u>admet une sous-famille (subnet) "antécédente"</u> $(u_{i_j})_{j\in J}$ <u>convergente vers</u> u. <u>En d'autres termes il existe</u> $(w_{i_j})_{j\in J}$ <u>sous-famille filtrée de</u> $(w_i)_{i\in I}$ <u>et pour tout</u> $j \in J$, <u>il existe</u> u_{i_j} <u>dans</u> $\lambda^{-1}(w_{i_j})$ <u>tels que la famille</u> $(u_{i_j})_{j\in J}$ <u>converge vers</u> u.

On peut en effet appliquer ce lemme à l'application $\lambda : \lambda^{-1}(L_\varphi) \to L_\varphi$ qui est ouverte vu que $\lambda^{-1}(L_\varphi)$ est muni de la topologie initiale associée à λ. Ainsi, si $(v_i)_{i\in I}$ est une famille filtrée minimisante sur $\lambda^{-1}(C)$ pour I, $(\lambda v_i)_{i\in I}$ est minimisante pour I_f sur le convexe $\lambda\lambda^{-1}(C) = C \cap \mathrm{Im}\lambda$ μ-fermé borné de L_φ.

Le théorème d'approximation (2.3) permet donc de supposer, quitte à passer à une sous-famille, que $(\lambda v_i)_{i\in I}$ converge vers un $w_C \in \underset{C\cap \mathrm{Im}\,\lambda}{\mathrm{Min}} I_f$.

Le lemme assure alors l'existence d'une sous-famille filtrée antécédente $(u_{i_j})_{j\in J}$ $\lambda^{-1}\sigma(L_\varphi, E_\varphi{*})$-convergente vers un u_C choisi dans $\lambda^{-1}(w_C)$. Mais comme $\lambda(u_{i_j}) = \lambda(v_{i_j})$, $(v_{i_j})_{j\in J}$ converge aussi vers u_C.

.../...

.../...

6. <u>Interprétation " Sous-différentielle" - Décomposition</u> .

6.1. On suppose ici que f vérifie l'hypothèse :

(H_3) f <u>est une</u> i.c.n. <u>coercive, de polaire</u> f^* <u>fortement coercive</u> (<u>en particulier</u> f <u>est à valeurs finies</u> [F_5]) <u>et telle que</u> f(.,0) <u>et</u> $f^*(.,0)$ <u>soient intégrables</u> .

Rappelons aussi que φ et ψ représentent deux fonctions de Young telles que L_φ et L_ψ soient les espaces vectoriels intégraux proximaux ; en particulier , il existe deux fonctions intégrables a et b telles que

$$\forall x (\mu.pp) \in \Omega \ , \ \forall y \in \mathbb{R}^p \ , \ \varphi(x,y) - a(x) \le f(x,y) \le \psi(x,y) + b(x) \ ;$$

on a ainsi

$$C_\psi \subset C_f \subset C_\varphi \ , \ L_\psi \subset L_f \subset L_\varphi \ , \ E_\psi \subset E_f \subset E_\varphi$$

et les inclusions inverses pour les ensembles associés aux intégrandes polaires.

On note $\langle .,. \rangle$ la forme bilinéaire

$$\langle u,v \rangle = \int_\Omega (u(x) \mid v(x)) \, d\mu$$

qui met en dualité les espaces d'Orlicz L_ψ et L_{ψ^*} aussi bien que L_φ et L_{φ^*} .

6.2. <u>On suppose que le convexe de contraintes</u> C <u>est contenu dans</u> L_ψ.

Le résultat de minimisation oblique de I_f , relatif à la contrainte C, s'interprète alors en terme de surjectivité du sous-différentiel de la fonctionnelle $I_f + \delta(.|C)$ (notée désormais Φ_C) dans la dualité vectorielle(L_ψ, L_{ψ^*}). On sait caractériser les sous-différentiels de I_f et $\delta(.|C)$; le problème de l'additivité des sous-différentiels se pose donc naturellement et sera conséquence du théorème général suivant :

6.3. THEOREME (caractérisation de la somme de deux sous-différentiels).

Soient E et F deux espaces vectoriels en dualité, munis des topologies de dualités respectives. Soient I_1 et I_2 deux fonctionnelles convexes s.c.i. propres sur E. On a alors, pour chaque x de E :

$$\partial I_1(x) + \partial I_2(x) = \left\{ y \in \partial(I_1 + I_2)(x) : I_1^* \triangledown I_2^* \text{ exacte et s.c.i. en } y \right\}.$$

On démontre d'abord le lemme (plus ou moins) classique :

LEMME. Une fonction $f : E \to \overline{\mathbb{R}}$ définie sur un espace localement convexe E est s.c.i. en un point $x \in E$ si et seulement si elle coïncide avec sa régularisée s.c.i. $\overline{f}$ au point x considéré.

En effet si $f(x) = \overline{f}(x)$ et si $(x_i)_{i \in I}$ est une famille filtrée convergeant vers x on a $f(x) = \overline{f}(x) \leq \underline{\lim}_{i \in I} \overline{f}(x_i) \leq \underline{\lim}_{i \in I} f(x_i)$.

Réciproquement, si f est s.c.i. en x, on peut approcher l'élément $(x, \overline{f}(x))$ de $\operatorname{epi} \overline{f} = \overline{\operatorname{epi} f}$ par une famille $(x_i, \alpha_i)_{i \in I}$ d'éléments de epi f ; ainsi :

$$f(x) \geq \overline{f}(x) = \lim_{i \in I} \alpha_i \geq \underline{\lim}_{i} f(x_i) \geq f(x).$$

Démonstration du théorème.

1) Si $y = y_1 + y_2$ avec $y_1 \in \partial I_1(x)$ et $y_2 \in \partial I_2(x)$, on ajoute les égalités de Young correspondantes pour obtenir :

$$\begin{aligned} \langle x,y \rangle &= I_1(x) + I_2(x) + I_1^*(y_1) + I_2^*(y_2) \\ &\geq I_1(x) + I_2(x) + (I_1^* \triangledown I_2^*)(y) \\ &\geq I_1(x) + I_2(x) + (I_1^* \triangledown I_2^*)^{**}(y) \\ &= (I_1 + I_2)(x) + (I_1 + I_2)^*(y) \geq \langle x,y \rangle . \end{aligned}$$

Il en résulte donc les égalités :

$$\langle x,y\rangle = (I_1 + I_2)(x) + (I_1+I_2)^*(y)$$

$$(I_1^* \triangledown I_2^*)(y) = I_1^*(y_1) + I_2^*(y_2)$$

$$(I_1^* \triangledown I_2^*)(y) = (I_1^* \triangledown I_2^*)^{**}(y) \ .$$

La première prouve que $y \in \partial(I_1+I_2)(x)$ et la deuxième assure l'exactitude de $I_1^* \triangledown I_2^*$ en y. Remarquons de plus que I_1 et I_2 étant convexes s.c.i. propres $(I_1 + I_2)^* = (I_1^* \triangledown I_2)^{**}$ est aussi propre ; en particulier $(I_1^* \triangledown I_2^*)^{**}$ ne prend jamais la valeur $-\infty$ et coïncide donc avec la régularisée convexe s.c.i. de $I_1^* \triangledown I_2^*$ ainsi qu'avec la régularisée s.c.i. (car $I_1^* \triangledown I_2^*$ est convexe) . La dernière égalité exprime donc que $(I_1^* \triangledown I_2^*)(y) = \overline{I_1^* \triangledown I_2^*}(y)$ ce qui, par le lemme, entraîne la s.c.i. de $I_1^* \triangledown I_2^*$ en y .

2) Réciproquement, supposons que $y \in \partial(I_1+I_2)(x)$ et que $I_1^* \triangledown I_2^*$ soit exacte et s.c.i. en y . Alors

$$\langle x,y\rangle = (I_1+I_2)(x) + (I_1+I_2)^*(y)$$

$$= I_1(x) + I_2(x) + (I_1^* \triangledown I_2^*)^{**}(y)$$

$$= I_1(x) + I_2(x) + \overline{(I_1^* \triangledown I_2^*)}(y)$$ (car bipolaire et régula - risée s.c.i. coïncident)

$$= I_1(x) + I_2(x) + (I_1^* \triangledown I_2^*)(y)$$ (car $I_1^* \triangledown I_2^*$ est s.c.i. en y).

De plus, $I_1^* \triangledown I_2^*$ étant exacte en y , il existe y_1 et $y_2 \in F$ tels que

$$(I_1^* \triangledown I_2^*)(y) = I_1^*(y_1) + I_2^*(y_2) \ .$$

Ainsi

$$\langle x,y\rangle = I_1(x) + I_2(x) + I_1^*(y_1) + I_2^*(y_2) \ ,$$

soit encore

$$[I_1(x) + I_1^*(y_1) - \langle x,y_1\rangle] + [I_2(x) + I_2^*(y_2) - \langle x,y_2] = 0 \ .$$

Finalement les deux expressions de somme nulle ci-dessus ne peuvent qu'être égales à zéro car elles sont positives d'après l'inégalité de Young ; ceci s'écrit

$$y_1 \in \partial I_1(x) \quad \text{et} \quad y_2 \in \partial I_2(x)$$

c'est-à-dire

$$y \in \partial I_1(x) + \partial I_2(x) \ .$$

REMARQUE .

En fait la preuve du théorème fournit la précision supplémentaire suivante :

Le couple (y_1, y_2) qui assure la décomposition de y sur $\partial I_1(x) \times \partial I_2(x)$ coïncide avec celui qui réalise l'exactitude de $(I_1^* \nabla I_2^*)(y)$; en d'autres termes

$$(y_1, y_2) \in \partial I_1(x) \times \partial I_2(x) \Leftrightarrow \begin{cases} y_1 + y_2 \in \partial(I_1 + I_2)(x) \\ (I_1^* \nabla I_2^*)(y_1 + y_2) = I_1^*(y_1) + I_2^*(y_2) \\ I_1^* \nabla I_2^* \text{ est s.c.i. en } y = y_1 + y_2 \ . \end{cases}$$

6.4. Le problème de l'additivité du sous-différentiel $\partial(I_f + \delta(.|C))$ est donc lié à l'exactitude et à la semi-continuité inférieure de $I_f^* \nabla \delta^*(.|C)$ qui sont étudiées dans le théorème qui suit .

Précisons que , sauf mention contraire , tous les polaires , sous-différentiels , orthogonaux , ..., sont pris dans la dualité (L_ψ , L_{ψ^*}) .

THEOREME. Soit f vérifiant (H_3) et C un convexe de L_ψ tel que $C \cap E_\psi$ soit $\sigma(L_\psi , L_{\psi^*})$- dense dans C . Alors l'inf-convolution $I_f^* \nabla \delta^*(.|C)$ est exacte et $\sigma(L_{\psi^*} , L_\psi)$- s.c.i.

Démonstration .

Le théorème de polarité de Rockafellar [R] , successivement appliqué à I_f (décomposabilité de L_ψ) et à $I_{f|E_\psi}$ (décomposabilité de E_ψ) donne :

$$I_f^* = I_{f^*} = \left(I_{f|E_\psi}\right)^{\circledast}$$

où le symbole $\circledast$ représente la polaire dans la dualité (E_ψ , L_{ψ^*}) .

Mais la fonctionnelle $I_{f|E_\psi}$ étant majorée sur un voisinage de 0 $\Big($ car $C_\psi(r) \subset C_f\left(r + \|b\|_{L_1}\right)\Big)$, sa polaire $\left(I_{f|E_\psi}\right)^{\circledast}$ est $\sigma(L_{\psi^*}, E_\psi)$-inf-compacte ; il en est donc de même de I_f^* .

De plus l'hypothèse de densité faite sur $C \cap E_\psi$ entraîne trivialement que $\delta^*(.|C) = \delta^{\circledast}(.|C \cap E_\psi)$; $\delta^*(.|C)$ est donc $\sigma(L_{\psi^*}, E_\psi)$-s.c.i.

Il suffit alors d'appliquer le théorème d'inf-convolution classique [M] pour obtenir l'exactitude et la semi-continuité inférieure pour $\sigma(L_{\psi^*}, E_\psi)$ et donc à fortiori pour $\sigma(L_{\psi^*}, L_\psi)$) de $I_f^* \triangledown \delta^*(.|C)$.

6.5. Notons $\overline{\partial f}$ (le graphe de) l'opérateur de Némickii associé à $\partial f : (x,y) \in \Omega \times \mathbb{R}^p \longrightarrow \partial f(x,y)$ (sous-différentiel de $f(x,.)$ en y) et défini sur $L_\psi \times L_{\psi^*}$ par

$$(u,v) \in \overline{\partial f} \Leftrightarrow \forall\, x \in \Omega \ (\mu.pp) \quad v(x) \in \partial f(x,u(x)) .$$

THEOREME . <u>Sous les mêmes hypothèses que dans le théorème</u> (6.4) <u>on a l'égalité</u> (<u>au sens des graphes</u>) :

$$\partial \Phi_C = \overline{\partial f} + \partial\delta(.|C) .$$

<u>Démonstration</u> .

Les fonctionnelles I_f et $\delta(.|C)$ étant convexes $\sigma(L_\psi, L_{\psi^*})$-s.c.i. propres , on peut appliquer le théorème (6.3) avec $E = L_\psi$ et $F = L_{\psi^*}$;

comme de plus l'inf-convolution $I_f^* \nabla \delta^*(.|C)$ est exacte et $\sigma(L_{\psi^*}, L_\psi)$-s.c.i. (6.4), il en résulte que

$$\partial\Phi_C = \partial I_f + \partial\delta(.|C) .$$

D'autre part, L_ψ étant décomposable, on a la caractérisation ponctuelle du sous-différentiel de I_f [R] :

$$\partial I_f = \overline{\partial f} ,$$

d'où le résultat cherché.

6.6. Cas cônique.

- Lorsque C est un sous-cône de L_ψ, un couple (u,w) appartient à $\partial\delta(.|C)$ si et seulement si $u \in C$ et $w \in \delta^*(.|C)^{\leq}(0)$ et la formule d'additivité précédente s'écrit alors :

$$\partial\Phi_C = \overline{\partial f} + \left(C \times \delta^*(.|C)^{\leq}(0) \right) .$$

- Lorsque C est vectoriel

$$\partial\Phi_C = \overline{\partial f} + C \times C^{\perp}$$

6.7. Théorème de surjectivité ponctuelle.

Soient f vérifiant (H_3) et C un sous-cône convexe $\sigma(L_\psi, L_{\psi^*})$-fermé de L_ψ tel que $C \cap E_\psi$ soit $\sigma(L_\psi, L_{\psi^*})$-dense dans C. Si, pour tout $r > 0$, $C \cap I_f^{\leq}(r)$ est fermé en mesure locale il existe, pour chaque $v \in C_{f^*}^{int}$, un élément u de C et un élément w de L_{ψ^*} tels que :

- $\delta^*(w|C) \leq 0$
- $\forall x \in \Omega$ (μ.p.p.) $v(x) - w(x) \in \partial f(x, u(x))$.

Démonstration.

Le théorème (2.1) interprété en terme de surjectivité de sous-différentiel prouve , v étant fixé dans $C^{int}_{f^*}$, l'existence de $u \in C$ tel que $(u, v) \in \partial \Phi_C$. D'après (6.5) et (6.6) il existe alors $w \in \overset{\leq}{\delta^*(.|C)}(0)$ tel que $(u, v-w) \in \overline{\partial f}$, c'est-à-dire $\delta^*(w|C) \leq 0$ et $\forall x \in \Omega$ (μ.p.p.) $v(x) - w(x) \in \partial f(x, u(x))$.

6.8. REMARQUES .

(1) Le choix de la dualité (L_ψ , L_{ψ^*}) nous est imposé par le fait que l'exactitude et la semi-continuité inférieure de l'inf-convolution suppose une hypothèse d'inf-compacité que l'on ne sait vérifier que dans la dualité (E_ψ , L_{ψ^*}) :

En effet l'inf-compacité de $\left(I_{f \,|\, E_\psi}\right)^{\circledast}$ est liée à la continuité de $I_{f \,|\, E_\psi}$ laquelle ne peut être réalisée pour un espace d'Orlicz E_ψ que si on a l'inclusion des sections $\overset{\leq}{I_\psi}(r) \subset \overset{\leq}{I_f}(r')$ qui est liée à la condition de croissance $f \leq \psi + b$ (1.6) .

(2) Les résultats théoriques précédents permettent d'interpréter des problèmes de minimisation de fonctionnelles du type

$$\int f(x, hu(x))\, d\mu$$

pour hu appartenant à un convexe de contraintes de L_ψ .

Si on veut atteindre le problème classique du Calcul des Variations (minimiser la fonctionnelle précédente pour $hu \in C_f$) on est obligé de choisir une dualité vectorielle $(L_\varphi , L_{\varphi^*})$ (faute de savoir travailler en dualité cônique (L_f, L_{f^*})) telle que $C_f \subset C_\varphi$; cette inclusion est liée à l'inégalité de coercivité $\varphi + a \leq f$. Ainsi on est dans la situation

$$\begin{array}{ccccc} L_{\psi} & \subset & L_f & \subset & L_{\varphi} \\ L_{\varphi^*} & \subset & L_{f^*} & \subset & L_{\psi^*} \end{array} .$$

Si on veut appliquer les résultats d'additivité du sous-différentiel (obtenus en dualité (L_{ψ} , L_{ψ^*})) au Calcul des Variations (en dualité (L_{φ} , L_{φ^*})) il faut que les deux dualités vectorielles (L_{ψ} , L_{ψ^*}) et ($L_{\varphi}, L_{\varphi^*}$) coïncident , c'est-à-dire

$$L_{\varphi} = L_{\psi} \text{ et } L_{\varphi^*} = L_{\psi^*} .$$

On vérifie facilement , en utilisant (1.6) , que ces conditions sont réalisées si et seulement si f est presque paire (1.4) .

(3) Cas f non presque-paire : il faut dans ce cas interpréter dans la dualité (L_{φ} , L_{φ^*}) les résultats théoriques obtenus en dualité (L_{ψ} , L_{ψ^*}). Ceci nécessite un théorème de densité du type de celui qu'obtiennent H.Attouch et A. Damlamian [At - D] . Si un tel théorème est vérifié , on pressent qu'apparaîtra une formule d'orthogonalité (semblable à celle de [At - D] de la forme $\langle u,v \rangle = 0$.

En conclusion si f n'est pas presque paire , il n'est pas possible d'avoir une dualité vectorielle dans laquelle I_f soit à la fois coercive et continue en 0 (et il est par là-même peu probable que l'additivité des sous-différentiels soit réalisée dans la dualité d'existence) . On ne peut espérer avoir coercivité et continuité en 0 de I_f que dans la dualité cônique (L_f, L_{f^*}) (ébauchée dans [P_1] en dimension 1) .

REFERENCES

[At - D] H. ATTOUCH - A. DAMLAMIAN : E.D.P. associées à des familles de sous-différentiels - Problème de Stéfan. (Thèses Paris VI 1976).

[Au] J. AUDOUNET : Potentiels convexes et applications à la théorie des noyaux banachiques , à l'Analyse Numérique et à la Mécanique. (Thèse Toulouse 1977).

[B-V] C. BARRIL - R. VAUDÈNE : Opérateurs du Calcul des Variations sur des espaces de Sobolev-Orlicz à plusieurs variables. (Sém. Analyse Convexe. Montpellier (1976) n° 17).

[Be - La] H. BERLIOCCHI - J. LASRY : Intégrandes normales et mesures paramétrées en Calcul des Variations. (Bull. Soc. Math. France 1974).

[Br] H. BRÈZIS : Opérateurs maximaux monotones (North-Holland 1973).

[Bu - Lo] A.V. BUHVALOV - G.J. LOZANOVSKII : On sets closed with respect to convergence in measures in spaces of measurable functions. Soviet Math. Dokl. 14-5 (1973) 1563-1565.

[C-V] C. CASTAING - M.VALADIER : Convex Analysis and measurable multifunctions. Springer - Lect. Notes n° 580.

[C] J. CHATELAIN : quelques propriétés de type Orlicz de certains intégrandes convexes normaux. (Sém. Anal. Conv. Montpellier (1975) n° 10).

[C-F] J. CHATELAIN - A. FOUGÈRES : Propriétés de Vitali et dualité de l'espace d'Orlicz sous-jacent .
(Sém. Anal. Conv. Montpellier (1976) n° 15) .

[E-T] I. EKELAND - R. TEMAM : Analyse Convexe et problèmes variationnels .
(Dunod - Gauthier-Villars 1974) .

[F_1] A. FOUGÈRES : Intégrandes de Young et cônes d'Orlicz associés.
(Sém. Anal. Conv. Montpellier (1976) n° 10) .

[F_2] [F_3] [F_4] A. FOUGÈRES : Coercivité des intégrandes convexes normales . Applications à la minimisation des fonctionnelles intégrales et du Calcul des Variations (I) (II) (III) .
(Sém. Anal. Conv. Montpellier (1976) n° 19 ,
Montpellier-Perpignan (1977) n° 1 et 4) .

[F_5] A. FOUGÈRES : Une extension du théorème d'inf-équicontinuité de J.J. MOREAU : coercivité, convexité, relaxation .
(Sém. Anal. Conv. Montpellier-Perpignan (1977) n° 11) .

[F-G] A. FOUGÈRES - E. GINER : Applications de la décomposition duale d'un espace d'Orlicz engendré L_φ : polarité et minimisation " sans compacité " , φ-équicontinuité et orthogonalité .
(Sém. Anal. Conv. Montpellier (1976) n° 18) .

[F-V] A. FOUGÈRES - R. VAUDÈNE : Comparaison de fonctionnelles intégrales ; application aux opérateurs intégrands entre espaces d'Orlicz .
(Sém. Anal. Conv. Montpellier-Perpignan (1977) n° 3) .

[G] E. GINER :- Décomposabilité et dualité dans des espaces d'Orlicz. (Sém. Anal. Conv. Montpellier (1976) n° 16).

- Espaces intégraux de type Orlicz ; dualité, compacités , convergences en mesure . Applications à l'Optimisation. (Thèse 3ème cycle Montpellier-Perpignan (1977)) .

[K] A. KOZEK : - Orlicz spaces of Functions with values in Banach spaces . (Inst. Math. Polish Acad Sc preprint 88).

- Convex integral functionals on Orlicz spaces . (Inst. Math. Polish Acad Sc preprint 89) .

[L] K.L. LEVIN : Problèmes d'extremum de fonctionnelles intégrales semi-continues inférieurement en mesure . (Soviet Math. Dokl. N. 224-6 (1975) 1256-59 .

[M] J.J. MOREAU : Fonctionnelles convexes . (Sém. sur les E.D.P. Collège de France Paris 1967).

[P_1] J.C. PÉRALBA : Topologie cônique faible sur les cônes d'Orlicz. Inf-compacité, sous-différentiel et application à la surjectivité de l'opérateur de Némickii . (Sém. Anal. Conv. Montpellier (1976) n° 11) .

[P_2] J.C. PÉRALBA : Caractérisation du sous-différentiel associé à un problème de minimisation convexe à contrainte vectorielle. Application au Calcul des Variations. (Sém. Anal. Conv. Montpellier-Perpignan (1977) n° 10).

[R] R.T. ROCKAFELLAR : Integral functionals, normal integrands and measurable multifunctions , (in Nonlinear operators and the Calculus of Variations Bruxelles 1975 ; Springer Lect . Notes n° 543 p.157-207) .

[S] L. SCHWARTZ : Théorie des distributions (Hermann 1954) .

[T] B. TURRET : Fenchel-Orlicz spaces.
(à paraître)

[V] M. VALADIER : - A natural supplement of L_1 in the dual of L_∞ .
(Sém. Anal. Conv. Montpellier (1974) n° 13) .
- Convergence en mesure et optimisation (d'après LEVIN).
(Sém. Anal. Conv. Montpellier (1976) n° 14) .

[Vd] R. VAUDÈNE : Quelques propriétés de l'opérateur de Némickii dans les espaces d'Orlicz .
(Sém. Anal. Conv. Montpellier (1976) n° 8) .

SUR CERTAINS PROBLEMES DE DIRICHLET FORTEMENT NON LINEAIRES A LA RESONANCE

Jean-Pierre GOSSEZ
Département de Mathématique
C.P. 214
Université libre de Bruxelles
Boulevard du Triomphe,
1050 - BRUXELLES

1. L'objet de l'exposé est de présenter certains résultats concernant l'existence de solutions au problème de Dirichlet pour l'équation

(1) $Lu = f(x,u) + h(x)$

dans Ω. Ici Ω est un ouvert borné de $\mathbb{R}^n$, L un opérateur uniformément fortement elliptique d'ordre $2m$ sur Ω, symétrique, à coefficients suffisamment réguliers de telle sorte à avoir l'inégalité de Gårding, f une fonction de $\Omega \times \mathbb{R}$ dans $\mathbb{R}$ vérifiant les conditions de Carathéodory et h un second membre donné dans $L^2(\Omega)$. On se placera dans l'hypothèse où la non-linéarité $f(x,s)$ se situe " sous la première valeur propre λ_1 de L " en ce sens que

(2) $$k_\pm(x) \equiv \limsup_{s \to \pm\infty} \frac{f(x,s)}{s} \le \lambda_1$$

pour $x \in \Omega$, $k_\pm(x)$ étant autorisé à prendre la valeur $-\infty$. Cette condition permet de traiter des cas où il y a simultanément résonance à la première valeur propre et croissance rapide de $f(x,s)$ en s.

Au n° 2 ci-dessous la seule restriction imposée à la croissance de $f(x,s)$ en s sera cette condition (2) convenablement précisée : pour tout $\varepsilon > 0$ il existe $s_o > 0$ et $0 \le \beta(x) \in L^2(\Omega)$ tels que

$$(3) \qquad \frac{f(x,s)}{s} \le \lambda_1 + \varepsilon + \frac{\beta(x)}{|s|}$$

pour $x \in \Omega$ et $|s| \ge s_o$. Au n° 3 on considérera le cas plus particulier où il existe $0 \le \delta < 1$, $s_o > 0$, $c(x) \in L^{2/(1-\delta)}(\Omega)$ et $0 \le \beta(x) \in L^2(\Omega)$ tels que

$$(4) \qquad \frac{f(x,s)}{s} \le \lambda_1 + c(x)\,|s|^{\delta-1} + \frac{\beta(x)}{|s|}$$

pour $x \in \Omega$ et $|s| \ge s_o$. Cette condition , qui implique (3) , permet de tenir compte de la rapidité avec laquelle $\frac{f(x,s)}{s}$ s'approche éventuellement de λ_1 lorsque $s \to \pm\infty$ (cf. [2]) . En ce qui concerne le comportement de $f(x,s)$ par rapport à x , on supposera toujours que pour tout $r > 0$,

$$(5) \qquad \sup_{|s| \le r} |f(x,s)| \equiv \alpha_r(x) \in L^1(\Omega) \quad .$$

Cette condition , très naturelle , est par exemple automatiquement vérifiée lorsque f ne dépend pas de x .

La plupart des résultats présentés ci-dessous sont extraits de [3]. Des résultats comparables ont été obtenus par Kazdan et Warner [4] lorsque $m = 1$ et par Brézis et Nirenberg [1] lorsque $\delta = 0$. On trouvera dans ce dernier article une approche particulièrement élégante de ce genre de problèmes .

2. THEOREME 1. Supposons (3) et (5), ainsi que

$$(6) \qquad \int_{v>0} k_+ v^2 + \int_{v<0} k_- v^2 < \lambda_1 \int_{\Omega} v^2$$

pour toute fonction propre non identiquement nulle v de L correspondant à λ_1. Alors pour chaque $h \in L^2(\Omega)$ il existe $u \in H_o^m(\Omega)$, avec $f(x,u)$ et $f(x,u)u$ dans $L^1(\Omega)$, solution distribution de (1).

La démonstration détaillée est donnée dans [3].

Remarquons que pour que la condition (6) puisse être satisfaite, il faut évidemment que $k_+(x)$, ou $k_-(x)$, soit $< \lambda_1$ sur un ensemble de mesure non nulle. Les situations couvertes par le théorème 1 apparaissent ainsi comme " moins résonantes " que celles couvertes par le théorème classique de Landesman-Lazer [5] où, dans notre contexte, $f(x,s)$ vérifie, pour un certain $c(x) \in L^2(\Omega)$,

$$| f(x,s) - \lambda_1 s | \leq c(x)$$

pour $x \in \Omega$, $s \in \mathbb{R}$, ce qui implique

$$\lim_{s \to \pm\infty} \frac{f(x,s)}{s} = \lambda_1$$

pour tout $x \in \Omega$. On notera cependant que la conclusion du théorème 1 fournit l'existence d'une solution quel que soit le second membre h.

Lorsque $m = 1$ (c'est-à-dire L du second ordre), le sous-espace propre correspondant à λ_1 est engendré par une fonction propre $v_1 > 0$ dans Ω. On en déduit aisément qu'une condition nécessaire et suffisante pour que (6) ait lieu est que k_+ et k_- soient $< \lambda_1$ sur des ensembles Ω_+ et Ω_- de mesure non nulle .

3. On suppose maintenant que (4) a lieu .

Posons

$$K_+(x) \equiv \limsup_{s \to +\infty} \frac{f(x,s) + h(x) - \lambda_1 s}{|s|^\delta} \in [-\infty, +\infty[,$$

$$K_-(x) \equiv \liminf_{s \to -\infty} \frac{f(x,s) + h(x) - \lambda_1 s}{|s|^\delta} \in]-\infty, +\infty] .$$

On voit de suite que K_+ (K_-) est majoré (minoré) par une fonction de $L^{2/(1-\delta)}(\Omega)$.

THEOREME 2. Supposons (4) et (5) , ainsi que

(7) $$\int_{v>0} K_+(x)\, v(x) |v(x)|^\delta + \int_{v<0} K_-(x)\, v(x) |v(x)|^\delta < 0$$

pour toute fonction propre non identiquement nulle v de L correspondant à λ_1. Alors il existe $u \in H_o^m(\Omega)$, avec $f(x,u)$ et $f(x,u)u$ dans $L^1(\Omega)$, solution distribution de (1) .

Notons que l'hypothèse (7) ne porte vraiment sur le second membre $h(x)$ que lorsque $\delta = 0$; dans ce cas (7) a exactement la forme des conditions suffisantes et presque nécessaires introduites par Landesman-Lazer . Notons aussi que lorsque $\delta = 1$ (cas limite non couvert par le théorème 2) , (7) se réduit à (6) .

Le théorème 2 est démontré dans [3] lorsque $\delta = 0$. Nous allons indiquer ci-dessous comment adapter les arguments de [3] au cas général $0 \leq \delta < 1$. On utilisera la

PROPOSITION 3 (cf. [3]) . Supposons (3) et (5) . Alors pour chaque $n = 1, 2, \ldots$ il existe $u_n \in H_o^m(\Omega)$, avec $f(x,u_n)$ et $f(x,u_n)u_n$ dans $L^1(\Omega)$, solution distribution de

(8) $$Lu_n + \frac{1}{n} u_n = f(x,u_n) + h(x)$$

dans Ω . De plus , ou bien $\|u_n\|_m$ reste borné et alors l'équation (1) admet une solution distribution $u \in H_o^m(\Omega)$ avec $f(x,u)$ et $f(x,u)u$ dans $L^1(\Omega)$, ou bien $\|u_n\|_m$ possède une suite partielle $\to +\infty$. Dans ce second cas , pour une autre suite partielle , $v_n = u_n / \|u_n\|_m$ converge dans $H_o^m(\Omega)$ vers une fonction propre non identiquement nulle v de L correspondant à λ_1 , et on a

(9) $$\int_\Omega (f(x,u_n) + h(x) - \lambda_1 u_n) v_n > 0$$

pour n suffisamment grand .

Montrons que la seconde branche de l'alternative est , sous nos hypothèses , impossible . On peut toujours supposer que $h(x) = 0$ et $\lambda_1 = 0$. Divisons (9) par $\|u_n\|_m^\delta$:

$$\int_\Omega \frac{f(x,u_n)}{\|u_n\|_m^\delta} v_n > 0 ,$$

et partageons l'intégrale sur Ω en sept intégrales . On a

$$\int_{\substack{v>0 \\ u_n \geq s_o}} = \int_{v>0} \chi_n \frac{(f(x,u_n) - c(x)\,|u_n|^\delta - \beta(x))}{\|u_n\|_m^\delta} v_n + \int_{v>0} \chi_n \frac{(c(x)\,|u_n|^\delta + \beta(x))}{\|u_n\|_m^\delta} v_n ,$$

où χ_n désigne la fonction caractéristique de $\{ u_n \geq s_o \}$.

Comme $u_n(x) = v_n(x)\, \|u_n\|_m \longrightarrow +\infty$ dans $\{ v > 0 \}$, $\chi_n \to 1$ dans $\{ v > 0 \}$.

En utilisant le lemme de Fatou et l'égalité

$$\frac{f(x,\, u_n)\, v_n}{\|u_n\|_m^\delta} = \frac{f(x\, u_n)}{|u_n|^\delta}\, v_n\, |v_n|^\delta ,$$

on déduit que

$$\limsup \int_{\substack{v>0 \\ u_n \geq s_o}} \leq \int_{v>0} K_+(x)\, v(x)\, |v(x)|^\delta .$$

De la même façon on obtient

$$\limsup \int_{\substack{v<0 \\ u_n \leq -s_o}} \leq \int_{v<0} K_-(x)\, v(x)\, |v(x)|^\delta .$$

Par ailleurs , d'après (4) ,

$$\limsup \int_{\substack{v<0 \\ u_n \geq s_o}} = \limsup \int_{v<0} \chi_n \frac{f(x\, u_n)\, v_n}{\|u_n\|_m^\delta} \leq \lim \int_{v<0} \chi_n \frac{(c(x)\,|u_n|^\delta + \beta(x))\, v_n}{\|u_n\|_m^\delta} = 0$$

car $\chi_n \to 0$ dans $\{ v < 0 \}$. De même

$$\limsup \int_{\substack{v>0 \\ u_n \leq -s_o}} \leq 0 ,$$

$$\limsup \int_{\substack{v=0 \\ u_n \geq s_o}} \leq 0 ,$$

$$\limsup \int_{\substack{v = 0 \\ u_n \leq -s_o}} \leq 0 .$$

Enfin, en utilisant (5), on voit que

$$\lim \int_{|u_n| < s_o} = 0 .$$

On déduit donc finalement de (9) que

$$0 \leq \int_{v > 0} K_+(x)\, v(x)\, |v(x)|^\delta + \int_{v < 0} K_-(x)\, v(x)\, |v(x)|^\delta ,$$

ce qui contredit (7).

4. Voici pour terminer deux exemples illustrant les théorèmes précédents. On y supposera que $\lambda_1 = 0$ et $m = 1$.

Considérons

$$f(x,s) = \begin{cases} a_+(x)\, s^{1/2} + b_+(x)\, g_+(s) & \text{pour } s \geq 0 , \\ -a_-(x)|s|^{1/2} - b_-(x)\, g_-(s) & \text{pour } s \leq 0 , \end{cases}$$

où $a_\pm(x)$, $b_\pm(x) \in L^1(\Omega)$, $a_\pm(x) \leq 0$, $b_\pm(x)$ majorés par une fonction de $L^4(\Omega)$, et où $g_\pm$ sont continues avec $g_\pm(0) = 0$, $g_+(s)\, s^{-1/2} \longrightarrow 0$ quand $s \to +\infty$ et $g_-(s)\, |s|^{-1/2} \longrightarrow 0$ quand $s \to -\infty$. La condition (4) avec $\delta = \frac{1}{2}$ est vérifiée, et on a $K_+(x) = a_+(x)$ et $K_-(x) = -a_-(x)$. Si $a_+(x) \not\equiv 0$ et $a_-(x) \not\equiv 0$, alors (7) a lieu et le théorème 2 fournit une solution à (1). Noter que sous les seules hypothèses précédentes, ni le théorème 2 avec $\delta \neq \frac{1}{2}$, ni le théorème 1 ne sont applicables.

Considérons maintenant

$$f(x,s) = \begin{cases} c_+(x)\, s + d_+(x)\, g_+(s) & \text{pour } s \geq 0 , \\ c_-(x)\, s + d_-(x)\, g_-(s) & \text{pour } s \leq 0 , \end{cases}$$

où $c_{\pm}(x) \leq 0$, $\in L^1(\Omega)$, $d_{\pm}(x) \in L^{\infty}(\Omega)$, et où $g_{\pm}$ sont continues avec $g_{\pm}(0) = 0$, $g_+(s)s^{-1} \longrightarrow 0$ quand $s \to +\infty$ et $g_-(s)s^{-1} \longrightarrow 0$ quand $s \to -\infty$. La condition (3) est vérifiée , et on a $k_{\pm}(x) = c_{\pm}(x)$. Si $c_+(x) \not\equiv 0$ et $c_-(x) \not\equiv 0$, alors (6) a lieu et le théorème 1 fournit une solution à (1) . Noter que sous les seules hypothèses précédentes, la condition (4) n'est vérifiée pour aucune valeur de δ , $0 \leq \delta < 1$.

REFERENCES

[1] H. BREZIS - L. NIRENBERG : Characterizations of the ranges of some nonlinear operators and applications to boundary value problems .
Ann. Scuola Norm. Sup. Pisa, à paraître .

[2] D.G. DE FIGUEIREDO : The Dirichlet problem for nonlinear elliptic equations : a Hilbert space approach.
Springer Lecture Notes, 445 (1974) , 144-165 .

[3] D.G. DE FIGUEIREDO - J.P. GOSSEZ : Nonlinear perturbations of a linear elliptic problem near its first eigenvalue .
J. Diff. Eq. , à paraître .

[4] J. KAZDAN - F. WARNER : Remarks on some quasilinear elliptic equations .
Comm. Pure Appl. Math., 28 (1975) , 567-597 .

[5] E. LANDESMAN - A. LAZER : Nonlinear perturbations of linear elliptic boundary value problems at resonance .
J. Math. Mech., 19 (1970) , 609-623 .

PERTURBATIONS NON LINEAIRES DE PROBLEMES LINEAIRES A LA RESONANCE : EXISTENCE DE MULTIPLES SOLUTIONS

Peter HESS
Institut de Mathématiques, Université de Zürich
Freiestrasse 36
8032 Zürich , Suisse

1. On étudie la question d'existence de solutions, et de multiples solutions, de l'équation non linéaire

$$Lu + G(u) = f \ , \tag{1}$$

formulé dans un espace de Hilbert réel $H = L^2(\Omega)$, $\Omega \subset \mathbb{R}^N$ un ouvert borné .

Ici $L : H \supset D(L) \longrightarrow H$ est un opérateur linéaire de domaine $D(L)$ dense dans H , ayant une résolvante compacte . Il est supposé que le noyau $N(L)$ n'est pas trivial , et que $N(L) = N(L^*)$ (L^* dénotant l'opérateur adjoint de L) . Un exemple est l'opérateur elliptique $L = \pm(-\Delta - \lambda_k)$ avec conditions de Dirichlet homogènes au bord $\partial\Omega$ (donc $D(L) = H_o^1(\Omega) \cap H^2(\Omega)$) et λ_k dénotant une valeur propre du $-\Delta$. En outre , il y a un grand nombre d'autres opérateurs différentiels qui satisfont aux conditions imposées :
opérateurs différentiels ordinaires , opérateurs paraboliques avec périodicité en temps , opérateur de télégraphe avec périodicité , etc .

De plus , $G : H \to H$ dénote l'opérateur (non linéaire) de Némytskii associé à une fonction continue $g : \mathbb{R} \to \mathbb{R}$. On suppose que les limites $g_\pm := \lim_{s \to \pm\infty} g(s)$ existent (au sens propre) ; on demande sans restriction que $g_- \leq 0 \leq g_+$.

Finalement , f est un élément donné de H .

Le résultat suivant , essentiellement dû à Landesman-Lazer [1] , est bien connu (pour des extensions et d'autres démonstrations cf. p. ex . [2-6]) .

THEOREME 1 . L'équation (1) admet au moins une solution pourvu que

$$\text{(LL)} \qquad (f,w) < \int_\Omega (g_+ w^+ - g_- w^-) , \quad \forall\, w \in N(L) , \ w \neq 0 .$$

Ici on utilise les symboles w^+ et w^- pour dénoter la partie positive et négative d'une fonction w , donc $w = w^+ - w^-$. On remarque que la condition (LL) est aussi nécessaire , si de plus

$$g_- < g(s) < g_+ \qquad \forall\, s \in \mathbb{R} . \tag{2}$$

Sous l'hypothèse (2) , le Théorème 1 implique que l'image $R(L+G)$ est ouverte dans H .

Dans cette note on introduit des conditions sur g qui garantissent que $R(L+G)$ est fermé dans H . Signalons d'abord un exemple qui nous a été donné par C . Steinemann .

EXEMPLE . Soit $L = (-\Delta - \lambda_1)$, avec conditions de Dirichlet homogènes au bord de $\Omega \subset \mathbb{R}^N$, $N > 2$. On suppose que $g(s) \leq g_+$ $\forall\, s \in \mathbb{R}$ et $g(s) < g_+$ $\forall\, s < 0$. Alors $R(L+G)$ n'est pas fermé dans H .

On fait maintenant les hypothèses suivantes :

(I) Les fonctions de $N(L)$ jouissent de la " propriété de continuation unique " dans le sens que si $w \in N(L)$ s'annulle sur un ensemble de Ω de mesure positive, $w = 0$ p.p. dans Ω (si dim $N(L) = 1$, cette condition n'est pas nécessaire).

(II) Il existe $\delta > 0$ tel que

$$g(s) \geq g_+ \qquad \forall\, s \geq \delta$$

$$g(s) \leq g_- \qquad \forall\, s \leq -\delta \;.$$

Posons

$$\gamma_\pm := \underline{\lim}_{s \to \pm\infty} \,(g(s) - g_\pm) s \qquad (\geq 0) \;.$$

Grâce aux conditions imposées sur L, l'espace H admet une décomposition $H = N(L) \oplus R(L)$. On pose $H_1 := N(L)$, $H_2 := R(L)$, et dénote par P_i ($i = 1,2$) les projecteurs orthogonaux sur H_i. Pour un élément $f \in H$ on écrit $f = f_1 + f_2$, où $f_i := P_i f$.

DEFINITION. Soit $\mathcal{S}$ l'ensemble borné, fermé et non vide de H_1 consistant des éléments f_1 pour lesquels

$$(f_1, w) \leq \int_\Omega (g_+ w^+ - g_- w^-) \qquad \forall\, w \in H_1 = N(L) \;.$$

Notons que $\mathcal{S}$ est indépendant de $f_2 \in H_2$.

THEOREME 2. <u>Soient</u> L <u>et</u> G <u>les applications décrites en haut</u>. <u>Supposons que</u> : <u>ou bien</u>

(α) <u>les fonctions dans</u> $N(L)$ <u>ne changent pas le signe dans</u> Ω <u>et</u> $\gamma_+ > 0$, $\gamma_- > 0$;

<u>ou bien</u>

(β) <u>les fonctions dans</u> $N(L)$ <u>changent le signe dans</u> Ω <u>et au moins un</u>

de γ_+ , γ_- est positif .

Alors pour tout $f_2 \in H_2$ (fixé) , il existe un ensemble ouvert $\mathcal{S}_{f_2} \subset H_1$ contenant $\mathcal{S}$, tel que

(i) l'équation (1) admet une solution pour tout $f = f_1 + f_2$ avec $f_1 \in \mathcal{S}_{f_2}$;

(ii) l'équation (1) possède au moins deux solutions pour $f = f_1 + f_2$ si $f_1 \in \mathcal{S}_{f_2} \setminus \mathcal{S}$.

Une conséquence du Théorème 2 est

THEOREME 3 . Sous les hypothèses du Théorème 2 , $R(L+G)$ est fermé dans H .

Les Théorèmes 2 et 3 sont dûs à l'auteur [7] et généralisent des résultats de Kazdan-Warner [8] , Fučik-Krbec [9] , Hess [10], Ambrosetti - Mancini [11, 12] et Podolak [13] .

Si on fait des hypothèses plus précises sur L , on peut affaiblir les conditions sur le comportement asymptotique de g .

(I') $N(L) \subset L^\infty(\Omega)$, et , avec la notation $\Omega_{w,\varepsilon} := \{ x \in \Omega : |w(x)| < \varepsilon \}$, la fonction

$$\varepsilon \longmapsto \varepsilon^{-1} \sup_{\substack{w \in N(L) \\ \|w\|_{L^\infty(\Omega)} = 1}} \operatorname{mes}(\Omega_{w,\varepsilon})$$

reste bornée quand $\varepsilon \to 0^+$.

(III) Si $Lu = f \in L^\infty(\Omega)$, il s'ensuit $u \in L^\infty(\Omega)$ et on a une estimation a priori

$$\|P_2 u\|_{L^\infty(\Omega)} \leq c\,\|f\|_{L^\infty(\Omega)} .$$

Notons que par exemple, l'opérateur $L = (-\Delta - \lambda_1)$, avec conditions de Dirichlet , satisfait à ces conditions , grâce au principe du maximum fort .

THEOREME 4 . Soient L et G des opérateurs comme dans le Théorème 2 , avec L satisfaisant en plus aux conditions (I') et (III) . Alors on a les mêmes conclusions que dans le Théorème 2 , pour $f \in L^\infty(\Omega)$, si on remplace les hypothèses sur la positivité de γ_+ et γ_- par les conditions (plus faibles)

$$\lim_{\xi \to +\infty} \xi^2 \min_{s \in [a,\xi]} (g(s) - g_+) = +\infty \tag{3^+}$$

et

$$\lim_{\xi \to -\infty} \xi^2 \min_{s \in [\xi,-a]} (g_- - g(s)) = +\infty \tag{3^-}$$

respectivement (où $a > 0$ est un nombre convenable) .

Le Théorème 4 est un cas particulier d'un résultat de Fučik-Hess [14] .

Dans ce qui suit on esquisse les démonstrations des résultats précédents ; pour plus de détails le lecteur intéressé est renvoyé à [7,14].

2. On donne d'abord les idées de la

Démonstration du Théorème 2 .

(i) Soit $f = f_1 + f_2$ avec $f_2 \in H_2$ fixé et $f_1 \in S$.

$$(1) \Leftrightarrow (L+P_1)u + (G(u) - P_1u - f) = 0$$
$$\Leftrightarrow u + (L+P_1)^{-1}(G(u) - P_1u - f) = 0 \quad .$$

Notons que l'opérateur $(L+P_1)^{-1} : H \to H$ est compact .

Soit

$$\mathfrak{H}(t,u) : = u + t(L+P_1)^{-1}(G(u) - P_1u - f) \ ,$$

avec $t \in [0,1]$, $u \in H$. Considérant seulement la projection dans H_2 , on déduit immédiatement l'existence d'une constante $b > 0$ telle que

$$\mathfrak{H}(t,u) = 0 \text{ pour } t \in [0,1] \ , u \in H \Rightarrow \|P_2u\| < b \tag{4}$$

Pour $n \in \mathbb{N}$ on définit le " rectangle "

$$\mathfrak{B}_n : = \{u \in H : \|P_1u\| < n \ , \|P_2u\| < b\} \ .$$

LEMME 1 . <u>Il existe</u> $n_o \in \mathbb{N}$ <u>tel que</u> $\mathfrak{H}(t,u) \neq 0$, $\forall t \in [0,1]$, $\forall u \in \partial\mathfrak{B}_{n_o}$.

Acceptons pour un moment l'assertion du Lemme 1 et continuons avec la démonstration du Théorème 2 . Grâce à l'invariance du degré topologique de Leray-Schauder par rapport à des homotopies,

$$\deg(\mathfrak{H}(1,.),\mathfrak{B}_{n_o},0) = \deg(\mathfrak{H}(0,.),\mathfrak{B}_{n_o},0)$$
$$= \deg(I, \mathfrak{B}_{n_o},0) = 1 \ .$$

Comme le degré est en outre invariant dans des composantes connexes de $H \setminus \mathfrak{H}(1, \partial\mathfrak{B}_{n_o})$, il existe un voisinage $\mathfrak{U}(f_1)$ dans H_1 tel que le degré est égal à 1 pour $\tilde{f} \in H$ de la forme $\tilde{f} = \tilde{f}_1 + f_2$ avec $\tilde{f}_1 \in \mathfrak{U}(f_1)$. Pour ces $\tilde{f}$, l'équation (1) a donc au moins une solution . On pose

$$\mathcal{S}_{f_2} : = \bigcup_{f_1 \in \mathcal{S}} \mathfrak{U}(f_1) \ .$$

(ii) Soit maintenant $f \in H$ avec $f_1 \in \mathcal{S}_{f_2} \setminus \mathcal{S}$. D'après la partie déjà démontrée , il existe $\mathfrak{B}_{n_o}$ tel que $\deg(\mathfrak{H}(1,.),\mathfrak{B}_{n_o},0) = 1$. Comme $f_1 \notin \mathcal{S}$, il existe en outre $\tilde{w} \in H_1$:

$$(f_1, \tilde{w}) > \int_\Omega (g_+ \tilde{w}^+ - g_- \tilde{w}^-) \qquad (5)$$

Le terme à droite de (5) étant non-négatif, il suit que $f_1 \neq 0$ et donc $f \notin R(L)$. Comme l'image de G est bornée, l'équation

$$Lu + G(u) = (1+K)f$$

n'a pas de solution dans H pour $K > 0$ suffisamment grand. Pour $t \in [0,K]$, $u \in H$ on définit

$$\kappa(t,u) := u + (L+P_1)^{-1} (G(u) - P_1 u - (1+t)f) .$$

De nouveau, il existe un nombre $c > 0$ ($c > b$ sans restriction) tel que

$$\kappa(t,u) = 0 \text{ pour } t \in [0,K] , u \in H \Rightarrow \|P_2 u\| < c .$$

Posons

$$\mathcal{C}_n := \{u \in H : \|P_1 u\| < n , \|P_2 u\| < c\} .$$

LEMME 2 . Il existe $n_1 > n_o$ tel que $\forall t \in [0,K]$, $\forall u \in \partial\mathcal{C}_{n_1}$, $\kappa(t, u) \neq 0$.

Du Lemme 2 , il s'ensuit que

$$0 = \deg(\kappa(K,.), \mathcal{C}_{n_1}, 0) = \deg(\kappa(0,.), \mathcal{C}_{n_1}, 0)$$
$$= \deg(\mathcal{H}(1,.), \mathcal{C}_{n_1}, 0) .$$

Grâce à l'additivité du degré ,

$$\deg(\mathcal{H}(1,.), \mathcal{C}_{n_1} \setminus \overline{\mathfrak{B}}_{n_o}, 0) = -1 .$$

Donc , il existe une seconde solution de (1) dans $\mathcal{C}_{n_1} \setminus \overline{\mathfrak{B}}_{n_o}$.

Démonstration du Lemme 1 .

On démontre par l'absurde et suppose que

$$\forall\, n \in \mathbb{N}\ ,\ \exists\, t_n \in [0,1] \text{ et } u_n \in \partial\mathcal{B}_n \ :\ \mathcal{H}(t_n, u_n) = 0\ .$$

D'après (4) , $\|P_1 u_n\| = n$. Comme

$$(L+P_1)u_n + t_n(G(u_n) - P_1 u_n - f) = 0\ , \qquad (6)$$

il suit que $t_n \neq 0$. Prenant le produit scalaire de (6) avec $P_1 u_n$ on obtient

$$(1-t_n)\,\|P_1 u_n\|^2 + t_n(G(u_n) - f,\ P_1 u_n) = 0$$

et donc

$$(G(u_n) - f,\ P_1 u_n) \leq 0 \quad \forall\, n\ . \qquad (7)$$

Posons $P_1 u_n = n w_n$, où $\|w_n\| = 1$. Comme $f_1 \in \mathcal{S}$, on a

$$\int_\Omega f_1 n w_n \leq \int_\Omega (g_+(n w_n)^+ - g_-(n w_n)^-)\ ,$$

et on en déduit , avec (7) , que

$$\int_\Omega (g(u_n) - g_+)(n w_n)^+ - \int_\Omega (g(u_n) - g_-)(n w_n)^- \leq 0\ . \qquad (8)$$

La suite $(P_2 u_n)$ étant relativement compacte dans H_2 , on peut passer à une sous-suite telle que $P_2 u_n \longrightarrow z$ dans H_2 et p.p. dans Ω . De plus on peut supposer que $|P_2 u_n(x)| \leq y(x)$ p.p. dans Ω , avec une fonction convenable $y \in H$. Finalement $w_n \longrightarrow w$ dans H_1 et p.p. dans Ω , avec $w \neq 0$ p.p. (comme $\dim H_1 < \infty$, et d'après hypothèse (I)) . Donc

$$u_n \longrightarrow \begin{matrix} +\infty \\ -\infty \end{matrix} \quad \text{p.p. sur} \quad \begin{matrix} \{w > 0\} \\ \{w < 0\} \end{matrix} \qquad (9)$$

Passant à la limite $n \to \infty$ dans (8) , on arrive à une contradiction grâce aux hypothèses (α) ou (β) du Théorème 2 .

La Démonstration du Lemme 2 est aussi indirecte :

Supposons que

$$\forall\, n > n_o\ ,\ \exists\, t_n \in [0,K] \text{ et } u_n \in \partial\mathcal{C}_n \ :\ \mathcal{K}(t_n, u_n) = 0\ .$$

De nouveau, $\|P_1 u_n\| = n \quad \forall\, n$. On passe à la limite dans les équations

$$L u_n + G(u_n) = (1+t_n) f \quad , \tag{10}$$

supposant qué $t_n \longrightarrow t \in [0,K]$. Avec les mêmes notations que dans la dé - monstration du Lemme 1 , on a (9) . Prenant le produit scalaire de (10) avec $\tilde{w}$, on obtient à la limite

$$\int_{\{w>0\}} g_+ \tilde{w} + \int_{\{w<0\}} g_- \tilde{w} = \lim (G(u_n) , \tilde{w})$$

$$= (1+t) (f_1, \tilde{w}) \geq (f_1, \tilde{w}) \quad .$$

Comme

$$\int_\Omega (g_+ \tilde{w}^+ - g_- \tilde{w}^-) \geq$$

$$\geq \int_{\{w>0\}} g_+ \tilde{w}^+ - \int_{\{w>0\}} g_+ \tilde{w}^- + \int_{\{w<0\}} g_- \tilde{w}^+ - \int_{\{w<0\}} g_- \tilde{w}^- ,$$

on arrive à une contradiction avec (5) .

Pour démontrer le Théorème 3 , soit $(f^n)_{n \in \mathbb{N}}$ une suite dans $R(L+G)$ qui converge dans H vers un élément f . Prenant la décomposition $f = f_1 + f_2$, on distingue deux cas :

(a) $f_1 \in \mathcal{S}$. Alors $f \in R(L+G)$ grâce au Théorème 2 (i) .

(b) $f_1 \notin \mathcal{S}$. Dans ce cas, on démontre (en utilisant certaines idées de la démonstration du Lemme 2) que les solutions u_n des équations

$$L u_n + G(u_n) = f^n \tag{11}$$

restent bornées dans H . Le passage à la limite $n \to \infty$ dans (11) est alors immédiat et montre que de nouveau $f \in R(L+G)$.

3. Démonstration du Théorème 4 .

On reprend la démonstration du Théorème 2 , suivant essentiellement les arguments de Hess [10] . Soit donc $f = f_1 + f_2 \in L^\infty(\Omega)$, $f_1 \in S$.

L'hypothèse (III) nous garantit l'existence d'une constante b' telle que

$$\mathcal{H}(t,u) = 0 \quad \text{pour } t \in [0,1] \, , \quad u \in H \Rightarrow \|P_2 u\|_{L^\infty(\Omega)} < b' \, .$$

Comme rectangles on introduit maintenant les ensembles

$$\mathfrak{B}_n := \left\{ u \in H : \|P_1 u\|_{L^\infty(\Omega)} < n \, , \, \|P_2 u\|_H < b \right\} \, ,$$

où $b := b' (\operatorname{mes} \Omega)^{\frac{1}{2}}$. Dans la démonstration du Lemme 1 sous les hypothèses présentes , posons $P_1 u_n =: n w_n$, avec $\|w_n\|_{L^\infty(\Omega)} = 1$.

On part de l'inégalité

$$\int_\Omega (g(u_n) - g_+) \, w_n^+ - \int_\Omega (g(u_n) - g_-) \, w_n^- \leq 0 \, . \tag{8'}$$

Soient $\Omega_n := \left\{ x \in \Omega : |w_n(x)| < \frac{a+b'}{n} \right\}$. Pour la première intégrale dans (8') on a l'évaluation suivante

$$\int_\Omega (g(u_n) - g_+) \, w_n^+ = \int_{\Omega \setminus \Omega_n} \dots + \int_{\Omega_n} \dots$$

$$\geq \min_{s \in [a, n+b']} (g(s) - g_+) \, . \int_{\Omega \setminus \Omega_n} w_n^+$$

$$- \left(\max_{s \in \mathbb{R}} |g(s) - g_+| \right) \operatorname{mes}(\Omega_n) \, \frac{a+b'}{n}$$

$$\geq \min_{s \in [a, n+b']} (g(s) - g_+) \, . \int_\Omega w_n^+$$

$$- 2 \left(\max_{s \in \mathbb{R}} |g(s) - g_+| \right) \operatorname{mes}(\Omega_n) \, \frac{a+b'}{n} \, .$$

Une estimation pareille est valable pour la seconde intégrale dans (8') . On conclut que

$$(n+b')^2 \min_{s\in[a,n+b']} (g(s)-g_+) \cdot \int_\Omega w_n^+ + \dots \qquad (12)$$

$$\le \text{const} \cdot \text{mes}(\Omega_n) \frac{(n+b')^2}{n} + \dots .$$

D'après (I') , l'expression à droite de (12) reste bornée quand $n \to \infty$, tandis que celle à gauche tend vers $+\infty$ selon les conditions (3) . Avec cette contradiction , la démonstration du Théorème 4 est achevée .

4. Finalement nous démontrons l'assertion de l'Exemple .

Soit $w_1 \in N(L)$ une fonction propre telle que $w_1 > 0$ dans Ω . Evidemment

$$\overline{R(L+G)} \supset \left\{ f \in H : \int_\Omega g_- w_1 \le \int_\Omega f w_1 \le \int_\Omega g_+ w_1 \right\} .$$

Comme $N > 2$, on peut construire une fonction $v \in H_o^1(\Omega) \cap H^2(\Omega)$ ayant la propriété

$$\text{mes}\Big(\{x \in \Omega : v(x) + t w_1(x) < 0\}\Big) > 0 \quad , \quad \forall t \in \mathbb{R} .$$

Posons $f := Lv + g_+$. Alors $f \in \overline{R(L+G)}$.

Nous montrons que $f \notin R(L+G)$. Supposons au contraire que , pour un $u \in H$,

$$f = Lu + G(u) .$$

Alors

$$\int_\Omega g(u) w_1 = \int_\Omega f w_1 = \int_\Omega g_+ w_1 ,$$

d'où $\int_\Omega (g_+ - g(u)) w_1 = 0$. Comme $g_+ - g(s) \ge 0 \ \forall s \in \mathbb{R}$ et $w_1 > 0$ dans Ω , il suit que $g_+ = G(u)$ et donc $u \ge 0$ p.p. Il résulte que $Lu = Lv$, d'où $P_2 u = P_2 v$. Des représentations

$$u = t_u w_1 + P_2 u \quad , \quad v = t_v w_1 + P_2 v$$

on déduit que $u = v + (t_u - t_v) w_1$. Comme $u \geq 0$ p.p. , on a accompli une contradiction avec le choix de v .

REFERENCES

[1] E.M. LANDESMAN - A.C. LAZER : Nonlinear perturbations of linear elliptic boundary value problems at resonance. J. Math. Mech. 19 (1970) , 609-623 .

[2] S.A. WILLIAMS : A sharp sufficient condition for solution of a nonlinear elliptic boundary value problem . J. Differential Equations 8 (1970) , 580-586 .

[3] J. NEČAS : On the range of nonlinear operators with linear asymptotes which are not invertible . Comment. Math. Univ. Carolinae 14 (1973) , 63-72 .

[4] S. FUČIK - M. KUČERA - J. NEČAS : Ranges of nonlinear asymptotically linear operators . J. Differential Equations 17 (1975) , 375-394 .

[5] P. HESS : On a theorem by Landesman and Lazer . Indiana Univ. Math. J. 23 (1974) , 827-829 .

[6] H. BREZIS - L. NIRENBERG : Characterizations of the ranges of some nonlinear operators and applications to boundary value problems . To appear in Ann. Scuola Norm. Sup . Pisa .

[7] P. HESS : Nonlinear perturbations of linear elliptic and parabolic problems at resonance : existence of multiple solutions .
To appear in Ann. Scuola Norm. Sup. Pisa .

[8] J.L. KAZDAN - F.W. WARNER : Remarks on quasilinear elliptic equations .
Comm. Pure Appl. Math. 28 (1975) , 567-597 .

[9] S. FUČIK - M. KRBEC : Boundary value problems with bounded nonlinearity and general nullspace of the linear part .
Math. Z. 155 (1977) , 129-138 .

[10] P. HESS : A remark on the preceding paper of Fučik and Krbec .
Math. Z. 155 (1977) , 139-141 .

[11] A. AMBROSETTI - G. MANCINI : Existence and multiplicity results for nonlinear elliptic problems with linear part at resonance .
To appear in J. Differential Equations .

[12] A. AMBROSETTI - G. MANCINI : Theorems of existence and multiplicity for nonlinear elliptic problems with noninvertible linear part .
To appear in Ann. Scuola Norm. Sup. Pisa .

[13] E. PODOLAK : A note on the existence of more than one solution for asymptotically linear equations .
Comment. Math. Univ. Carolinae 18 (1977) , 59-64 .

[14] S. FUČIK - P. HESS : publication à paraître .

ECHELLE D'ESPACES INTERMEDIAIRES ENTRE UN ESPACE DE SOBOLEV - ORLICZ ET UN ESPACE D'ORLICZ
TRACE D'ESPACES DE SOBOLEV - ORLICZ AVEC POIDS

Marie-Thérèse LACROIX
Université Claude Bernard
43 bd 11 Novembre 1918
69621 Villeurbanne

Certains auteurs , parmi lesquels Baouendi [1] , Geymonat et Grisvard [7] , J. Nečas [16] , ont étudié les équations elliptiques dites dégénérées associées à un opérateur linéaire ou non linéaire $\mathcal{A} : u \longrightarrow \mathcal{A}u$ avec $\mathcal{A}u : v \longrightarrow a_\alpha(u,v)$ et $a_\alpha(u,v) = \sum_{|\beta| \leq 1} \int_\Omega A_\beta\left(x, D^\gamma u_{|\gamma| \leq 1}\right) D^\beta v(x)\, \rho([h(x)]^\alpha) dx$,

où Ω est un sous-ensemble ouvert de $\mathbb{R}^n$ dont la frontière $\partial\Omega$ est assez régulière , h une fonction de classe $\mathcal{C}^\infty$ dépendant de la distance d'un point de Ω à la frontière de Ω , ceci pour des valeurs particulières de α et de bonnes fonctions ρ .

Dans le cas où les coefficients A_β ont des croissances supérieures à des croissances polynomiales , par exemple de type exponentiel , par analogie avec l'étude des équations dites du " calcul des variations" associées à un opérateur non linéaire $\mathcal{A} : u \longrightarrow \mathcal{A}u$ avec $\mathcal{A}u : v \longrightarrow a(u,v)$ et

$a(u,v) = \sum_{|\beta| \leq 1} \int_\Omega A_\beta\left(x, D^\gamma u_{|\gamma| \leq 1}\right) D^\beta v \, dx$, sans " poids " ,

(Browder [3] , Donaldson [4] , J. Robert [17] , Fougères [6], Gossez [8])

on a envisagé l'étude d'espaces de Sobolev construits sur des espaces d'Orlicz avec poids .

Ces espaces ne sont en général pas réflexifs . Pour un bon choix du poids envisagé , on montre que $\mathcal{C}^{\infty}(\overline{\Omega})$ est dense , pour une topologie convenable , dans l'espace de Sobolev-Orlicz avec poids .

L'étude des espaces de Sobolev-Orlicz inhomogènes avec poids , et l'utilisation d'un théorème dû à Bénilan et Brézis [2] ont permis d'introduire une échelle d'espaces intermédiaires entre un espace de Sobolev-Orlicz d'ordre un et un espace d'Orlicz ; ces nouveaux espaces vérifient une propriété d'interpolation [13] , [14] .

De la densité de $\mathcal{C}^{\infty}(\overline{\Omega})$ dans l'espace de Sobolev - Orlicz avec poids , on déduit l'existence d'un opérateur de trace , unique prolongement linéaire continu de l'opérateur de restriction au bord , linéaire et continu, pour des topologies convenables , surjectifs , de l'espace de Sobolev-Orlicz avec poids d'ordre un sur un espace intermédiaire frontière particulier .

I. Rappels .

On appelle <u>Fonction de Young</u> toute fonction M de $\mathbb{R}$ dans $\mathbb{R}^+$, convexe , paire , dont la restriction à $\mathbb{R}^+$ est injective et qui vérifie

$\lim_{t \to 0} \frac{M(t)}{t} = 0$ et $\lim_{t \to +\infty} \frac{M(t)}{t} = +\infty$. La fonction N, polaire de M, paire , définie sur $\mathbb{R}^+$ par $N(s) = \sup_{t \geq 0} [st - M(t)]$ est aussi une fonction de Young.

Exemples :

$T_p(t) = \frac{|t|^p}{p}$ $p > 1$ admet pour polaire $T_q(t) = \frac{|t|^q}{q}$ avec $\frac{1}{p} + \frac{1}{q} = 1$.

$M(t) = e^{|t|} - |t| - 1$ admet pour polaire $N(t) = (1+|t|) \operatorname{Log}(1+|t|) - |t|$.

Soit G un sous-ensemble non vide, union d'une suite croissante de sous-ensembles compacts d'un ensemble localement compact X muni d' une mesure de Borel régulière ν . Si $\mathfrak{M}(G,\nu)$ désigne l'ensemble des classes de fonctions ν-mesurables sur G , on appelle <u>classe d'Orlicz</u> et on note $C_M(G,\nu)$

$$C_M(G,\nu) = \left\{u \in \mathfrak{M}(G,\nu) \;/\; \int_G M[u(x)]\, d\nu < +\infty\right\} .$$

C'est un sous-ensemble convexe et équilibré . On lui associe deux espaces vectoriels , dits <u>espaces d'Orlicz</u> , l'un noté $L_M(G,\nu)$, qui est le plus petit espace vectoriel contenant $C_M(G,\nu)$ et peut être caractérisé par :

$$L_M(G,\nu) = \left\{u \in \mathfrak{M}(G,\nu) \;/\; \exists\, \alpha > 0 \;\; \alpha u \in C_M(G,\nu) \Leftrightarrow \int_G M[\alpha u(x)]\, d\nu < +\infty\right\} ,$$

l'autre , noté $E_M(G,\nu)$, qui est le plus grand espace vectoriel inclus dans $C_M(G,\nu)$ et peut être caractérisé par :

$$E_M(G,\nu) = \left\{u \in \mathfrak{M}(G,\nu) \;/\; \forall\, \alpha \in \mathbb{R} \;\; \alpha u \in C_M(G,\nu) \Leftrightarrow \int_G M[\alpha u(x)]\, d\nu < +\infty\right\}.$$

Ce sont des espaces de Banach pour la norme associée à la jauge de la classe d'Orlicz :

$$u \in L_M(G,\nu) \Rightarrow \|u\|_M = \operatorname{Inf}\left\{k > 0 \;/\; \int_G M\left[\frac{u(x)}{k}\right] d\nu \leq 1\right\} .$$

Si M et N sont deux fonctions de Young mutuellement polaires, le dual topologique fort de $E_M(G,\nu)$ est isomorphe à $L_N(G,\nu)$. Si la fonction de Young N vérifie une propriété appelée Δ_2 - condition

$\left(\exists\, t_o \,,\, t_1 > 0 \;\; \exists\, a > 0 \;/\; N(2t) \leq a\, N(t) \;\; \forall\, t \geq t_1 \text{ et } t \leq t_o \right)$,

alors le bidual fort de $E_M(G,\nu)$ est isomorphe à $L_M(G,\nu)$. L'espace $L_M(G,\nu)$ est réflexif si et seulement si les fonctions de Young polaires M et N vérifient toutes les deux la Δ_2 - condition [9] .

On se limite à présent au cas où Ω est un sous-ensemble ouvert borné de $\mathbb{R}^n$ muni de la mesure de Lebesgue . On note $E_M(\Omega)$ et $L_M(\Omega)$ les espaces d'Orlicz associés .

On appelle <u>espace de Sobolev-Orlicz</u> et on note $W^1 L_M(\Omega)$ (resp. $W^1 E_M(\Omega)$)

$$W^1 L_M(\Omega) = \left\{u \in \mathcal{D}'(\Omega) \ / \ \forall \alpha \in \mathbb{N}^n \quad |\alpha| = \alpha_1 + \dots + \alpha_n \leq 1 \quad D^\alpha u \in L_M(\Omega)\right\},$$

(resp. sur $E_M(\Omega)$) . C'est un espace de Banach pour la norme :

$$u \in W^1 L_M(\Omega) \longrightarrow \|u\|_{W^1 L_M(\Omega)} = \sum_{|\alpha| \leq 1} \|D^\alpha u\|_M .$$

Si la fonction de Young N , polaire de M , vérifie la Δ_2-condition , et si Ω est assez régulier , alors le bidual de $W^1 E_M(\Omega)$ est isomorphe à $W^1 L_M(\Omega)$ [6]

Si $I = [0,T]$ est un intervalle compact de $\mathbb{R}$ et si x désigne la variable de Ω, on appelle <u>espace de Sobolev-Orlicz inhomogène</u> [5] [18] , et on note :

$$W_x^1 E_M(\mathring{I} \times \Omega) = \left\{u \in \mathcal{D}'(\mathring{I} \times \Omega) \ / \ \alpha \in \mathbb{N}^n \quad |\alpha| \leq 1 \quad D_x^\alpha u \in E_M(\mathring{I} \times \Omega)\right\} .$$

C'est un espace de Banach pour la norme :

$$u \in W_x^1 E_M(\mathring{I} \times \Omega) \longrightarrow \|u\|_{W_x^1 E_M(\mathring{I} \times \Omega)} = \sum_{|\alpha| \leq 1} \|D_x^\alpha u\|_{E_M(\mathring{I} \times \Omega)} .$$

Soit Ω un ouvert borné de $\mathbb{R}^n$. Pour introduire des espaces d'Orlicz et de Sobolev-Orlicz sur la frontière $\partial\Omega$ de Ω, on fait les hypothèses suivantes sur $\partial\Omega$:

H_1 : $\partial\Omega$ <u>est une variété de dimension</u> n-1 <u>de classe</u> $\mathcal{C}^0$, <u>à atlas de définition explicite</u> : ce qui signifie qu'il existe une famille finie $(\partial\Omega_r)_{1 \leq r \leq r_0}$ d'ouverts de $\partial\Omega$ recouvrant $\partial\Omega$, et pour tout $1 \leq r \leq r_0$, une permutation d'indices de $\mathbb{R}^n$: $(1,2,\dots,n) \longrightarrow (r_1, r_2, \dots, r_n)$ et une application :

$$\chi_r : y = (y_1, \dots, y_n) \in \partial\Omega_r \longrightarrow \hat{y} = \left(y_{r_1}, \dots, y_{r_n}\right) ,$$

telle que , pour tout y de $\partial\Omega_r$, y_{r_n} s'exprime continuement en fonction de $y'_r = \left(y_{r_1}, \dots, y_{r_n}\right)$; c'est-à-dire que si l'on pose

$$\Delta_r = \left\{ y'_r = \left(y_{r_1}, \dots, y_{r_{n-1}}\right) / \ y \in \partial\Omega_r \right\} ,$$

il existe une application continue

$$a_r : y'_r \in \Delta_r \longrightarrow y_{r_n} \in \mathbb{R} .$$

Alors Δ_r est un ouvert borné de $\mathbb{R}^{n-1}$ et l'application :

$$\psi_r : y'_r \in \Delta_r \longrightarrow y = \chi_r^{-1}\,(y'_r , a_r(y'_r)) \in \partial\Omega_r$$

est un homéomorphisme de Δ_r sur $\partial\Omega_r$, et $\partial\Omega$ est une variété de dimension n-1 , de classe $\mathcal{C}^o$, pour l'atlas $(\Delta_r , \partial\Omega_r , \psi_r)_{1 \le r \le r_o}$, dit " atlas de définition explicite " .

H_r : Ω est une variété orientable au sens suivant :

il existe b > 0 tel que pour tout $1 \le r \le r_o$, si l'on pose :

$$U_r = \Delta_r \times \,]-b,b[\quad \text{et} \quad U_r^+ = \Delta_r \times \,]0,b[\quad ,$$

l'application :

$$\Psi_r : x = \left(x'_r , x_{r_n}\right) \in U_r \longrightarrow y = \chi_r^{-1}\,(x'_r , a_r(x'_r)) + \left(0, \dots, x_{r_n}, 0, \dots, 0\right) \in \mathbb{R}^n$$

vérifie l'égalité $\qquad \Psi_r(U_r^+) = \Psi_r(U_r) \cap \Omega$.

On pose $\qquad V_r = \Psi_r(U_r)$ et $V_r^+ = \Psi_r(U_r^+)$.

On dit que la frontière de Ω est lipschitzienne si pour tout $1 \le r \le r_o$, a_r est lipschitzienne sur $\overline{\Delta}_r$.

Si la frontière de Ω est lipschitzienne , on munit $\partial\Omega$ d'une mesure frontière [15] . A toute fonction de Young M , on associe les espaces d'Orlicz $L_M(\partial\Omega)$ et $E_M(\partial\Omega)$ sur $\partial\Omega$ muni de la mesure frontière, ainsi que les espaces de Sobolev-Orlicz frontières $W^1 L_M(\partial\Omega)$ et $W^1 E_M(\partial\Omega)$ [6] .

Si la frontière de Ω est lipschitzienne et si I = [0,T] est un intervalle compact de $\mathbb{R}$, alors $\mathring{I} \times \Omega$ est un ouvert borné de $\mathbb{R}^{n+1}$ dont la frontière est lipschitzienne .

II. Espaces d'Orlicz et de Sobolev-Orlicz avec poids .

PROPOSITION II.1. (J. Nečas [16]) . Si Ω est un ouvert borné de $\mathbb{R}^n$ dont la frontière $\partial\Omega$ est lipschitzienne , alors il existe une fonction h définie continue sur $\overline{\Omega}$, de classe $\mathcal{C}^\infty$ sur Ω qui vérifie la propriété suivante :

$$\exists\, a > 0 \;,\; b_1 > 0 : \forall\, x \in \Omega \quad a_1 d(x, \partial\Omega) \leq h(x) \leq b_1\, d(x, \partial\Omega) \;.$$

REMARQUE . On peut supposer que la fonction h prend ses valeurs dans l'ensemble $[0,1]$, ce que nous ferons par la suite .

DEFINITION II.2 . Soit Ω un ouvert borné de $\mathbb{R}^n$ dont la frontière est lipschitzienne , et α un nombre réel . On appelle poids sur Ω toute fonction qui à $x \in \Omega$ associe $\rho([h(x)]^\alpha)$, où h désigne la fonction définie dans la proposition II.1 , et ρ une fonction continue sur l'ensemble des valeurs prises par la fonction $t \in]0,1] \longrightarrow t^\alpha$, vérifiant de plus les deux conditions suivantes :

1) $\exists\, A > 0 \quad \forall\, t \in]0,1] \;:\; 0 < \rho(t^\alpha) \leq A$,

2) $\lim\limits_{t \to 0} \rho(t^\alpha) = 0$.

DEFINITION II.3. Soit Ω un ouvert borné de $\mathbb{R}^n$ dont la frontière est lipschitzienne , et $\mathfrak{M}$ le σ-anneau des ensembles Lebesgue-mesurables de Ω. On notera $\mu_{\rho\alpha}$ la mesure sur $\mathfrak{M}$ définie en posant pour tout ε de $\mathfrak{M}$, de fonction caractéristique χ_ε :

$$\mu_{\rho\alpha}(\varepsilon) = \int_\Omega \chi_\varepsilon \, \rho([h(x)]^\alpha)\, dx \quad .$$

PROPOSITION II.4 . La mesure $\mu_{\rho\alpha}$ est σ-finie , régulière et absolument continue par rapport à la mesure de Lebesgue .

Démonstration .

Des propriétés de la fonction ρ on déduit facilement la proposition.

DEFINITION II.5 . Soit Ω un ouvert borné de $\mathbb{R}^n$ dont la frontière est lipschitzienne muni de la mesure $\mu_{\rho\alpha}$, et M une fonction de Young .

On appelle espace d'Orlicz avec poids et on note :

$$E_{M_{\rho\alpha}}(\Omega) = \left\{ u \in \mathfrak{M} \ / \ \forall \delta > 0 \int_\Omega M[\delta u(x)]\, \rho([h(x)]^\alpha)\, dx < +\infty \right\} \quad ,$$

$$L_{M_{\rho\alpha}}(\Omega) = \left\{ u \in \mathfrak{M} \ / \ \exists \delta > 0 \int_\Omega M[\delta u(x)]\, \rho([h(x)]^\alpha)\, dx < +\infty \right\} \quad .$$

DEFINITION II.6 . Soit Ω un ouvert borné de $\mathbb{R}^n$, dont la frontière est lipschitzienne , et M une fonction de Young . On appelle espace de Sobolev - Orlicz avec poids et on note $W^1 E_{M_{\rho\alpha}}(\Omega)$ $\left(\text{resp. } W^1 L_{M_{\rho\alpha}}(\Omega)\right)$

$$W^1 E_{M_{\rho\alpha}}(\Omega) = \left\{ u \in \mathcal{D}'(\Omega) \ / \ \forall \beta \in \mathbb{N}^n \ |\beta| \le 1 \ D^\beta u \in E_{M_{\rho\alpha}}(\Omega) \right\}$$

$\left(\text{resp. sur } L_{M_{\rho\alpha}}(\Omega)\right)$.

On munit les espaces d'Orlicz et de Sobolev-Orlicz avec poids des normes classiques pour lesquelles ils vérifient les propriétés de dualité enoncées dans les rappels .

Des théorèmes de densité dans les espaces d'Orlicz et de Sobolev-Orlicz construits sur Ω muni de la mesure de Lebesgue [6], on déduit la den -

sité de $\mathcal{D}(\Omega)$ dans $E_{M_{\rho\alpha}}(\Omega)$ $\left(\text{resp.}\, L_{M_{\rho\alpha}}(\Omega)\right)$ muni de la topologie forte $\left(\text{resp.}\, \sigma\left(L_{M_{\rho\alpha}}(\Omega), E_{N_{\rho\alpha}}(\Omega)\right)\right)$, et la densité de $\mathcal{C}^{\infty}(\overline{\Omega})$ dans $W^1 E_{M_{\rho\alpha}}(\Omega)$ $\left(\text{resp.}\, W^1 L_{M_{\rho\alpha}}(\Omega)\right)$ muni de la topologie forte $\left(\text{resp.}\, \sigma\left(\prod_{n+1} L_{M_{\rho\alpha}}(\Omega), \prod_{n+1} E_{N_{\rho\alpha}}(\Omega)\right)\right)$.

Pour introduire une échelle d'espaces d'interpolation entre un espace de Sobolev-Orlicz $W^1 E_M(\Omega)$ (resp. $W^1 L_M(\Omega)$) et un espace d'Orlicz $E_M(\Omega)$ (resp. $L_M(\Omega)$) , on a été amené à envisager pour $I = [0,1]$ l' espace d'Orlicz $E_{M_{\rho\alpha}}(\overset{\circ}{I} \times \Omega)$ $\left(\text{resp.}\, L_{M_{\rho\alpha}}(\overset{\circ}{I} \times \Omega)\right)$ où le poids est donné par la fonction :

$$(t, x) \in \overset{\circ}{I} \times \Omega \longrightarrow \rho(t^{\alpha}) \in \mathbb{R}^{+} \quad .$$

Puis on considère les espaces de Sobolev-Orlicz $W^1 E_{M_{\rho\alpha}}(\overset{\circ}{I} \times \Omega)$ (resp . $W^1 L_{M_{\rho\alpha}}(\overset{\circ}{I} \times \Omega)$). Ces espaces possèdent les propriétés des espaces de Sobolev-Orlicz avec poids introduits dans la définition II.6 .

On introduit également <u>l'espace de Sobolev-Orlicz inhomogène</u> [18]

$$W_x^1 E_{M_{\rho\alpha}}(\overset{\circ}{I} \times \Omega) = \left\{u \in \mathcal{D}'(\overset{\circ}{I} \times \Omega) \;/\; \forall \beta \in \mathbb{N}^n \;\; |\beta| \leq 1 \;\; D_x^{\beta} u \in E_{M_{\rho\alpha}}(\overset{\circ}{I} \times \Omega)\right\}$$

$\left(\text{resp.}\, W_x^1 L_{M_{\rho\alpha}}(\overset{\circ}{I} \times \Omega) \text{ sur } L_{M_{\rho\alpha}}(\overset{\circ}{I} \times \Omega)\right)$. C'est un espace de Banach pour la norme :

$$u \in W_x^1 L_{M_{\rho\alpha}}(\overset{\circ}{I} \times \Omega) \longrightarrow \|u\|_{W_x^1 L_{M_{\rho\alpha}}(\overset{\circ}{I} \times \Omega)} = \sum_{|\beta| \leq 1} \|D_x^{\beta} u\|_{L_{M_{\rho\alpha}}(\overset{\circ}{I} \times \Omega)} \, .$$

REMARQUE . Si on prend $\alpha = 0$, quelle que soit la fonction ρ de la définition II.2 , le poids $\rho(t^{\alpha})$ (resp. $\rho([h(x)]^{\alpha})$) est identique à une constante sur $\overset{\circ}{I} \times \Omega$ (resp. sur Ω) et on retrouve les espaces d'Orlicz , de Sobolev-Orlicz et de Sobolev-Orlicz inhomogène classiques .

III. Echelle d'espace d'interpolation entre un espace de Sobolev-Orlicz d'ordre un et un espace d'Orlicz .

Soit $I = [0,1]$ et Ω un ouvert borné de $\mathbb{R}^n$ dont la frontière est lipschitzienne . On envisage sur $\mathring{I} \times \Omega$ le " poids " défini par la fonction :

$$(t, x) \in \mathring{I} \times \Omega \longrightarrow \rho(t^\alpha) \in \mathbb{R}^+ ,$$

où ρ est une fonction vérifiant les hypothèses données dans la définition II.2 .

On note $V_{M_{\rho\alpha}}$ l'adhérence de $L^\infty(I) \otimes W^1 E_M(\Omega)$ dans l'espace $W^1_x E_{M_{\rho\alpha}}(\mathring{I} \times \Omega)$. A tout élément $v \in V_{M_{\rho\alpha}}$, on associe un élément de $\mathcal{D}'(\mathring{I}, E_M(\Omega))$, encore noté $v\left(\forall \varphi \in \mathcal{D}(\mathring{I})\ v(\varphi) = \int_0^1 v(t)\varphi(t)\,dt \in E_M(\Omega)\right.$, car $v \in E_M(\mathring{I} \times \Omega)$ sur l'ensemble $\left.(\text{support de } \varphi) \times \Omega\ [18]\right)$ et on désigne par $\frac{dv}{dt}$ sa dérivée dans $\mathcal{D}'(\mathring{I}, E_M(\Omega))$ $\left(\forall \varphi \in \mathcal{D}(\mathring{I}) : \frac{dv}{dt}(\varphi) = -v\left(\frac{d\varphi}{dt}\right)\right)$.

THEOREME III.1 . <u>Soit Ω un ouvert borné de $\mathbb{R}^n$ dont la frontière est lipschitzienne , $I = [0,1]$ un intervalle de $\mathbb{R}$. On munit $\mathring{I} \times \Omega$ du poids $(t,x) \in \mathring{I}\times\Omega \longrightarrow \rho(t^\alpha) \in \mathbb{R}^+$ (déf. II.2) . Alors pour toute fonction de Young M , l'espace de Sobolev-Orlicz avec poids $W^1 E_{M_{\rho\alpha}}(\mathring{I} \times \Omega)$ est isomorphe algébriquement et topologiquement à l'espace vectoriel</u> :

$$V_{1M_{\rho\alpha}} = \left\{ v \in V_{M_{\rho\alpha}} \ / \ \frac{dv}{dt} \in E_{M_{\rho\alpha}}(\mathring{I} \times \Omega) \right\} ,$$

$V_{1M_{\rho\alpha}}$ <u>étant muni de la topologie produit de $W^1_x E_{M_{\rho\alpha}}(\mathring{I}\times\Omega) \times E_{M_{\rho\alpha}}(\mathring{I}\times\Omega)$ (resp. pour $\alpha = 0$)</u> .

<u>Démonstration</u> .

i) On montre que $\mathcal{C}^\infty(I \times \overline{\Omega})$ est inclus dans $V_{M_{\rho\alpha}}$. Puis de la den -

sité de $\mathcal{C}^\infty(I\times\bar\Omega)$ dans $W^1 E_{M_{\rho\alpha}}(\mathring{I}\times\Omega)$ on déduit l'inclusion de $W^1 E_{M_{\rho\alpha}}(\mathring{I}\times\Omega)$ dans $V_{M_{\rho\alpha}}$.

On utilise la densité de $\mathcal{D}(\Omega)$ dans $L_N(\Omega)$ muni de sa topologie de dual faible pour montrer que pour tout $v \in W^1 E_{M_{\rho\alpha}}(\mathring{I}\times\Omega)$, alors $\frac{dv}{dt} \in \mathcal{D}'(\mathring{I}, E_M(\Omega))$ admet pour représentant $\frac{\partial v}{\partial t} \in E_{M_{\rho\alpha}}(\mathring{I}\times\Omega)$.

ii) Pour montrer l'inclusion de $V_{1M_{\rho\alpha}}$ dans $W^1 E_{M_{\rho\alpha}}(\mathring{I}\times\Omega)$ il suffit d'établir que tout $v \in V_{1M_{\rho\alpha}}$ admet une dérivée $\frac{\partial v}{\partial t} \in \mathcal{D}'(\mathring{I}\times\Omega)$ qui s'identifie à un élément de $E_{M_{\rho\alpha}}(\mathring{I}\times\Omega)$. Ceci s'établit grâce à la densité de $\mathcal{D}(\mathring{I})\otimes\mathcal{D}(\Omega)$ dans $\mathcal{D}(\mathring{I}\times\Omega)$ et au fait que pour tout $\varphi \in \mathcal{D}(\mathring{I})$, tout $f \in L_N(\Omega)$ on a :

$$\langle \frac{dv}{dt}(\varphi), f\rangle_{E_M(\Omega), L_N(\Omega)} = -\left\langle\!\left\langle v, \frac{1}{\rho}\frac{d\varphi}{dt}\otimes f\right\rangle\!\right\rangle_{E_{M_{\rho\alpha}}(\mathring{I}\times\Omega),\, L_{N_{\rho\alpha}}(\mathring{I}\times\Omega)} .$$

On établit alors la proposition suivante :

PROPOSITION III.2 . Pour toute fonction de Young M dont la polaire vérifie la condition Δ_2 l'espace $W^1 L_{M_{\rho\alpha}}(\Omega)$ est isomorphe algébriquement et topologiquement à :

$$V''_{1M_{\rho\alpha}} = \left\{ v \in V''_{M_{\rho\alpha}} \ / \ \frac{dv}{dt} \in L_{M_{\rho\alpha}}(\mathring{I}\times\Omega) \right\} ,$$

muni de la topologie produit de $V''_{M_{\rho\alpha}} \times L_{M_{\rho\alpha}}(\mathring{I}\times\Omega)$ (resp. $\alpha = 0$) .

Si M et N sont deux fonctions de Young mutuellement polaires, on munit $\mathring{I}\times\Omega$ du poids :

$$(t, x) \in \mathring{I}\times\Omega \longrightarrow \frac{1}{N^{-1}(t^\alpha)} \in \mathbb{R}^+ ,$$

et on note $E_{M_\alpha}(\mathring{I}\times\Omega)$ (resp. $L_{M_\alpha}(\mathring{I}\times\Omega)$, $W^1E_{M_\alpha}(\mathring{I}\times\Omega)$, $W^1L_{M_\alpha}(\mathring{I}\times\Omega)$, $W^1_xE_{M_\alpha}(\mathring{I}\times\Omega)$, $W^1_xL_{M_\alpha}(\mathring{I}\times\Omega)$) l'espace d'Orlicz (resp. Orlicz , Sobolev-Orlicz , Sobolev-Orlicz inhomogène) avec poids associé . On se limite à présent à ces poids particuliers .

PROPOSITION III.3 . Soit M une fonction de Young dont la polaire N vérifie la condition Δ' ($\exists a>0, \exists u_o\ \forall u\geq u_o\quad N(uv)\leq a\,N(u)\,N(v)$) [9] , Ω un ouvert borné de $\mathbb{R}^n$ dont la frontière est lipschitzienne et $I=[0,1]$.

Alors pour tout α : $-1<\alpha<0$ l'opérateur P :

$$u((t,x)\longrightarrow u(t,x))\longrightarrow Pu\quad (t\longrightarrow u(t)(x\longrightarrow u(t,x))$$

est linéaire continu de $E_{M_\alpha}(\mathring{I}\times\Omega)$ dans $L_1(I, E_M(\Omega))$.

Démonstration .

On suppose $N^{-1}(1)=1$. On obtient alors le résultat en remarquant que l'application $t\in I\longrightarrow N^{-1}(t^\alpha)$ appartient à $E_N(I)$ et que la condition Δ' implique la continuité de l'application bilinéaire : .

$$(u,v)\in E_N(I)\times E_N(\Omega)\longrightarrow u\otimes v\in E_N(I\times\Omega)\ .$$

COROLLAIRE III.4 (J. Robert [18]) : Pour $\alpha=0$, on a le résultat de la proposition III.3 quelle que soit la fonction de Young M .

PROPOSITION III.5 . Soit Ω un ouvert borné de $\mathbb{R}^n$ dont la frontière est lipschitzienne , $I=[0,1]$ un intervalle de $\mathbb{R}$ et M une fonction de Young dont la polaire vérifie la condition Δ' , et α un nombre réel $-1<\alpha<0$. Alors pour tout $v\in V_{1M_\alpha}$ (resp. V''_{1M_α}) on associe $v(0)\in E_M(\Omega)$ (resp. $v(0)\in L_M(\Omega)$) .

Pour $\alpha = 0$ on a le résultat précédent quelle que soit la fonction de Young M (resp. si la polaire de M vérifie la condition Δ_2) .

Démonstration .

i) Soit $v \in V_{1M_\alpha}$, alors $v \in E_{M_\alpha}(\mathring{I} \times \Omega)$ et $\frac{dv}{dt} \in E_{M_\alpha}(\mathring{I} \times \Omega)$. De l'inclusion algébrique et topologique de $E_{M_\alpha}(\mathring{I} \times \Omega)$ dans $L_1(I, E_M(\Omega))$, ainsi que d'un théorème dû à Bénilan-Brézis [2] on déduit l'existence d'un élément $w \in \mathcal{C}(I, E_M(\Omega))$ tel que $w = v$ p.p. sur I , $\frac{dw}{dt} = \frac{dv}{dt}$ p.p. sur I . On pose alors $v(0) = w(0) \in E_M(\Omega)$.

ii) On obtient le résultat pour $v \in V''_{1M_\alpha}$ en utilisant la densité de $\mathcal{C}^\infty(I \times \bar{\Omega})$ dans $W^1 L_{M_\alpha}(\mathring{I} \times \Omega)$ muni d'une topologie faible , et le fait que $L_M(\Omega)$ est séquentiellement complet pour sa topologie de dual faible .

On démontre alors le théorème suivant :

THEOREME III.6 . Echelle d'espaces intermédiaires .

Soit Ω un ouvert borné de $\mathbb{R}^n$ dont la frontière est lipschitzienne et M une fonction de Young dont la polaire vérifie la condition Δ' . Pour tout réel α , $-1 < \alpha \leq 0$, on appelle espace intermédiaire d'ordre α entre $W^1E_M(\Omega)$ et $E_M(\Omega)$ (resp. $W^1L_M(\Omega)$ et $L_M(\Omega)$) et on note $(W^1E_M(\Omega), E_M(\Omega))_{\alpha, M}$ (resp. $(W^1L_M(\Omega), L_M(\Omega))_{\alpha,M}$) , le sous-espace vectoriel de $E_M(\Omega)$ (resp. $L_M(\Omega)$) défini comme suit :

$$(W^1E_M(\Omega), E_M(\Omega))_{\alpha,M} = \{f \in E_M(\Omega) \ / \ \exists\, u \in V_{1M_\alpha} \ u(0) = f\} \ (\text{resp. } V''_{1M_\alpha})$$

C'est un espace de Banach pour la norme :

$$f \longrightarrow \|f\| = \inf_{\substack{u,v \in V_{1M_\alpha} \\ u(0) = f \ \ v(0) = 0}} \|u + v\| \quad (\text{resp. } V''_{1M_\alpha}) .$$

De plus, si $-1 < \alpha \leq \beta \leq 0$, on a les inclusions algébriques et topologiques suivantes :

$$W^1E_M(\Omega) \subsetneq \left(W^1E_M(\Omega), E_M(\Omega)\right)_{\beta,M} \subsetneq \left(W^1E_M(\Omega), E_M(\Omega)\right)_{\alpha,M} \subsetneq E_M(\Omega)$$

$$\left(\text{resp. } W^1L_M(\Omega) \subsetneq \left(W^1L_M(\Omega), L_M(\Omega)\right)_{\beta,M} \subset \left(W^1L_M(\Omega), L_M(\Omega)\right)_{\alpha,M} \subset L_M(\Omega)\right).$$

COROLLAIRE III.7 . Quelle que soit la fonction de Young M (resp. dont la polaire vérifie la condition Δ_2), on appelle espace intermédiaire d'ordre 0 et on note $\left(W^1E_M(\Omega), E_M(\Omega)\right)_{0,M}$ (resp. $\left(W^1L_M(\Omega), L_M(\Omega)\right)_{0,M}$) :

$$\left(W^1E_M(\Omega), E_M(\Omega)\right)_{0,M} = \left\{f \in E_M(\Omega) \;/\; \exists\, u \in V_{1M} \;\; u(0) = f\right\} \;\left(\text{resp. } V''_{1M}\right).$$

C'est un espace de Banach, et on a les inclusions :

$$W^1E_M(\Omega) \subsetneq \left(W^1E_M(\Omega), E_M(\Omega)\right)_{0,M} \subsetneq E_M(\Omega)$$

$$\left(\text{resp. } W^1L_M(\Omega) \subsetneq \left(W^1L_M(\Omega), L_M(\Omega)\right)_{0,M} \subset L_M(\Omega)\right).$$

REMARQUES .

1) Si on prend pour fonction de Young la fonction $T_p : t \in \mathbb{R} \longrightarrow \frac{|t|^p}{p}$, $p > 1$, alors l'espace $\left(W^1E_{T_p}(\Omega), E_{T_p}(\Omega)\right)_{0,T_p}$ est l'espace de Sobolev intermédiaire $W^{1-\frac{1}{p},p}(\Omega)$ [13] [14] .

2) Les fonctions de Young $M : t \longrightarrow t^2 e^{t^2}$ et $t \longrightarrow e^{|t|} - |t| - 1$ ont des polaires vérifiant la condition Δ' .

Les espaces intermédiaires d'ordre α ($-1 < \alpha \leq 0$) vérifient une propriété d'interpolation que l'on n'énonce pas ici .

IV. Espaces de traces des espaces de Sobolev-Orlicz avec poids .

On commence par introduire des espaces de Sobolev-Orlicz intermédiaires frontières .

DEFINITION IV.1 . Soit Ω un ouvert borné de $\mathbb{R}^n$ dont la frontière $\partial\Omega$ est lipschitzienne pour l'atlas de définition explicite $(\Delta_r, \partial\Omega_r, \psi_r)_{1\le r\le r_o}$, M une fonction de Young dont la polaire vérifie la condition Δ' .

Pour tout réel α , $-1 < \alpha \le 0$, on appelle espace de Sobolev-Orlicz intermédiaire frontière d'ordre α et on note $\left(W^1 E_M(\partial\Omega), E_M(\partial\Omega)\right)_{\alpha,M}$ (resp. $\left(W^1 L_M(\partial\Omega), L_M(\partial\Omega)\right)_{\alpha,M}$) l'ensemble des éléments f de $E_M(\partial\Omega)$ (resp. $L_M(\partial\Omega)$) , tels que pour tout $1 \le r \le r_o$, $\rho_r(f) \circ \psi_r$ appartienne à $\left(W^1 E_M(\Delta_r), E_M(\Delta_r)\right)_{\alpha,M}$ (resp. $\left(W^1 L_M(\Delta_r), L_M(\Delta_r)\right)_{\alpha,M}$) où ρ_r désigne l'opérateur de restriction à $\partial\Omega_r$.

Pour $\alpha = 0$, quelle que soit la fonction de Young M , on définit $\left(W^1 E_M(\partial\Omega), E_M(\partial\Omega)\right)_{0,M}$ (resp. si la polaire de M vérifie la Δ_2-condition, $\left(W^1 L_M(\partial\Omega), L_M(\partial\Omega)\right)_{0,M}$) .

PROPOSITION IV.2 . Sous les hypothèses de la définition IV.1 , pour tout $-1 < \alpha \le 0$, l'espace $\left(W^1 E_M(\partial\Omega), E_M(\partial\Omega)\right)_{\alpha,M}$ (resp. $\left(W^1 L_M(\partial\Omega), L_M(\partial\Omega)\right)_{\alpha,M}$) est un espace de Banach pour la norme :

$$f \longrightarrow \|f\| = \sum_{1\le r\le r_o} \|\rho_r(f) \circ \psi_r\|_{\left(W^1 E_M(\Delta_r), E_M(\Delta_r)\right)_{\alpha,M}}$$

(resp. sur $\left(W^1 L_M(\Delta_r), L_M(\Delta_r)\right)_{\alpha,M}$) ,

et $\left(W^1 L_M(\partial\Omega), L_M(\partial\Omega)\right)_{\alpha,M}$ est isomorphe algébriquement et topologiquement au bidual de $\left(W^1 E_M(\partial\Omega), E_M(\partial\Omega)\right)_{\alpha,M}$.

Pour $\alpha = 0$ quelle que soit la fonction de Young M , $\left(W^1 E_M(\partial\Omega), E_M(\partial\Omega)\right)_{0,M}$ est un espace de Banach pour la norme choisie, et si de plus la polaire de M vérifie la Δ_2-condition, alors $\left(W^1 L_M(\partial\Omega), L_M(\partial\Omega)\right)_{0,M}$ est isomorphe algébriquement et topologiquement au bidual de $\left(W^1 E_M(\partial\Omega), E_M(\partial\Omega)\right)_{0,M}$.

Démonstration :

On obtient les résultats en utilisant les propriétés des cartes locales ainsi que les propriétés topologiques des différents espaces envisagés .

On considère à présent un ouvert Ω borné de $\mathbb{R}^n$ dont la frontière $\partial\Omega$ est lipschitzienne , et h une application définie dans la proposition II.1. Si M est une fonction de Young admettant N pour polaire, on envisage sur Ω le poids :

$$x \in \Omega \longrightarrow \frac{1}{N^{-1}([h(x)]^{\alpha})} \in \mathbb{R}^+ \quad .$$

Pour tout réel α on note $W^1E_{M_\alpha}(\Omega)$ $\left(\text{resp. } W^1L_{M_\alpha}(\Omega)\right)$ l'espace de Sobolev-Orlicz avec poids correspondant (resp. pour $\alpha = 0$ l'espace de Sobolev - Orlicz ordinaire) .

THEOREME IV.3 . Espaces de traces des espaces de Sobolev-Orlicz avec poids.

Soit Ω un ouvert borné de $\mathbb{R}^n$ dont la frontière $\partial\Omega$ est lipschitzienne, M une fonction de Young dont la polaire vérifie la condition Δ' . Alors pour tout réel α $-1 < \alpha \leq 0$, il existe une application trace linéaire continue surjective de $W^1E_{M_\alpha}(\Omega)$ sur $\left(W^1E_M(\partial\Omega), E_M(\partial\Omega)\right)_{\alpha,M}$ $\left(\text{resp. } W^1L_{M_\alpha}(\Omega)\right.$ sur $\left(W^1L_M(\partial\Omega), L_M(\partial\Omega)\right)_{\alpha,M}$ pour leurs topologies de dual faible $\Big)$.

Pour $\alpha = 0$ on a le résultat quelle que soit la fonction de Young M (resp. dont la polaire vérifie la condition Δ_2) .

Démonstration.

Par cartes locales et partitions de l'unité, on montre que l'appli -

cation de restriction définie sur $\mathcal{C}^\infty(\overline{\Omega})$ à valeurs dans $\mathcal{C}^o(\partial\Omega)$ est linéaire et continue de $\mathcal{C}^\infty(\overline{\Omega})$ muni de la topologie de $W^1E_{M_\alpha}(\Omega)$ dans $\mathcal{C}^o(\partial\Omega)$ muni de la topologie de $\left(W^1E_M(\partial\Omega), E_M(\partial\Omega)\right)_{\alpha,M}$. Cette application admet un unique prolongement linéaire continu , appelée application trace, de $W^1E_{M_\alpha}(\Omega)$ dans $\left(W^1E_M(\partial\Omega), E_M(\partial\Omega)\right)_{\alpha,M}$, dont on montre qu'il est surjectif .

Comme la polaire de M vérifie la condition Δ' (resp. Δ_2 pour $\alpha=0$), cette application trace admet une bitransposée linéaire continue surjective de $W^1L_{M_\alpha}(\Omega)$ sur $\left(W^1L_M(\partial\Omega), L_M(\partial\Omega)\right)_{\alpha,M}$ munis de leurs topologies de dual faible .

REMARQUE . Si la fonction de Young M est de la forme $T_p \circ M_1$, avec $T_p : t \in \mathbb{R} \longrightarrow \frac{|t|^p}{p}$ $p > 1$ et M_1 une aùtre fonction de Young , alors l' es - pace $\left(W^1E_M(\partial\Omega), E_M(\partial\Omega)\right)_{0,M}$ est isomorphe algébriquement et topologique - ment à l'espace de Sobolev-Orlicz intermédiaire frontière $\mathring{I}\, E_M(\partial\Omega)$ défini dans un travail précédent [10] .

Le théorème IV.3 permet de caractériser des conditions au bord pour des problèmes elliptiques très fortement non linéaires dans des espaces de Sobolev-Orlicz avec poids . On donne l'exemple suivant :

Soit $M(t) = t^2 e^{t^2}$ de polaire N , et A_α l'application du calcul des varia - tions associée à la forme :

$$a_\alpha(u,v) = \sum_{i=1}^{n} \int \frac{\partial u}{\partial x_i} \exp\left(\frac{\partial u}{\partial x_i}\right)^2 \frac{\partial v}{\partial x_i} \frac{1}{N^{-1}(h(x)^\alpha)}\, dx + \int_\Omega u \exp u^2\, v \frac{1}{N^{-1}(h(x)^\alpha)}\, dx .$$

Alors A_α est surjectif de :

$$X = W^1L_{M_\alpha}(\Omega) \cap \left\{u \,/\, \forall\, \gamma \in \mathbb{N}^n \quad |\gamma| \le 1 \int_\Omega (D^\gamma u)^2 \exp(D^\gamma u)^2 \frac{1}{N^{-1}(h(x)^\alpha)}\, dx < \infty\right\}$$

sur $\left(W^1 E_{M_\alpha}(\Omega)\right)'$ [12] , ou encore :

$\forall f \in \left(W^1 E_{M_\alpha}(\Omega)\right)' \quad \exists u \in X \ : \ A_\alpha(u) = f$, et on sait que

$Tr_\alpha(u) \in \left(W^1 L_M(\partial\Omega), L_M(\partial\Omega)\right)_{\alpha,M}$.

REFERENCES

[1] M.S. BAOUENDI : Sur une classe d'opérateurs elliptiques dégénérés .
Bull. Soc. Math. France , 95 (1967) , 45-87 .

[2] H. BREZIS : Opérateurs maximaux monotones .
North-Holland Mathematics Studies , 1973 .

[3] F.E. BROWDER : Non linear operators and non linear equations of evolution in Banach spaces .
Symp. Pure Math. Amer. Math. Soc. 18, part 2, 1976) .

[4] T.K. DONALDSON : Non linear elliptic boundary value problems in Orlicz-Sobolev spaces .
Journ. of diff. eq. 10 (1971) , 507-528 .

[5] T.K. DONALDSON : Inhomogeneous Orlicz-Sobolev spaces and non linear parabolic initial value problems .
Journ. of diff. eq. 16 (1974) , 201-256 .

[6] A. FOUGERES : Thèse , Besançon , 1972 .

[7] G. GEYMONAT, P. GRISVARD : Problemi ai limiti lineari ellittici negli spazi di Sobolev con peso .
Le Matematiche , vol. XXII, 2 (1964) , 1-38 .

[8] J.P. GOSSEZ : Boundary value problems for quasilinear elliptic equations with rapidly increasing coefficients .
Bull. Amer. Math. Soc. 78 (1972) , 753-755 .

[9] M.A. KRASNOSELSKII - Y.B. RUTICKII : Convex functions and Orlicz spaces.
Noordhoff, 1961.

[10] M.Th. LACROIX : Espaces de traces des espaces de Sobolev-Orlicz.
Journal de Mathématiques Pures et Appliquées, 53 (1974), 439-458.

[11] M.Th. LACROIX : Espaces d'interpolation et de traces des espaces de Sobolev-Orlicz d'ordre un.
C.R.A.S., t.280, série A (1975), 271-274.

[12] M.Th. LACROIX : Echelle d'espaces intermédiaires entre espaces de Sobolev-Orlicz. Opérateur du calcul des variations dans des espaces de Sobolev-Orlicz avec poids.
C.R.A.S., t.282, série A (1976) 991-994.

[13] J.L. LIONS- E. MAGENES : Problemi ai limiti non omogenei.
Annali della Scuola Normale Superiore di Pisa, 15 (1961), 41-103.

[14] J.L. LIONS - J. PEETRE : Sur une classe d'espaces d'interpolation.
I.H.E.S. publication mathématique n° 19 (1964).

[15] J. NEČAS : Les méthodes directes en théorie des équations elliptiques.
Masson, 1967.

[16] J. NEČAS : Sur une méthode pour résoudre les équations aux dérivées partielles du type elliptique voisine de la variationnelle.
Annali della Scuola Norm. Sup. Pisa, 16 (1962), 305-326.

[17] J. ROBERT : Opérateurs elliptiques non linéaires avec coefficients très fortement non linéaires.
C.R.A.S. 273 A (1971), 1063-1066.

[18] J. ROBERT : Inéquations variationnelles paraboliques fortement non li - néaires .

Journ. de Math. Pures et Appliquées, 53 (1974), 299-321 .

SUR L'EXISTENCE DE LA SOLUTION REGULIERE DE L'INEQUATION QUASI-VARIATIONNELLE NON LINEAIRE DU CONTROLE OPTIMAL IMPULSIONNEL ET CONTINU.

U. MOSCO
Ceremade, Université
Istituto Matematico
Paris IX Dauphine et
Universita di Roma

1. LE PROBLEME.

On se donne

(i) Un ouvert $\mathcal{O}$ borné de $\mathbb{R}^N$, $N \geq 1$, de frontière Γ de classe C^2 ;

(ii) Un opérateur différentiel <u>linéaire</u> du deuxième ordre dans $\mathcal{O}$, de la forme

$$Lu = -\sum_{i,j=1}^{N} \frac{\partial}{\partial X_i}\left(a_{ij}\frac{\partial u}{\partial X_j}\right) + \sum_{j=1}^{N} a_j \frac{\partial u}{\partial X_j} + a_o u$$

avec des coefficients qui vérifient : $a_o \in L^1(\mathcal{O})$, $a_o \geq 0$ p.p. dans $\mathcal{O}$; $a_j \in L^\infty(\mathcal{O})$, $j=1,\ldots,N$; $a_{ij} \in C^1(\overline{\mathcal{O}})$, $i,j=1,\ldots,N$, tels que

$$\sum_{i,j=1}^{N} a_{ij}(X)\xi_i\xi_j \geq \beta \sum_{i=1}^{N} \xi_i^2 \qquad \forall X \text{ p.p.} \in \mathcal{O} \quad \forall \xi \in \mathbb{R}^N$$, avec β une

constante > 0 ;

iii) Un opérateur différentiel <u>non linéaire</u> du premier ordre dans $\mathcal{O}$, de la forme

$$G(u)(X) = -\min_{d\in U} [g_o(X,d)+Du(X).g_1(X,d)]$$

avec U sous-ensemble compact de $\mathbb{R}^Q$, $Q\geq 1$, $g_c : \overline{\mathcal{O}} \times U \to \mathbb{R}$ et $g_1 : \overline{\mathcal{O}} \times U \to \mathbb{R}^N$ continues en $d\in U$ pour $X\in\mathcal{O}$ fixé et continues en $X\in\overline{\mathcal{O}}$ uniformément par rapport à $d\in U$ et telles que

$$|g_o(X,d)| \leq h(X) \quad , \quad X \text{p.p.} \in \mathcal{O} \quad , \quad \text{avec } h\in L^\infty(\mathcal{O})$$

et

$$|g_1(X,d)| \leq C_o \quad , \quad \text{avec } C_o \text{ constante } \geq 0 \ ;$$

(iv) Une fonction $f\in L^\infty(\mathcal{O})$

Pour toute fonction $u\in L^\infty(\mathcal{O})$, on dénote par $M(u)$ la fonction définie p.p. dans $\mathcal{O}$ par

$$(1) \qquad M(u)(X) = 1 + \inf_{\substack{\xi\in\mathbb{R}^N \\ X+\xi\in\mathcal{O}}} u(X+\xi) \quad , \quad X\in\mathcal{O}$$

et on cherche u qui soit solution de <u>l'inéquation quasi-variationnelle</u> (IQV) suivante :

$$(2) \qquad \left| \begin{array}{l} u\in H^1_o(\mathcal{O})\cap C(\overline{\mathcal{O}}) \quad , \quad Lu\in L^2(\mathcal{O}) \\ u\leq M(u) \quad \text{dans } \overline{\mathcal{O}} \\ Lu+G(u)\leq f \quad \text{p.p. dans } \mathcal{O} \\ (u-M(u))(Lu+G(u)-f)=0 \quad \text{p.p. dans } \mathcal{O} \end{array} \right.$$

Cette IQV a été introduite par A.BENSOUSSAN et J.L.LIONS [1] [2], qui ont démontré que si une telle solution u existe, elle peut être interprétée comme la fonction d'Hamilton-Jacobi d'un problème de contrôle optimal, <u>impulsionnel et continu</u>, pour un système dynamique dont l'état évolue dans l'ouvert $\mathcal{O}$. En particulier, la solution de (2) si elle existe est unique.

Dans le cas linéaire $G \equiv 0$, correspondent à un problème de contrôle impulsionnel "pur", l'existence de u a été démontrée par J.L.JOLY-U.MOSCO-G.TROIANIELLO [1][2], sous l'hypothèse que l'opérateur L est à coefficients constants, c'est-à-dire, L commute avec les translations.

On démontre ici que ce dernier résultat se généralise à l'IQV non linéaire (2), pourvu que l'opérateur

(3) $$A = L + G$$

commute avec les translations.

La méthode de démonstration, inspirée à celle de J.L.JOLY-U.MOSCO-G.M.TROIANIELLO, loc.cit., se base à la fois sur les techniques de monotonie déjà employée dans A.BENSOUSSAN - J.L.LIONS, loc. cit. pour l'étude de l'IQV faible associée à (2), et sur l'utilisation de certaines estimations duales non linéaires données dans U.MOSCO [1].

2. LES RESULTATS.

Pour toute fonction

(4) $$\psi : \mathcal{O} \to \mathbb{R} \quad \text{mesurable}, \quad \psi \geq 0 \text{ p.p. sur } \Gamma,$$

on dénote par

$$\sigma_f^A(\psi)$$

la solution v de l'inéquation variationnelle (faible)

(5) $$\left| \begin{array}{l} v \in H_0^1(\mathcal{O}), \quad v \leq \psi \quad \text{p.p. dans } \mathcal{O} \\ \langle A(v), v - w \rangle \leq (f, v - w) \\ \forall w \in H_0^1(\mathcal{O}), \quad w \leq \psi \quad \text{p.p. dans } \mathcal{O} \end{array} \right.$$

où A est l'opérateur (3), défini sur l'espace $H^1(\mathcal{O})$ et à valeurs dans le dual $H^{-1}(\mathcal{O})$ de $H_o^1(\mathcal{O})$, au moyen de l'identité

(6) $$\langle A(v), w\rangle = a(v, w) + (G(v), w), \quad v \in H^1(\mathcal{O}), \; w \in H_o^1(\mathcal{O}).$$

$a(.,.)$ est la forme bilinéaire

$$(v, w) = \sum_{i,j=1}^{N} \int_{\mathcal{O}} a_{ij} \frac{\partial v}{\partial X_i} \frac{\partial w}{\partial X_j} dX + \sum_{j=1}^{N} \int_{\mathcal{O}} a_j \frac{\partial v}{\partial X_j} w \, dX + \int_{\mathcal{O}} a_o u w dX \, ,$$

$\langle .,.\rangle$ dénote la dualité entre $H_o^1(\mathcal{O})$ et $H^{-1}(\mathcal{O})$ et $(.,.)$ le produit scalaire dans $L^2(\mathcal{O})$.

Pour toute fonction

(7) $$u \in L^{\infty}(\mathcal{O}) \quad , \quad u \geq -1 \text{ p.p. dans } \mathcal{O}.$$

la fonction $\psi = M(u)$, définie dans (1), vérifie la condition (4). On peut alors considerer le fonction

$$\sigma_f^A \circ M(u) = \sigma_f^A(M(u))$$

qui est donc la solution v de l'IV

(8) $$\left| \begin{array}{l} v \in H_o^1(\mathcal{O}) \; , \quad v \leq M(u) \quad \text{p.p. dans } \mathcal{O} \\ \langle A(v), v - w\rangle \leq (f, v - w) \\ \forall v \in H_o^1(\mathcal{O}) \; , \quad v \leq M(u) \quad \text{p.p. dans } \mathcal{O}. \end{array} \right.$$

Avec cette notation, on dit que u est une <u>solution faible</u> de l'IQV (2) si u vérifie (7) et il résulte

(9) $$u = \sigma_f^A \circ M(u) \; .$$

Les solutions faibles de l'IQV (2) sont donc les <u>point-fixes</u> de l'application $\sigma_f^A \circ M$.

On dit aussi que u est une <u>sur-solution</u> (<u>sous-solution</u>) de l' application $\sigma_f^A \circ M$, si u vérifie (7) et il résulte

$$u \geq (\leq)\ \sigma_f^A \circ M(u) \quad .$$

Si outre à (i) - (iv), on fait les hypothèses suivantes :

(v) $\quad \inf\limits_{\mathcal{O}} a_o \geq (2\beta)^{-1} [\sum\limits_{j=1}^{N} \| a_j \|_\infty^2 + 2 C_o^2]$

(vi) Il existe une sous-solution $\underline{Z}$ de $\sigma_f^A \circ M$, on peut

alors démontrer qu'il existe une solution faible de l'IQV (3) . (cf. A. BENSOUSSAN et J.L.LIONS, loc. cit., pour le cas d'évolution et $\mathcal{O} = \mathbb{R}^N$).

L'existence de la solution forte est obtenue ici sous l'hypothèse additionnelle que A commute avec les translations. Plus précisément, soit

(10) $\quad H(X,p) = \min\limits_{d \in U} [g_o(X,d) + p \cdot g_1(X,d)] , \quad X \in \mathcal{O}, \quad p \in \mathbb{R}^N$

la fonction hamiltonienne, qui définit l'opérateur G par

(11) $\quad G(u) = -H(X, Du) \quad .$

Nous supposons, outre à :

(vii) Les coefficients a_{ij}, a_j, a_o, $i,j=1,\ldots,N$, de L sont constants dans $\mathcal{O}$,

que

(viii) $H(X,p)$, $X \in \mathcal{O}$, $p \in \mathbb{R}^N$, est de la forme

$$H(X,p) = H_o(X) + H_1(p)$$

avec $\quad H_o : \mathcal{O} \to \mathbb{R}$ et $H_1 : \mathbb{R}^N \to \mathbb{R}$, $H_1(o) = 0$.

On dénote par A_1 l'opérateur

(12) $\quad A_1(u) = Lu - H_1(Du)$

et pour tout $v \in L^\infty(\mathcal{O})$ on pose

(13) $\quad I(v) = \inf\limits_{\substack{\xi \in \mathbb{R}_+^N \\ X+\xi \in \mathcal{O}}} v(X+\xi), \quad X \in \mathcal{O} \quad .$

THEOREME 1.

Sous les hypothèses (i) - (viii) la solution u de (2) existe, elle vérifie

(14) $u \in W^{2,p}(\mathcal{O})$ pour tout $p \geq 2$, $A(u) \in L^{\infty}(\mathcal{O})$

et en outre, l'estimation

(15) $f + H_o \geq A_1(u) \geq I(f + H_o) \wedge 0$ p.p. dans $\mathcal{O}$ a lieu.

On démontre aussi que la solution u peut être obtenue comme la limite, en même temps, d'une suite d'itérées décroissante et d'une suite d'itérées croissante. On se donne à ce propos une fonction u_o vérifiant

(16) $u_o \in H_o^1(\mathcal{O}),\ A(u_o) \in L^{\infty}(\mathcal{O}),\ u_o \geq \underline{Z}$

où $\underline{Z}$ est la sous-solution qui intervient dans l'hypothèse (vi) et on démontre le

THEOREME 2.

Sous les hypothèses (i) - (viii) et avec u_o vérifiant (16), il existe pour tout $n \geq 1$ l'itérée u^n, solution de l'IV

(17) $u^n = \sigma_f^A \circ M(u^{n-1})$, $u^o = u_o$

et elle converge, lorsque $n \to \infty$, vers la solution u de l'IQV (2) dans $W^{2,p}(\mathcal{O})$ faible pour tout $p \geq 2$: en décroissant (en croissant) si u_o est, en outre, une sur-solution (sous-solution) de $\sigma_f^A \circ M$. La suite $A(u^n)$ demeure dans un borné de $L^{\infty}(\mathcal{O})$ et vérifie l'estimation

(18) $f + H_o \geq A_1(u^n) \geq I(f + H_o) \wedge I(A_1(u_o)) \wedge 0$ p.p. dans $\mathcal{O}$

pour tout $n \geq 0$.

3. QUELQUES REMARQUES.

Avant de passer à la démonstration de ces résultats, on fait quelques remarques à propos des hypothèses (iii),(v), (vi),(viii) et de l'existence de sur-solutions et sous-solutions vérifiant (16).

Remarque 1.

On vérifie facilement que, sous les hypothèses pour U, g_o et g_1 mentionnées dans (iii), la fonction hamiltonienne (10) possède, en particulier, les propriétés suivantes :

(19)
$$\begin{cases} H : \mathcal{O}\times\mathbb{R}^N \to \mathbb{R} \quad \text{est mesurable } H(X,\cdot) \text{ est concave et} \\ |H(X,p)| \le h(X) + C_o |p| , \quad X \text{ p.p.} \in \mathcal{O}, \ p \in \mathbb{R}^N \\ |H(X,p_1) - H(X,p_2)| \le C_o |p_1 - p_2| , \ p_1, p_2 \in \mathbb{R}^N , \\ \text{avec } h \in L^\infty(\mathcal{O}) \text{ et } C_o \text{ constante } \ge 0 . \end{cases}$$

Les théorèmes 1 et 2 restent vrais pour tout opérateur G de la forme (11), avec H une fonction qui vérifie (19).

Remarque 2.

L'hypothèse (v), qui demande que le coefficient a_o de L soit assez grand, ajoutée aux hypothèses (i) - (iv), entraine que l'opérateur (3), comme défini par l'identité (7), est strictement T-monotone, au sens de H.BREZIS-G.STAMPACCHIA, et en outre pour toute $v \in H^1(\mathcal{O})$ fixée, l'opérateur $A(v+.) : w \to A(v+w)$ est continu et coercif de $H_o^1(\mathcal{O})$ dans $H^{-1}(\mathcal{O})$. Ces propriétés nous permettent d'appliquer le théorème d'existence classique de P.HARTMAN-G.STAMPACCHIA et F.E.BROWDER aux inéquations variationnelles (17) et d'utiliser les résultats de comparaison pour le problème d'obstacle. En outre, elles interviennent pour établir les estimations duales mentionnées au n°1.

Remarque 3.

L'hypothèse (vi) demande, qualitativement, que la fonction f ne soit pas trop petite dans $\mathcal{O}$ et la fonction h, intervenant dans (iii), pas trop grande. Par exemple, on peut démontrer que si on a

$$(20) \qquad \inf_{\mathcal{O}} f - \sup_{\mathcal{O}} h \geq - \inf_{\mathcal{O}} a_o ,$$

alors la fonction $\underline{Z} \equiv -1$ est une sous-solution de $\sigma_f^A \circ M$ et (vi) est vérifiée. Il faut remarquer que la condition qualitative pour que la fonction f - h ne soit pas trop négative dans $\mathcal{O}$ est en effet une condition <u>nécessaire</u> pour l'existence de la solution u de (2). Comme $u \geq -1$ (à cause de la condition $u = 0$ sur Γ) et comme

$$\overline{u} \geq \sigma_f^A \circ M(u) = u ,$$

où $\overline{u}$ est la solution du problème de Dirichlet

$$(21) \qquad \overline{u} \in H_o^1(\mathcal{O}) \ , \ A(\overline{u}) = f \quad ,$$

il faut en effet que

$$(22) \qquad \overline{u} \geq -1 \quad ,$$

ce qui est bien une condition sur f - h du type mentionné.

On remarque aussi que $\overline{u}$ est alors une <u>sur-solution</u> de $\sigma_f^A \circ M$.

<u>Remarque 4.</u>

L'hypothèse (viii) est évidemment satisfaite si, dans l'expression (10) de $H(X, p)$, la fonction $g_o(X, d)$ ne dépend pas de d et la fonction $g_1(X, d)$ ne dépend pas de X.

<u>Remarque 5.</u>

Comme fonction u_o, vérifiant (16), onpeut choisir

$$(23) \qquad u_o = \overline{u}$$

où $\overline{u}$ est la solution du problème (21) : la suite des itérées (17) est alors <u>décroissante</u> vers u, car $\overline{u}$ est une sur-solution de $\sigma_f^A \circ M$, cf. Remarque 3. On peut d'ailleurs choisir

(24) $u_o = \underline{Z}$

où $\underline{Z}$ est la sous-solution vérifiant l'hypothèse (vi) (cf. aussi la Remarque 3) et on obtient alors une suite d'itérées croissante vers u.

Lorsque $H \equiv 0$, donc $A = L$; les résultats précédents se réduisent essentiellement à ces démontrés par J.L.JOLY-U.MOSCO-G.M.TROIANIELLO, loc. cit. Le problème de l'existence de la solution u de l'IQV (2) en toute généralité reste encore ouvert. Pourtant, sous la seule hypothèse que les coefficients a_{ij} de L soient constants dans $\mathcal{O}$ (qui remplace les hypothèses (vii) et (viii) çi-dessus), on peut encore démontrer qu'il existe la solution u de (2) et qu'elle vérifie (14), mais on n'obtient pas (15), voir U.Mosco [2].

4. LES DEMONSTRATIONS.

Remarquons d'abord qu'il suffit de démontrer le théorème 2. En effet, si u_n converge vers u dans $W^{2,p}(\mathcal{O})$ faible pour tout $p \geq 2$ et $A(u_n)$ demeure dans un borné de $L^\infty(\mathcal{O})$, donc $A(u_n)$ converge vers $A(u)$ dans $H^{-1}(\mathcal{O})$ et dans $L^\infty(\mathcal{O})$ faible étoile. En choisissant u_o comme dans (23), on déduit alors du Théorème 2 que la solution u de (2) existe et vérifie (14) et (15).

La démonstration du Théorème 2 se fait en plusieurs étapes, avec une technique inspirée de celle de J.L.JOLY-U.MOSCO-G.M.TROIANIELLO, loc.cit.

a) On introduit la famille $\mathfrak{F}$ des sous-ensembles finis F de $\mathbb{R}^N_+$, tels que $0 \in F$. Pour tout $F \in \mathfrak{F}$ on définit l'opérateur approché M_F en posant pour tout $v \in H^1_o(\mathcal{O}) \cap L^\infty(\mathcal{O})$.

(25) $$M_F(v)(X) = 1 + \inf_{\xi \in F} \Pi_\xi \circ \tau_{-\xi}(v)(X) \wedge 0 \quad , \quad X \in \mathcal{O} \; ,$$

où pour tout $\xi \in \mathbb{R}_+^N$ on définit

(26) $$\Pi_\xi \circ \tau_{-\xi} : H_0^1(\mathcal{O}) \cap L^\infty(\mathcal{O}) \to H^1(\mathcal{O}) \cap L^\infty(\mathcal{O})$$

(27) $$\begin{cases} \Pi_\xi \circ \tau_{-\xi}(v)(X) = \tau_{-\xi}(v)(X) = v(X+\xi), & \text{si } X \in \mathcal{O}'_\xi \\ \Pi_\xi \circ \tau_{-\xi}(v)(X) = 0 & , \text{ si } X \in \mathcal{O} - \mathcal{O}'_\xi \; , \end{cases}$$

avec

(28) $$\mathcal{O}'_\xi = (\mathcal{O} - \xi) \cap \mathcal{O} = \{ X \in \mathcal{O} \mid X + \xi \in \mathcal{O} \} \; .$$

On vérifie facilement que

(29) $$M_F : H_0^1(\mathcal{O}) \cap L^\infty(\mathcal{O}) \to H^1(\mathcal{O}) \cap L^\infty(\mathcal{O})$$

est continu de $H_0^1(\mathcal{O})$ à $H^1(\mathcal{O})$ et en outre

(30) $$\| M_F(v_1) - M_F(v_2) \|_\infty \le \| v_1 - v_2 \|_\infty$$

En outre, pour toute fonction v lipschitzienne dans $\overline{\mathcal{O}}$ et nulle sur Γ, si

$$| v |_{Lip(\overline{\mathcal{O}})} = \sup_{\substack{X,Y \in \overline{\mathcal{O}} \\ X \neq Y}} \frac{| u(X) - u(Y) |}{| X - Y) |}$$

on a

(31) $$\| M_F(v) - M(v) \|_\infty \le | v |_{Lip(\overline{\mathcal{O}})} \cdot d_{F,\mathcal{O}} \quad ,$$

où

(32) $$d_{F,\mathcal{O}} = \sup_{\substack{\xi \in \mathbb{R}_+^N \\ |\xi| \le \mathrm{diam}\,\mathcal{O}}} \mathrm{dist}(\xi , F) \quad , \quad F \in \mathfrak{F} \; .$$

On a aussi

(33) $$\| M(v_1) - M(v_2) \|_\infty \le \| v_1 - v_2 \|_\infty$$

pour tout $v_1 \in L^\infty(\mathcal{O})$ et $v_2 \in L^\infty(\mathcal{O})$.

b) Pour chaque $F \in \mathfrak{F}$ fixé, on considère la suite des itérées u_F^n définie pour $n \ge 1$ par

(34) $$u_F^n = \sigma_f^A \circ M_F(u_F^{n-1}) \ , \quad u_F^o = u_o$$

avec u_o une fonction donnée qui vérifie (16). Démontrons que u_F^n existe pour tout $n \geq 1$. On peut supposer, en raisonnant par récurrence, que

(35) $$u_F^{n-1} \in L^\infty(\mathcal{O}) \ , \quad u_F^{n-1} \geq \underline{Z}$$

car ces conditions sont vérifiées pour $n = 1$.[2] Par conséquent, comme $\underline{Z} \geq -1$, $u = u_F^{n-1}$ vérifie (7) donc il existe la solution $v = u_F^n$ de l'IV (8), c'est-à-dire il existe l'itérée (34). (cf. Remarque 2). En outre, $M_F(u_F^{n-1}) \in L^\infty(\mathcal{O})$, d'après (29), et $M_F(u_F^{n-1}) \geq M_F(\underline{Z})$ d'après (35), car M_F est <u>croissant</u>. Par conséquent, $u_F^n \in L^\infty(\mathcal{O})$ [3] et $u_F^n = \sigma_f^A(M_F(u_F^{n-1})) \geq \sigma_f^A(M_F(\underline{Z})) \geq \sigma_f^A(M(\underline{Z})) \geq \underline{Z}$ d'après les théorèmes de comparaison (v. Remarque 2) et (vi). Donc (35) est vrai, et l'itérée u_F^n existe, pour tout $n \geq 1$.

c) On démontre maintenant une estimation de la distribution

(36) $$A(M_F(v)) \in H^{-1}(\mathcal{O}) \ ,$$

pour v vérifiant

(37) $v \in H_o^1(\mathcal{O})$, $A(v) \in L^p(\mathcal{O})$, avec $p \geq 2$, qu'on utilisera, en raisonnant par récurrence, lorsque $v = u_F^{n-1}$.

Pour tout $\xi \in \mathbb{R}_+^N$, on définit

(38) $$\Pi'_\xi \circ A'_\xi \circ \tau'_{-\xi} \ : \ H_o^1(\mathcal{O}) \cap W^{2,p}(\mathcal{O}) \to L^p(\mathcal{O})$$

en posant, si $v \in H_o^1(\mathcal{O}) \cap W^{2,p}(\mathcal{O})$

(39) $$\left| \begin{array}{l} \Pi'_\xi \circ A'_\xi \circ \tau'_{-\xi}(v)(X) = A'_\xi(\tau'_{-\xi} v)(X), \quad \text{si } X \in \mathcal{O}'_\xi \\ \Pi'_\xi \circ A'_\xi \circ \tau'_{-\xi}(v)(X) = A(o)(X) = -H_o(X), \quad \text{si } X \in \mathcal{O} - \mathcal{O}'_\xi \end{array} \right.$$

où A'_ξ dénote la restriction de l'opérateur A à l'ouvert (28), $\tau'_{-\xi}$ la

---

(2) On utilise içi les estimations $L^\infty(\mathcal{O})$ pour <u>le problème de Dirichlet</u> : $u \in H_o^1(\mathcal{O})$, $A(u) = g$, où bien les estimations $W^{2,p}$ de la solution u.

(3) On utilise les estimations L^∞, ou $W^{2,p}$, pour le <u>problème d'obstacle</u> (5) associée à l'opérateur A.

translation $\tau_{-\xi}$ suivie par une restriction à $\mathcal{O}'_\xi$ et l'élément $A'_\xi(\tau'_{-\xi}v)$ du dual $H^{-1}(\mathcal{O}'_\xi)$ de $H^1_o(\mathcal{O}'_\xi)$ est identifié à une fonction de $L^p(\mathcal{O}'_\xi)$. On a donc, pour tout $\xi \in \mathbb{R}^N_+$

(40) $$\| \Pi'_\xi \circ A'_\xi \circ \tau'_{-\xi}(v) \|_{L^p(\mathcal{O})} \leq C \|v\|_{W^{2,p}(\mathcal{O})} + C ,$$

avec des constantes positives C qui ne dépendent pas de ξ.

LEMME 1.

Si v vérifie (37), la distribution (36) est une mesure (avec signe) dans $\mathcal{O}$, qui vérifie

(41) $$A(M_F(v)) \geq \inf_{\xi \in F} \Pi'_\xi \circ A'_\xi \circ \tau'_{-\xi}(v) \wedge A(o) \quad (4)$$

dans $H^{-1}(\mathcal{O})$ (5), et

(42) $$\inf_{\xi \in F} \Pi'_\xi \circ A'_\xi \circ \tau'_{-\xi}(v) \wedge A(o) \in L^p(\mathcal{O}) .$$

Pour démontrer le lemme 1, on considère d'abord $\xi \in \mathbb{R}^N_+$ fixé, et on pose

$$\mathcal{D} = \mathcal{O} - \xi \ , \quad \mathcal{O}' = \mathcal{D} \cap \mathcal{O} = \mathcal{O}'_\xi \ , \quad u = \tau'_{-\xi}(v)$$

D'après (37) et les estimations $W^{2,p}$ pour le problème de Dirichlet associé à l'opérateur A, cf. (2), on a $v \in H^1_o(\mathcal{O}) \cap W^{2,p}(\mathcal{O})$ donc

$$u \in H^1_o(\mathcal{D}) \cap W^{2,p}(\mathcal{D})$$

On définit maintenant l'application (continue)

(43) $$\Pi : H^1_o(\mathcal{D}) \to H^1(\mathcal{O})$$

par

(44) $$\begin{aligned} &\Pi(u)(X) = u(X) && \text{si } X \in \mathcal{D} \cap \mathcal{O} \\ &\Pi(u)(X) = 0 && \text{si } X \in \mathcal{O} - \mathcal{D} \end{aligned}$$

---

(4) Si $v_1, v_2 \in L^\infty(\mathcal{O})$, on pose aussi $v_1 \wedge v_2 = \inf\{v_1, v_2\}$.

(5) On dit que $T_1, T_2 \in H^{-1}(\mathcal{O})$ vérifient $T_1 \geq T_2$ dans $H^{-1}(\mathcal{O})$ si $\langle T_1 - T_2, \varphi \rangle \geq 0$ pour tout $\varphi \in H^1_o(\mathcal{O})$, $\varphi \geq 0$ pp. dans $\mathcal{O}$; donc, $T_1 \geq T_2$ dans $H^{-1}(\mathcal{O})$ si $T_1 - T_2$ est une mesure (avec signe) dans $\mathcal{O}$.

et on va démontrer que

(45) $$A[\Pi(u)\wedge 0] \geq \Pi' o A'(u) \wedge A(o) \quad \text{dans } H^{-1}(\mathcal{O})$$

où l'application

(46) $$\Pi' o A' : H_o^1(\mathcal{D}) \cap W^{2,p}(\mathcal{D}) \to L^p(\mathcal{O})$$

est défini comme dans (39), où $\tau'_{-\xi}(v)=u$, c'est-à-dire,

(47) $$\begin{cases} \Pi' o A'(u)(X) = A'(u)(X) & \text{si } X \in \mathcal{O}' \\ \Pi' o A'(u)(X) = A(o)(X) = -H_o(X) & \text{si } X \in \mathcal{O} - \mathcal{O}' \end{cases}$$

L'application $\Pi' o A'$ ainsi définie est continue de

$$W^{2,p}(\mathcal{D}) \text{ à } L^p(\mathcal{O}).$$

Pour démontrer (46) on vérifie d'abord, en tenant compte des propriétés de continuité des applications Π, A, $\Pi' o A'$ (6), qu'on peut se réduire au cas où la fonction u est <u>continue</u> dans $\overline{\mathcal{D}}$ (7).

Ensuite, pour $\varepsilon > 0$ fixé, on considère les ouverts

$$\mathcal{O}_1^\varepsilon = \{X \in \mathcal{O} \mid \Pi(u)(X) > -\varepsilon\}$$

$$\mathcal{O}_2^\varepsilon = \{X \in \mathcal{O} \mid \Pi(u)(X) < -\frac{\varepsilon}{2}\}$$

qui recouvrent $\mathcal{O}$, et on passe à évaluer la distribution $A[\Pi(u)\wedge(-\varepsilon)] \in H^{-1}(\mathcal{O})$ séparément sur chaque ouvert $\mathcal{O}_1^\varepsilon$, $i=1,2$.

Comme

$$\Pi(u)\wedge(-\varepsilon) \equiv -\varepsilon \quad \text{dans } \mathcal{O}_1^\varepsilon$$

on trouve que

(48) $$A[\Pi(u)\wedge(-\varepsilon)] = A(-\varepsilon) \quad \text{dans } \mathcal{O}_1^\varepsilon$$

---

(6) On utilise aussi la continuité de l'application $v \to v \wedge 0$ dans $H_o^1(\mathcal{O})$.

(7) On considère une suite de fonctions $u_n \in H_o^1(\mathcal{D}) \cap W^{2,p}(\mathcal{D}) \cap C(\overline{\mathcal{D}})$ qui convergent vers u dans $W^{2,p}(\mathcal{D})$ lorsque $n \to \infty$ et on passe à la limite dans les inégalités (45) satisfaites par toutes les u_n.

comme

$$\Pi(u)\wedge(-\varepsilon)\equiv u\wedge(-\varepsilon) \quad \text{dans } \mathcal{O}_2^\varepsilon$$

et $\mathcal{O}_2^\varepsilon \subset \mathcal{O}'$, on trouve , d'après le théorème 3.2 dans U.MOSCO [1] (8), que

(49) $$A[\Pi(u)\wedge(-\varepsilon)] \geq \Pi' \circ A'(u)\wedge A(-\varepsilon) \quad \text{dans } \mathcal{O}_2^\varepsilon$$

En introduisant une partition de l'unité associée à $\mathcal{O}_1^\varepsilon$, $\mathcal{O}_2^\varepsilon$, on déduit de (48) et (49) que

(50) $$A[\Pi(u)\wedge(-\varepsilon) \geq \Pi' \circ A'(u)\wedge A(-\varepsilon) \quad \text{dans } \mathcal{O}$$

ce qui entraine l'estimation (45) lorsque $\varepsilon \to 0$.

Pour démontrer l'estimation (41) du lemme 1, il suffit alors d'écrire (45) pour toute fonction $u = \tau_{-\xi}(v)$ de la famille <u>finie</u> $\{\tau_{-\xi}(v) \mid \xi \in F\}$ intervenant dans (41) et appliquer encore une fois le théorème 3.2, <u>loc.cit.</u> (8)

La propriété (42) est évidente d'après (40), car $v \in W^{2,p}(\mathcal{O})$, donc (41) entraine, en particulier, que $A(M_F(v))$ est une mesure dans $\mathcal{O}$ et le lemme 1 est démontré.

d) On démontre maintenant le

LEMME 2.

<u>Les itérées</u> (34) <u>vérifient pour tout</u> $p \geq 2$

(51) $$u_F^n \in H_0^1(\mathcal{O}) \cap W^{2,p}(\mathcal{O}) \quad , \quad A(u_F^n) \in L^p(\mathcal{O})$$

<u>et l'estimation</u>

(52) $$f \geq A(u_F^n) \geq f \bigwedge_{\xi\in F} \Pi'_\xi \circ A'_\xi \circ \tau'_{-\xi}(u_F^{n-1}) \wedge A(o) \text{pp. dans } \mathcal{O}$$

<u>a lieu pour tout</u> $n \geq 1$.

---

(8) Comme le résultat qu'on utilise içi est un peu plus général que ce théorème, on donne l'énoncé dans l'annexe.

Comme $u_F^o = u_o$ pour tout $F \in \mathfrak{F}$ et $A(u_o) \in L^p(\mathcal{O})$, on peut supposer, par récurrence, que (51) soit vrai pour n-1 fixé. On déduit alors du lemme 1, où $v = u_F^{n-1}$, que $A(M_F(u_F^{n-1}))$ est une mesure dans $\mathcal{O}$ qui vérifie

$$(53) \qquad A(M_F(u_F^{n-1})) \geq \inf_{\xi \in F} M'_\xi \circ A'_\xi \circ \tau'_{-\xi}(u_F^{n-1}) \wedge A(o) \quad \text{pp.}$$

dans $\mathcal{O}$.

On est alors en condition d'utiliser le théorème 4.1 de U.MOSCO, loc. cit., qui nous fournit une estimation duale de la soltion u_F^n de l'IV (34) à savoir

$$(54) \qquad f \geq A(u_F^n) \geq f \wedge A(M_F(u_F^{n-1})) \quad \text{dans } H^{-1}(\mathcal{O}) ,$$
$$\xi \in F$$

d'où on déduit l'estimation (52) en tenant compte de (53).

En outre, comme $f \in L^\infty(\mathcal{O})$ et $A(o) = -H(o,.) \in L^\infty(\mathcal{O})$ d'après les hypothèses (iv) et (iii), et comme $\Pi'_\xi \circ A'_\xi \circ \tau'_{-\xi}(u_F^{n-1}) \in L^p(\mathcal{O})$ d'après (40), on trouve aussi que (52) entraine $A(u_F^n) \in L^p(\mathcal{O})$, donc (51) est vrai pour n. Par conséquent, (51) et (52) sont vrais pour tout $n \geq 0$ et le lemme est démontré.

e) Jusqu'à ce moment les hypothèses (vii) et (viii) sur l'opérateur A ne sont pas intervenues. On le fait intervenir maintenant, pour démontrer que la suite des itérées u_F^n vérifie l'estimation

$$(55) \qquad f + H_o \geq A_1(u_F^n) \geq I(f + H_o) \wedge I(A_1(u_o)) \wedge 0 \quad \text{pp. dans } \mathcal{O}$$

pour tout $n \geq 0$, ce qui entraine l'estimation uniforme

$$(56) \qquad \| A(u_F^n) \|_\infty \leq C$$

avec C une constante positive indépendante de n et de F.

Pour démontrer (55), on reprend la définition (39) de l'application $\Pi'_\xi \circ A'_\xi \circ \tau'_{-\xi}$ et on remarque que, lorsque (vii) et (viii) sont satisfaites, alors pour toute fonction $v \in H_o^1(\mathcal{O}) \cap W^{2,p}(\mathcal{O})$ on a

$$(57)\quad \begin{cases} \Pi'_\xi \circ A'_\xi \circ \tau'_{-\xi}(v)(X) = A_2(v)(X+\xi) - H_o(X), & \text{si } X \in \mathcal{O}'_\xi \\ \Pi'_\xi \circ A'_\xi \circ \tau'_{-\xi}(v)(X) = -H_o(X), & \text{si } X \in \mathcal{O} - \mathcal{O}'_\xi \ . \end{cases}$$

Comme $A_1(u_o) = A(u_o) + H_o \in L^\infty(\mathcal{O})$, on peut supposer, par récurrence, que

$$(58)\qquad A_1(u_F^{n-1}) \in L^\infty(\mathcal{O}) \ .$$

Alors, $I(A_1(u_F^{n-1})) \in L^\infty(\mathcal{O})$, don , d'après (13),

$$(59)\qquad A_1(u_F^{n-1})(X+\xi) \geq I(A_1(u_F^{n-1}))(X)$$

pour tout $\xi \in \mathbb{R}_+^N$ et tout $X \in \mathcal{O}'_\xi$. En tenant compte de (57) et (59) on déduit alors de l'estimation (52) que

$$(60)\qquad f + H_o \geq A_1(u_F^n) \geq (f+H_o) \wedge I(A_1(u_F^{n-1})) \wedge 0 \text{ pp. dans } \mathcal{O}$$

d'où, en particulier,

$$(61)\qquad A_1(u_F^n) \in L^\infty(\mathcal{O}) \ .$$

Par conséquent, (60) est satisfaite pour tout $n \geq 1$. D'autre part, comme pour toutes fonctions $v, v_1, v_2 \in L^\infty(\mathcal{O})$ on a

$$v \geq I(v),\ I(I(v)) \geq I(v),\ I(v_1 \wedge v_2) = I(v_1) \wedge I(v_2),\ I(o) = 0,$$

on déduit de (60) que

$$(62)\qquad f + H_o \geq A_1(u_F^n) \geq I(A_1(u_F^n)) \geq I(f+H_o) \wedge I(A_1(u_F^{n-1})) \wedge 0$$

pp. dans $\mathcal{O}$. L'estimation (55) peut être alors obtenue en itérant (62) sur $A_1(u_F^{n-1}), \ldots, A_1(u_F^1)$ et en tenant compte que $u_F^o = u_o$.

f) On démontre maintenant que l'itérée u^n, solution de (17), existe pour tout $n \geq 1$ et vérifie

$$(63)\qquad u^n \in W^{2,p}(\mathcal{O}) \quad \forall\, p \geq 2,$$

et

$$(64)\qquad \| A(u^n) \|_\infty \leq C$$

avec une constante C indépendante de n. En outre, pour toute suite

$F_K \in \mathfrak{F}$ telle que

(65) $$d_{F_K,\mathcal{O}} \leq \frac{1}{K}$$

on a

(66) $$u^n_{F_K} \to u^n \text{ dans } W^{2,p}(\mathcal{O}) \text{ faible, pour tout } p \geq 2,$$

lorsque $K \to \infty$, uniformément par rapport à n.

L'existence des u^n peut être démontrée par le même argument donné dans b) pour démontrer l'existence des itérées u^n_F, avec M à la place de M_F. D'autre part, en conséquence de (56) et des estimations $W^{2,p}$ pour le problème de Dirichlet (2), on sait que la suite $\{u^n_{F_K}\}_K$ est bornée dans $W^{2,p}(\mathcal{O})$, par conséquent elle converge vers une fonction $\tilde{u}^n \in H^1_o(\mathcal{O}) \cap W^{2,p}(\mathcal{O})$ dans $W^{2,p}(\mathcal{O})$ faible pour tout $p \geq 2$ et en outre

$$\| A(\tilde{u}^n) \|_\infty \leq C$$

avec une constante positive C indépendante de n. (9)

Il suffit donc de montrer que

$$\tilde{u}^n = u^n$$

et pour cela, il suffit évidemment de montrer que

$$\| u^n_{F_K} - u^n \|_\infty \to 0 \qquad \text{lorsque } K \to \infty .$$

Nous montrerons, en effet, que pour tout $F \in \mathfrak{F}$

(67) $$\| u^n_F - u^n \|_\infty \leq C n d_{F,\mathcal{O}}$$

où C est une constante indépendante de n et de F. On remarque d'abord que, toujours en conséquence de (56) et des théorèmes d'immersion de

(9) Comme $\tilde{u}^n_{F_K}$ converge vers $\tilde{u}^n$ dans $W^{2,p}(\mathcal{O})$ faible pour tout $p \geq 2$, on a, en particulier, $\tilde{u}^n_{F_K}$ converge vers $\tilde{u}^n$ dans $H^1_o(\mathcal{O})$; par conséquent $A(u^n_{F_K})$ converge vers $A(\tilde{u}^n)$ dans $H^{-1}(\mathcal{O})$ et, d'après (64), dans $L^\infty(\mathcal{O})$ faible étoile.

Sobolev, on a

(68) $$|u_F^n|_{Lip(\overline{\mathcal{O}})} \leq C$$

avec C indépendante de n et de F. Comme $u^o = u_o$ et $u_F^o = u_o$ pour tout F, en raisonnant par récurrence on peut supposer que

(69) $$\|u_F^{n-1} - u^{n-1}\|_\infty \leq C(n-1)d_{F,\mathcal{O}} ,$$

avec C indépendante de n et de F. En tenant compte des estimations L^∞ pour le problème d'obstacle [3] et des propriétés (31) et (33), on a d'autre part

$$\begin{aligned}\|u_F^n - u^n\|_\infty &= \|\sigma_f^A \circ M_F(u_F^{n-1}) - \sigma_f^A \circ M(u^{n-1})\|_\infty \\ &\leq \|M_F(u_F^{n-1}) - M(u^{n-1})\|_\infty \\ &\leq \|M_F(u_F^{n-1}) - M(u_F^{n-1})\|_\infty + \|M(u_F^{n-1}) - M(u^{n-1})\|_\infty \\ &\leq |u_F^{n-1}|_{Lip(\overline{\mathcal{O}})} d_{F,\mathcal{O}} + \|u_F^{n-1} - u^{n-1}\|_\infty\end{aligned}$$

ce qui entraine (67), d'après (68) et (69).

g) Il nous reste à montrer que u^n converge vers la solution u de l'IQV (2) lorsque $n\to\infty$, en décroissant (en croissant) si u_o est une solution (sous-solution) de $\sigma_f^A \circ M$.

L'estimation (64) entraine, en particulier, que la suite u^n est bornée dans $W^{2,p}(\mathcal{O})$ pour tout $p\geq 2$. Il existe donc une sous-suite, notée encore par u^n, qui converge vers une fonction $\tilde{u}\in H_o^1(\mathcal{O})\cap W^{2,p}(\mathcal{O})$ dans $W^{2,p}(\mathcal{O})$ faible, donc aussi dans $H_o^1(\mathcal{O})$ et dans $L^\infty(\mathcal{O})$. D'autre part, pour tout $n\geq 1$

$$\begin{aligned}\|u^n - \sigma_f^A \circ M(\tilde{u})\|_\infty &= \|\sigma_f^A \circ M(u^{n-1}) - \sigma_f^A \circ M(\tilde{u})\|_\infty \leq \|M(u^{n-1}) - M(\tilde{u})\|_\infty \\ &\leq \|u^{n-1} - \tilde{u}\|_\infty\end{aligned}$$

(cf. [3] et (33)), donc u^n converge vers $\sigma_f^A \circ M(\tilde{u})$, lorsque $n\to\infty$, dans $L^\infty(\mathcal{O})$.

Par conséquent,

$$\tilde{u} = \sigma_f^A \circ M(\tilde{u}), \text{ pp. dans } \mathcal{O}$$

ce qui entraine $\tilde{u} = u$, d'après l'unicité de la solution u de (2).

Enfin, si u_o est une sur solution de $\sigma_f^A \circ M$, alors, comme M est croissant,

$$M(u_1) = M(\sigma_f^A \circ M(u_o)) \leq M(u_o),$$

par conséquent, d'après les théorèmes de comparaison (cf. Remarque 2).

$$u_2 = \sigma_f^A \circ M(u_1) \leq \sigma_f^A \circ M(u_o) = u_1$$

donc par récurrence,

$$u_{n+1} \leq u_n \qquad \text{pour tout } n \geq 0$$

De même, on démontre que si u_o est une sous-solution, alors

$$u_{n+1} \geq u_n \qquad \text{pour tout } n \geq 0$$

Le théorème 2 a été donc démontré.

ANNEXE.

Le théorème 3.2 dans U.MOSCO [1] peut être généralisé sous les mêmes hypothèses pour X et V, de la façon suivante :

Soit $A : X \to V'$ un opérateur strictement T-monotone tel que, pour tout $v \in X$, l'opérateur $A(v+.) : V \to V'$ est hémicontinu et coercif. Soient v_1 et v_2 <u>dans</u> X, tels que

i) $(v_1 - v_2)^+ \wedge w \in V$ et $(v_2 - v_1)^+ \wedge w \in V$ pour tout $w \in V$

ii) $A(v_1)$ et $A(v_2)$ ont un minorant commun dans V'.

Alors, il existe $A(v_1) \wedge A(v_2)$ dans V' et $A(v_1 \wedge v_2) \geq A(v_1) \wedge A(v_2)$ dans V'.

REFERENCES

A.BENSOUSSAN - J.L.LIONS

[1] Comptes rendus, 278 série A, 1974, p.675.

[2] Optimal impulse and continuous control : Method of non linear quasi variational inequalities, Trudy Matèmaticeskovo Instituta Imeni Stěklova,(à paraitre)

J.L.JOLY- U.MOSCO- G.M.TROIANIELLO

[1] Comptes rendus , 279 série A, 1974, p.937.

[2] On the regular solution of a quasi variational inequality connected to a problem of stochastic impulse control, J.Math. Anal. and Appl., Vol. 62, No.2, November 15,1977.

U.MOSCO

[1] Implicit variational problems and quasi variational inequalities, in "Nonlinear operators and the Calculus of Variations" Bruxelles 1975, Ed.L.Waelbroeck, Springer-Verlag. Lecture Notes in Mathematics, Vol. 543 (1976), 83-156.

[2] Comptes rendus, Série A. Nov. 1977.

ON THE NAVIER-STOKES EQUATIONS IN A DOMAIN WITH THE MOVING BOUNDARY

O.A. OLEINIK
Moscow University
Department of Mathematics
Moscow B-234 , U S S R

We consider the nonlinear nonstationary Navier-Stokes equations and the linearized nonstationary Navier-Stokes equations in a domain which depends on the time . The estimates are obtained , characterizing the decay of solutions as $t \to \infty$ and the behavior of solutions as $t \to -\infty$ or $t \to 0$ which depends on the behaviour of the boundary of the domain .

Let G be a domain in the space $R^{n+1}_{x,t} = (x_1, \dots, x_n, t)$. Suppose that $T_o < t < T_1$ for $(x,t) \in G$, $T_o = \text{const} \geq -\infty$, $T_1 = \text{const} \leq +\infty$. Let ∂G be the boundary of G , $S = \partial G \cap \{x, t : T_o < t < T_1\}$.

Set $A_{t_o, t_1} = A \cap \{x, t : t_o < t < t_1\}$ for any $A \subset R^{n+1}_{x,t}$ and $T_o < t_o < t_1 < T_1$. Suppose that ∂G is piece-wise smooth , $\Omega_\tau = G \cap \{x, t ; t = \tau\} \neq \phi$ for any $\tau \in (T_o, T_1)$ and S does not touch planes $t = \text{const}$, Ω_τ is a bounded domain in the plane $t = \tau$.

Let $\dot{\mathcal{J}}(G', \gamma)$ be a space of vector-functions $v(x,t) = (v_1(x,t), \dots, v_n(x,t))$ such that $v_j \in C^\infty(\overline{G'})$, $j = 1, \dots, n$, $\operatorname{div} v \equiv \sum_{j=1}^{n} \frac{\partial v_j}{\partial x_j} = 0$ in G' and $v|_\gamma = 0$, where $G' \subset G$, $\gamma \subset \partial G'$, G' is a bounded domain .

Let us consider in G the nonstationary Navier-Stokes equations :

(1) $$u_t - \nu \Delta u + \sum_{k=1}^{n} u_k u_{x_k} + \operatorname{Grad} p = f , \quad \operatorname{div} u = 0 ,$$

where $\nu = \text{const} > 0$, $u = (u_1, \dots, u_n)$, $f = (f_1, \dots, f_n)$, $f_j(x,t) \in L_2^{loc}(G)$, $j = 1, \dots, n$.

Denote by $V(G',\gamma)$ the completion of $\dot{\mathcal{J}}(G',\gamma)$ with respect to the norm

$$\|v\|_{G'} = \Big(\int_{G'} |v|^4 \, dx\, dt \Big)^{\frac{1}{4}} + \Big(\int_{G'} \Big(\sum_{k=1}^{n} |v_{x_k}|^2 + |v_t|^2 \Big) dx\, dt \Big)^{\frac{1}{2}} .$$

The vector-function $u = (u_1, \dots, u_n)$ is called a weak solution of the system (1) in the domain G_{t_o,t_1} with a boundary condition

$$(2) \qquad u\big|_{(\partial G)_{t_o,t_1}} = 0$$

if $u \in V(G_{t_o,t_1}, (\partial G)_{t_o,t_1})$ and for any $v \in V(G_{t_o,t_1}, (\partial G)_{t_o,t_1})$ satisfies the integral identity

$$(3) \qquad \int_{G_{t_o,t_1}} (u_{it} v_i + \nu u_{ix_j} v_{ix_j} + u_k u_{ix_k} v_i)\, dx\, dt = \int_{G_{t_o,t_1}} f_i v_i \, dx\, dt .$$

Here and in what follows we suppose the summation over repeated indexes i, j, k from 1 to n . Note that for $n \le 3$ the norm $\|v\|_{G'}$ is equivalent to the norm of the space $H_1(G')$.

THEOREM 1 . Let $T_o < t_o < t_1 < T_1$ and $u(x,t)$ is a weak solution of system (1) in the domain G_{t_o,t_1} with the boundary condition (2) , $f = 0$ in G_{t_o,t_1} . Then for any $t \in (t_o, t_1)$ the following estimates hold

$$(4) \qquad \int_{G_{t,t_1}} \sum_{j=1}^{n} |u_{x_j}|^2 \, dx\, dt \le \exp\Big\{ -\int_{t_o}^{t} 2\nu\Lambda(\tau)\, d\tau \Big\} \int_{G_{t,t_1}} \sum_{j=1}^{n} |u_{x_j}|^2 \, dx\, dt$$

$$(5) \qquad \int_{G_{t,t_1}} \sum_{j=1}^{n} |u_{x_j}|^2 \, dx\, dt \le \frac{1}{2\nu} \exp\Big\{ -\int_{t_o}^{t} 2\nu\Lambda(\tau)\, d\tau \Big\} \int_{\Omega_{t_o}} |u(x,t_o)|^2 \, dx,$$

where $\Lambda(\tau)$ is any integrable function on the interval (t_o, t_1) such that $0 < \Lambda(\tau) \le \lambda(\tau)$ and $\lambda(\tau)$ is a first eigenvalue of the problem

$$v_{x_i x_j} + \lambda v = 0 \quad \text{in } \Omega_\tau \ , \quad v|_{\partial\Omega_\tau} = 0$$

Proof .

Let $u^m(x,t)$ be a sequence of vector-functions such that $u^m \in \dot{\mathcal{J}}(G_{t_o,t}, (\partial G)_{t_o,t_1})$ and $\|u^m - u\|_{G_{t_o,t_1}} \longrightarrow 0$ as $m \to \infty$. Let us take

in (3) $\quad v = u^m \Psi(t, \delta, \tau)$, where $\delta = \text{const} > 0$, $t_o < \tau < t$, $\Psi(t,\delta,\tau) = 1$ for $t \ge \tau$, $\Psi(t,\delta,\tau) = 0$ for $t \le t-\delta$, $0 \le \Psi(t,\delta,\tau) \le 1$, $\Psi \in C^\infty(\bar{G})$. Let $\delta \to 0$. Then we have

$$\int_{G_{\tau,t_1}} (u_{it} u_i^m + \nu u_{ix_j} u_{ix_j}^m + u_k u_{ix_k} u_i^m)\, dx\, dt = 0 \quad .$$

It follows from this equality that

$$(6) \qquad \frac{1}{2}\int_{\Omega_{t_1}} \sum_{i=1}^n |u_i^m(x,t_1)|^2 dx - \frac{1}{2}\int_{\Omega_\tau} \sum_{i=1}^n |u_i^m(x,\tau)|^2 + \nu\int_{G_{\tau,t_1}} u_{ix_j}^m u_{ix_j}^m \, dx\, dt$$
$$+ \int_{G_{\tau,t_1}} u_k^m u_{ix_k}^m u_i^m \, dx\, d\tau + E_m(\tau) = 0 \ ,$$

where $E_m(\tau) = \int_{G_{\tau,t_1}} \Big\{ (u_{it} - u_{it}^m) u_i^m + \nu (u_{ix_j} - u_{ix_j}^m) u_{ix_j}^m +$

$$+ u_k^m u_i^m (u_{ix_k} - u_{ix_k}^m) + (u_k - u_k^m) u_i^m u_{ix_k} \Big\}\, dx\, dt \quad .$$

Since $u^m|_{(\partial G)_{t_o,t_1}} = 0$ and $\operatorname{div} u^m = 0$, we have

$$\int_{G_{\tau,t_1}} u_k^m u_{ix_k}^m u_i^m \, dx\, dt = \frac{1}{2} \int_{G_{\tau,t_1}} u_k^m \sum_{i=1}^n (u_i^m)^2_{x_k} \, dx\, dt =$$

$$= -\frac{1}{2} \int_{G_{\tau,t_1}} \operatorname{div} u^m \, |u^m|^2 \, dx\, dt + \frac{1}{2} \int_{(\partial G)_{\tau,t_1}} u_k^m |u^m|^2 \nu_k \, dS =$$

$$= 0 \, ,$$

where $(\nu_1, \dots, \nu_n)$ is the unit outward normal to ∂G . Therefore, from (6) it follows that

$$\text{(7)} \qquad \nu \int_{G_{\tau,t_1}} \sum_{j=1}^n |u_{x_j}^m|^2 \, dx\, dt \le \frac{1}{2} \int_{\Omega_\tau} |u^m|^2 \, dx + |E_m(\tau)| \quad .$$

Using the Hölder inequality and the fact that $\|u^m - u\|_{G_{t_o,t_1}} \longrightarrow 0$ as $m \to \infty$ we obtain that $|E_m(\tau)| \longrightarrow 0$ as $m \to \infty$ uniformly with respect to $\tau \in (t_o, t_1)$.

Set

$$F_m(\tau) \equiv \int_{G_{\tau,t_1}} \sum_{j=1}^n |u_{x_j}^m|^2 \, dx\, dt \quad .$$

Since

$$\lambda(\tau) = \inf_v \left\{ \int_{\Omega_\tau} |\operatorname{grad} v|^2 \, dx \, \Big| \int_{\Omega_\tau} |v|^2 \, dx \Big|^{-1} \right\} ,$$

where $v \in C^1(\overline{\Omega}_\tau)$ and $v\big|_{\partial\Omega_\tau} = 0$, it follows from (7) that

$$\text{(8)} \qquad F_m(\tau) \le -\frac{1}{2} (\Lambda(\tau)\, \nu)^{-1} \frac{dF_m(\tau)}{d\tau} + |E_m(\tau)| \frac{1}{\nu} \quad .$$

Multiplying this inequality by $2\nu\, \Lambda(\tau) \exp\left\{ \int_{t_o}^{\tau} 2\nu\, \Lambda(\sigma)\, d\sigma \right\}$, integrating it with respect to τ from t_o to t and making $m \to \infty$, we obtain

$$(9) \qquad \int\limits_{G_{t,t_1}} \sum_{j=1}^{n} |u_{x_j}|^2 \, dx \, dt \le \exp\left\{-\int_{t_o}^{t} 2\nu\, \Lambda(\sigma)\, d\sigma\right\} \int\limits_{G_{t_o,t_1}} \sum_{j=1}^{n} |u_{x_j}|^2 \, dx \, dt$$

Therefore , estimate (4) is proved . Let $m \to \infty$ in (7) . Then we get

$$(10) \qquad \int\limits_{G_{\tau,t_1}} \sum_{j=1}^{n} |u_{x_j}|^2 \, dx \, dt \le \frac{1}{2\nu} \int\limits_{\Omega_\tau} |u|^2 \, dx \quad , \quad t \in |t_o, t_1| \ .$$

From inequality (10) for $\tau = t_o$ and estimate (9) we obtain (5) .

THEOREM 2 (the behaviour of solutions as $t \to \infty$) . Suppose that for any $t_1 > t_o = T_o = 0$ the vector-function $u(x,t)$ is a weak solution of system (1) in a domain G_{t_o,t_1} , satisfying boundary condition (2) and $u_{|t=0} = u_o(x)$, $f = 0$ in G . Then for any $t \in (0,\infty)$ and any $t_1 > t$

$$(11) \qquad \int\limits_{G_{t,t_1}} \sum_{j=1}^{n} |u_{x_j}|^2 \, dx \, dt \le \frac{1}{2\nu} \exp\left\{-\int_{0}^{t} 2\nu\, \Lambda(\sigma)\, d\sigma\right\} \int\limits_{\Omega_o} |u_o(x)|^2 \, dx \ .$$

This theorem follows from Theorem 1 .

Suppose that for any $\tau > 0$ the domain Ω_τ is contained in a parallelepiped with a smallest edge equal to $Q(\tau)$. Then , as it is known ,

$$\lambda(\tau) \ge \pi^2 |Q(\tau)|^{-2} \ .$$

In this case we can put $\Lambda(\tau) = \pi^2 |Q(\tau)|^{-2}$, if the function $Q(\tau)$ is locally integrable .

THEOREM 3 (the behaviour of solution as $t \to -\infty$) . Suppose that $T_1 = 0$, $T_o = -\infty$ for G and $u(x,t)$ is a weak solution of system (1) in G_{t_o,t_1} , satisfying the boundary condition (2) , for any t_o , t_1 , if $T_o < t_o < t_1 < T_1$.

Let $f = 0$ in G .

If there exists a sequence $t_k \to -\infty$ such that

$$(12) \qquad \int_{\Omega_{t_k}} |u(x,t_k)|^2\, dx < \varepsilon(t_k) \exp\left\{\int_{t_k}^{0} 2\nu\,\Lambda(\sigma)\, d\sigma\right\}, \quad k = 1,2,\dots$$

where $\varepsilon(t_k) \longrightarrow 0$ as $t_k \to -\infty$, then $u \equiv 0$ in G .

In fact , according to theorem 1 and conditions (12) for any $\tau < 0$ we have

$$\int_{G_{\tau,0}} \sum_{j=1}^{n} |u_{x_j}|^2\, dx\, dt \le \frac{1}{2\nu} \exp\left\{-\int_{t_k}^{\tau} 2\nu\,\Lambda(\sigma)\, d\sigma\right\} \int_{\Omega_{t_k}} |u(x,t)|^2\, dx \le$$

$$\le \frac{\varepsilon(t_k)}{2\nu} \exp\left\{\int_{\tau}^{0} 2\nu\,\Lambda(\sigma)\, d\sigma\right\} .$$

Making t_k tends to $-\infty$, we get that for any $\tau < 0$

$$\int_{G_{\tau,0}} \sum_{j=1}^{n} |u_{x_j}|^2\, dx\, dt = 0 .$$

Therefore , $u = \text{const}$ in $G_{\tau,0}$ and since $u = 0$ on S , $u = 0$ in G .

THEOREM 4 (the behaviour of solutions as $t \to 0$) . Suppose that $T_o = 0$, $T_1 = \text{const} < \infty$ for G and $u(x,t)$ is a weak solution of system (1) in G_{t_o,t_1} , satisfying boundary condition (2) , for any t_o , t_1 such that $0 < t_o < t_1 < T_1$. If there exists a sequence $t_k \to 0$ such that

$$(13) \qquad \int_{\Omega_{t_k}} |u(x,t_k)|^2\, dx < \varepsilon(t_k) \exp\left\{\int_{t_k}^{T_1} 2\nu\,\Lambda(\sigma)\, d\sigma\right\},$$

where $\varepsilon(t_k) \to 0$ as $t_k \to 0$, then $u = 0$ in G .

The proof of Theorem 4 follows from Theorem 1 in the same way as for Theorem 3 .

Let us note that if

(14) $$\int_0^{T_1} \Lambda(\sigma)\, d\sigma = \infty ,$$

then the left hand side of (13) can grow as $t_k \to 0$.

The condition (14) is valid , if

$$\int_0^{T_1} |Q(\tau)|^{-2}\, d\tau = \infty .$$

For example , it is valid for a cone with a vertex on the plane $t = 0$ and an axis which does not belong to that plane .

It is easy to see that conditions (13) can be replaced by the conditions

(15) $$\int_{G_{t_k, T_1}} \sum_{j=1}^{n} |u_{x_j}|^2\, dx\, dt \le \varepsilon(t_k) \exp\left\{\int_{t_k}^{T_1} 2\nu\, \Lambda(\sigma)\, d\sigma\right\} ,$$

$$k = 1, 2, \dots ,$$

where $\varepsilon(t_k) \longrightarrow 0$ as $t_k \to 0$.

Let us consider in G the nonstationary linearized Navier-Stokes system of the form

(16) $$u_t - \nu \Delta u + Au + \operatorname{grad} p = f , \quad \operatorname{div} u = 0 ,$$

where $\nu = \text{const}$, $u = (u_1, \dots, u_n)$, $f \in L_2^{loc}(G)$, the elements of the matrix A are bounded mesurable functions in any bounded subdomain of G and $(Aw, w) \ge 0$ in G for any $w \in R^n$. Here $(u,v) = u_i v_i$. In the case $n = 3$

we can take $Au = [\omega \times u]$, where ω is a given vector-function. Then we have a system of equations for rotational fluid, which was studied in many papers (see, for example [1]).

Let us denote by $V_1(G',\gamma)$ the completion of $\dot{\mathcal{J}}(G',\gamma)$ with respect to the norm

$$\|v\|_{1,G'} = \left| \int_{G'} \left(|v|^2 + \sum_{j=1}^{n} |u_{x_j}|^2 + |u_t|^2 \right) dx\, dt \right|^{\frac{1}{2}} .$$

The vector-function $u = (u_1, \dots, u_n)$ is called a weak solution of the system (16) in the domain G_{t_o,t_1}, satisfying the boundary condition

(17) $$u|_{(\partial G)_{t_o,t_1}} = 0$$

if $u \in V_1(G_{t_o,t_1}, (\partial G)_{t_o,t_1})$ and for any $v \in V_1(G_{t_o,t_1}, (\partial G)_{t_o,t_1})$ satisfies the integral identity

(18) $$\int_{G_{t_o,t_1}} (u_{it} v_i + \nu u_{ix_j} v_{ix_j} + (Au, v))\, dx\, dt = \int_{G_{t_o,t_1}} f_i v_i \, dx\, dt .$$

The vector-function $u = (u_i, \dots, u_n)$ is called a weak solution of the system (16) in the domain G, satisfying the boundary condition

(19) $$u|_S = 0 ,$$

if $u(x,t)$ is a weak solution of the system (16) in the domain G_{t_o,t_1}, satisfying the condition (17), for any t_o, t_1 such that $T_o < t_o < t_1 < T_1$.

THEOREM 5. Suppose that $u(x,t)$ is a weak solution of the system (16) in G_{t_o,t_1}, satisfying the boundary condition (17), and $f = 0$ in G_{t_o,t_1}, $t_o \neq -\infty$, $t_1 \neq +\infty$. Then for any $t \in (t_o, t_1)$ the estimates (4), (5) for $u(x,t)$ are valid.

The proof of this theorem is similar to the proof of Theorem 1. Theorems 2, 3, 4 are also valid for weak solutions of system (16) with boundary condition (19) and they can be proved by the same way. From Theorem 5 follows the uniqueness theorem for the boundary value problem for system (16) in G without initial conditions.

THEOREM 6. Suppose that $T_o = -\infty$, $T_1 = 0$ for the domain G and $f \in L_2(G_{t_o,t_1})$ for any t_o, t_1, where $T_o < t_o < t_1 < T_1$. Then there is no more than one vector-function $u(x,t)$ which is a weak solution of system (16) in G with boundary condition (19) and satisfies

$$\int_{\Omega_{t_k}} |u(x,t_k)|^2 dx \leq \varepsilon(t_k) \exp\left\{ \int_{t_k}^{0} 2\nu \Lambda(\sigma)\, d\sigma \right\}, \quad k = 1, \ldots$$

for a sequence $t_k \longrightarrow -\infty$ and $\varepsilon(t_k) \to 0$ as $t_k \to -\infty$.

From Theorem 4 it is easy to obtain the uniqueness theorem for the system (16) with boundary condition (19) in the domain G in the case when $T_o = 0$, $T_1 = \text{const} < \infty$ and condition (14) is satisfied.

THEOREM 7. Suppose that $T_o = 0$, $T_1 = \text{constant} < \infty$ for the domain G, $f \in L_2(G_{t_o,t_1})$ for any t_o, t_1 such that $T_o < t_o < t_1 < T_1$. Then there is no more than one vector-function $u(x,t)$ which is a weak solution of system (16) in G with boundary condition (19), satisfying the conditions (13) or (15).

This theorem can be considered as a theorem on the removable singularity for $t = 0$ for solutions of system (16).
Indeed, it follows from Theorem 7 that if there exists a weak solution $u'(x,t)$ of system (16) in G with boundary condition (19), satisfying the conditions (13) or (15) and if there exists a weak solution $u''(x,t)$ of the boundary value problem (16), (19) which belongs to the space $V_1(G,S)$, then $u'(x,t) = u''(x,t)$ in G, provided the condition (14) is satisfied.
The similar approach was used in the case of second order parabolic equations in papers [2], [3].

REFERENCES

[1] S.L. SOBOLEV : On a new problem of mathematical physics, Izv. Acad. Nauk, USSR, v. 18, (1954), 3-50.

[2] O.A. OLEINIK - G.A. YOSIFIAN : An analogue of Saint-Venant's principle and the uniqueness of solutions of boundary value problems for parabolic equations in an unbounded domain, Uspechi Mat. Nauk. v. 31, n° 6, (1976), 142-166.

[3] O.A. OLEINIK - G.A. YOSIFIAN : On removable singularities on the boundary and the uniqueness of solutions of the boundary value problems for second order elliptic and parabolic equations, Funct. Anal. and Appl., v.11, n° 3, (1977), 55-68.

A NONLINEAR EIGENVALUE PROBLEM OCCURRING IN POPULATION GENETICS

L.A. PELETIER * ★
Technische Hogeschool Delft

1. Introduction .

A simple diffusion model for the propagation of genetic material in a population living in a one dimensional habitat leads to the equation

$$u_t = u_{xx} + \lambda f(x,u) \qquad x \in \Omega , \quad t > 0 \quad . \tag{1}$$

Here u is a measure for the genetic composition of the population . Specifically , it is assumed that the population consists of three genotypes aa, aA and AA , and that u represents the fraction of alleles of type a amongst the total number of alleles in the population at a given time and place . Thus $u \in [0,1]$. The parameter $\lambda \in \mathbb{R}^+$ is related to the rate of migration , and the function f is derived from the relative survival fitnesses of the three genotypes [5].

We shall suppose that f is of the form

$$f(x,u) = u(1-u)\,[u - a(x)] \quad , \tag{2}$$

---

* In this paper we report on a number of results which have been obtained jointly with P.C. Fife from the University of Arizona .

★ At present at the Mathematical Institute , Leiden University , Leiden , Netherlands .

in which $a : \overline{\Omega} \longrightarrow (0,1)$. This choice of f corresponds to a situation in which the fitness of the heterozygote aA is inferior to the fitnesses of the homozygotes aa and AA . The relative fitnesses of the homozygotes is measured by the function $a(x)$: if $a(x) \in (0, \frac{1}{2})$, the fitness of AA exceeds the fitness of aa at x , and if $a(x) \in (\frac{1}{2}, 1)$ the situation is reversed [2] .

In an earlier paper [4] we considered solutions of (1), (2) when the habitat consists of the entire real line : $\Omega = R$. It was shown that if $a \in C^1(R)$, $a'(x) \leq 0$ and $a(-\infty) > \frac{1}{2} > a(+\infty)$, then there exists a unique , strictly increasing equilibrium solution φ of (1) , (2) , such that $\varphi(-\infty) = 0$ and $\varphi(+\infty) = 1$. In addition it was shown that this <u>cline</u> φ is stable, and its domain of attraction was delineated .

In this paper , we shall suppose that the habitat consists of a bounded interval . It clearly involves no loss of generality if we set $\Omega = (-1, 1)$. We shall assume that no genetic material crosses the boundary of Ω . It can be shown [7] that this leads to the conditions

$$u_x(-1, t) = 0 \quad , \quad u_x(+1, t) = 0 \qquad t > 0 \quad . \tag{3}$$

Our chief interest will be the existence and stability of equilibrium solutions of equations (1) , (3) . Thus , we shall be concerned with the non-linear eigenvalue problem

$$\text{(I)} \qquad \begin{cases} u'' + \lambda f(x,u) = 0 & -1 < x < 1 \\ u'(-1) = u'(+1) = 0 \ . \end{cases}$$

Let $u(x,t;\psi)$ denote the solution of (1) , (3) which satisfies the initial condition

$$u(x,0\,;\,\psi) = \psi(x) \qquad -1 \leq x \leq 1 \ ,$$

where $\psi \in H^1(-1,1)$. We shall say that a solution u^* of Problem I is stable if, given $\varepsilon > 0$, there exists a $\delta > 0$ such that if $\|\psi - u^*\|_1 < \delta$, then

$\|u(.,t;\psi) - u^*\|_1 < \varepsilon$ for $t > 0$ .Otherwise u^* is called unstable . Here $\|.\|_1$ denotes the usual norm on the Sobolev space $H^1(-1,1)$.

In section 2 we shall review and expand a number of earlier results [8] about the solution set of Problem I for small and large values of λ . To gain insight in how these results fit together , we shall consider in section 3 a particulary simple example . For this example we shall obtain a fairly detailed picture of the solution set , the highlight of this picture will be a point of secondary bifurcation .

In [5] Fleming studied Problem I for functions f of the form

$$f(x,u) = s(x)\, g(u)$$

in which s is a piecewise continuous function and $g \in C^1([0,1])$ is such that

$$g(0) = g(1) = 0 \;,\; g'(0) > 0 \;,\; g'(1) < 0 \;,\; g(u) > 0 \text{ on } (0,1) .$$

A function f of this type arises when in a population the fitness of aA lies between the fitnesses of aa and AA . It was shown that if $\int_{-1}^{1} s(x)\,dx < 0$, (i) $u = 1$ is unstable for any $\lambda > 0$, (ii) there exists a $\lambda^* > 0$ such that $u = 0$ is stable for $\lambda < \lambda^*$ and unstable for $\lambda > \lambda^*$ and (iii) if in addition $g''(0) < 0$, a branch of stable nontrivial equilibrium solutions (λ, u) bifurcates from the point $(\lambda^*, 0)$; on this branch $\lambda > \lambda^*$. If $\int_{-1}^{1} s(x)\,dx > 0$ corresponding results were obtained with $u = 0$ and $u = 1$ interchanged , and when $\int_{-1}^{1} s(x)\,dx = 0$, $u = 0$ and $u = 1$ are both unstable for any $\lambda > 0$.

In [7] Nagylaki also studied Problem I with the above choice of f . By selecting for s a piecewise constant function he could obtain a number of quantitative results .

The author is grateful to Ph. Clément for the interest he has taken in this problem and for a number of valuable comments .

2. Equilibrium solutions .

Throughout this section we shall make the following assumptions about the function a , appearing in the expression for f .

A1 . $a \in C^1([-1,1])$;

A2 . $0 < a(x) < 1$ for $-1 \le x \le -1$.

We begin with a few preliminary observations .

(i) For $\lambda \ge 0$ the functions $u(x) \equiv 0$ and $u(x) \equiv 1$ are solutions of Problem I . We shall call these solutions the trivial solutions .

(ii) For any $\lambda \ge 0$ there exists at least one nontrivial solution u of Problem I , i.e. a solution u such that $0 < u(x) < 1$ for $-1 \le x \le 1$. This follows from the fact that $f_u(x,0) < 0$ and $f_u(x,1) < 0$ [1] .

(iii) Let $\lambda > 0$, and let $u(x)$ be a solution of Problem I . Then

$$\int_{-1}^{1} f(x, u(x))\, dx = 0 \quad .$$

This follows at once if we integrate the equation and use the boundary conditions .

THEOREM 1 . Suppose assumptions A1, 2 are satisfied . Then there exists a number $\sigma > 0$ such that for each $\lambda \in (0,\sigma)$ there exists a unique solution $u(x,\lambda)$ of Problem I . Moreover , the set $\{u(.,\lambda) : 0 < \lambda < \sigma\}$ is a continuous branch in the $\mathbb{R}^+ \times C^1([-1,1])$ topology and

$$|u(.,\lambda) - \alpha|_1 \longrightarrow 0 \quad \text{as } \lambda \to 0 \ ,$$

where

$$\alpha = \frac{1}{2}\int_{-1}^{1} a(x)\, dx \quad .$$

Here $|\varphi|_1 = |\varphi|_0 + |\varphi'|_0$, where $|\cdot|_0$ denotes the supremum norm on $C([-1,1])$.

For the proof of this result we refer to [8] .

In addition we now assume that the fitnesses of the genotypes vary monotonically .

A3 . $a'(x) < 0$ for $-1 \leq x \leq 1$.

THEOREM 2 . Suppose assumptions A1 - 3 are satisfied . Then the solution u obtained in Theorem 1 is strictly increasing , i.e.

$$u'(x,\lambda) > 0 \text{ for } -1 < x < 1 \ , \ 0 < \lambda < \sigma \ .$$

Proof .

By assumptions A1 and A3 , there exists a $\delta > 0$ such that

$$a'(x) \leq -\delta < 0 \ . \tag{4}$$

By Theorem 1 , there exists a $\lambda^* > 0$ such that

$$|u'(\cdot,\lambda)|_0 < \delta \quad \text{for } 0 < \lambda < \lambda^* \ . \tag{5}$$

In view of the boundary conditions , there must exist a $\xi \in (-1,1)$, depending on λ , such that

$$u(\xi, \lambda) = a(\xi) \ . \tag{6}$$

Let $x \in (\xi, 1]$. Then , for $\lambda \in (0, \lambda^*)$,

$$u(x,\lambda) - a(x) = \int_\xi^x \{u'(s,\lambda) - a'(s)\} \, ds > (-\delta + \delta)(x - \xi) = 0 \ .$$

Similarly , if $x \in [-1, \xi)$, and $\lambda \in (0, \lambda^*)$

$$u(x,\lambda) - a(x) < 0 \ .$$

Then , by the differential equation

$$(x - \xi) \, u''(x,\lambda) < 0 \quad \text{for } x \neq \xi \ ,$$

which means that

$$u'(x,\lambda) > 0 \quad \text{for } -1 < x < 1 \ , \quad 0 < \lambda < \lambda^* \ .$$

Now define

$$\overline{\lambda} = \sup\{\lambda \in (0,\sigma) : u'(x,\nu) > 0 \ , \ -1<x<1, \ 0<\nu<\lambda\} \ .$$

We wish to prove that $\overline{\lambda} = \sigma$. Suppose to the contrary that $\overline{\lambda} < \sigma$. Then there exist sequences $\lambda_n \searrow \overline{\lambda}$ and $x_n \longrightarrow \overline{x} \in [-1,1]$ such that $u'(x_n,\lambda_n) = 0$ for all $n \geq 1$. We assert that

$$u'(\overline{x}\ ,\overline{\lambda}) = 0 \quad \text{and } u''(\overline{x}\ ,\overline{\lambda}) = 0 \ .$$

The first equality follows from a continuity argument ; the second equality is obvious when $\overline{x} \in (-1,\ 1)$. To prove it when $\overline{x} = -1$ we observe that, in view of the mean value theorem , for each $n \geq 1$, there exists a $\xi_n \in -1, x_n)$ such that $u''(\xi_n, \lambda_n) = 0$. When $n \to \infty$, $x_n \to -1$ and therefore $\xi_n \to -1$, and it follows that $u''(\overline{x}, \overline{\lambda}) = 0$. When $\overline{x} = +1$, it can be proved in a similar manner .

Next we observe that when $x = \overline{x}$ and $\lambda = \overline{\lambda}$

$$u''' = -f_x < 0 \ .$$

This implies that $u'(x,\overline{\lambda}) < 0$ in a neighbourhood of $\overline{x}$.

By the continuity of u' this means that there exist $\tilde{x} \in (-1,1)$, $\tilde{\lambda} \in (0,\overline{\lambda})$ such that $u'(\tilde{x}, \tilde{\lambda}) < 0$. By the definition of $\overline{\lambda}$ this is impossible .

REMARK . In the next section we shall consider in some detail an example in which the function $a(x)$ has the following symmetry property :

$$a(-x) = 1 - a(x) \qquad -1 \leq x \leq 1 \ .$$

A function a possessing this property will be called <u>symmetric</u> .

Similarly , a solution u for which

$$u(-x) = 1 - u(x) \qquad -1 \leq x \leq 1$$

will be called a symmetric solution . Observe that if a is symmetric , then so is the solution u obtained in Theorem 1 . This follows from a simple uniqueness argument .

For large values of λ we have the following result .

THEOREM 3 . Let assumptions A1 - 3 be satisfied , and let $a(-1) > \frac{1}{2} > a(1)$. The Problem I has at least three strictly increasing solutions .

Proof .

The existence of three nontrivial solutions was established in [8]. Thus it remains to show that they are strictly increasing on $(-1,1)$.

Two of the three solutions were constructed by means of a shooting method . Inspection of the proof reveals that they are both strictly increasing on $(-1,1)$.

The third solution was constructed by means of a monotone iteration argument , and it is not immediately apparent that this solution is also strictly increasing .

Let u_n be the n-th iterate . Then u_n is a solution of the problem

$$u'' - mu = -f(x,u_{n-1}) - mu_{n-1}, \quad u'(\pm 1) = 0$$

where

$$m = \max\{ |f_u(x,u)| : -1 \le x \le 1 \ , \ 0 \le u \le 1 \} \ .$$

Let u_0 be the subsolution constructed in [8] . Then u_0 is Lipschitz continuous on $[-1,1]$. Hence $u_1 \in C^{2+\alpha}([-1,1])$ for any $\alpha \in (0,1]$, and , since $a \in C^1([-1,1])$, $u_n \in C^3([-1,1])$ for any $n \ge 2$.

Set $v = u_1'$. Then v is a (generalized) solution of the problem

$$v'' - mv = -f_x(x,u_0) - \{m + f_u(x,u_0)\}u_0' \ , \quad v(\pm 1) = 0 \ .$$

Since $f_x \geq 0$ and $u_0' \geq 0$ a.e. it follows from the maximum principle that $v \geq 0$ on $(-1,1)$. Thus $u_1' \geq 0$ on $[-1,1]$ and, by induction, $u_n' \geq 0$ for any $n \geq 0$.

The sequence $\{u_n\}$ is increasing and bounded above by $u = 1$. Hence there exists a function $q : [-1,1] \longrightarrow [0,1]$ such that

$$\lim_{n \to \infty} u_n(x) = q(x) \ .$$

It follows from a standard argument that q is a classical solution of Problem I. Since $u_n' \geq 0$ for any $n \geq 0$, it is clear that $q' \geq 0$ on $[-1,1]$.

Finally, we wish to show that $q' > 0$ on $(-1,1)$. Observe that since $q' \geq 0$ and $a' < 0$ there exists one and only one number $\xi \in (-1, 1)$ such that $q(\xi) = a(\xi)$. On $[-1,\xi)$, $q < a$ and hence $q'' > 0$, and on $(\xi,1]$, $q > a$ and therefore $q'' > 0$. Thus $q' > 0$ on $(-1,1)$.

3. Example.

The results of the previous section still leave the question as to how the unique solution, which exists for small values of λ and the three solutions, which exist for large values of λ fit together. In this section we shall discuss this question for a simple example.

Let the function $a(x)$ in (2) be given by

A4.
$$a(x) = \begin{cases} 1 - a & -1 \leq x < 0 \\ a & 0 < x \leq 1 \ , \end{cases}$$

where $0 < a < \frac{1}{2}$. Thus, $a(x)$ is symmetric and we may expect symmetric solutions of Problem I. To obtain such solutions it is sufficient to consider the problem

$$(I_+) \qquad \begin{cases} u'' + f_+(u) = 0 & 0 < x < 1 \\ u(0) = \frac{1}{2} \ , \ u'(1) = 0 \ , \end{cases}$$

where

$$f_+(u) = u(1-u)(u-a) .$$

This problem can be solved explicitly : one finds that for each $\lambda > 0$ there exists a unique strictly increasing solution $\tilde{\varphi}(x,\lambda)$. Realizing that the function

$$\varphi(x,\lambda) = \begin{cases} \tilde{\varphi}(x,\lambda) & 0 \le x \le 1 \\ 1-\tilde{\varphi}(-x,\lambda) & -1 \le x \le 0 \end{cases}$$

is a solution of Problem I we can now formulate the following result .

THEOREM 4 . Let $a(x)$ be given by A4 . Then Problem I has a unique strictly increasing symmetric solution $\varphi(x,\lambda)$. This solution has the following properties :

(i) $\varphi(.,\lambda) : \mathbb{R}^+ \longrightarrow H^2(-1,1)$ is analytic ;

(ii) $$\frac{\partial}{\partial\lambda}\varphi(x,\lambda) \begin{cases} > 0 & \text{for } 0 < x \le 1 \\ < 0 & \text{"} \ -1 \le x < 0 \end{cases}$$

(iii) $$\lim_{\lambda \to 0} \varphi(x,\lambda) = \frac{1}{2} \quad \text{uniformly on } [-1,1] .$$

(iv) $$\lim_{\lambda \to \infty} \varphi(x,\lambda) = \begin{cases} 1 & \text{uniformly on } [\delta,1] \text{ for any } \delta \in (0,1) \\ 0 & \text{uniformly on } [-1,-\delta] \text{ for any } \delta \in (0,1) . \end{cases}$$

Proof .

The results (i) - (iv) can all be derived from the expression for the solution $\tilde{\varphi}$ of Problem I_+ .

Next , we turn to the question of stability of the branch of symmetric , increasing solutions $\varphi(x,\lambda)$ of Problem I . Consider the linear eigen -

value problem

$$\text{(II)}\ \begin{cases} y'' + \lambda f_u(x,\varphi(x,\lambda))y = \mu y & -1 < x < 1 \\ y'(-1) = y'(+1) = 0 \ . \end{cases}$$

This problem has a countable number of eigenvalues $\mu_1 > \mu_2 \dots$, and it is well known that if $\mu_1 < 0$ $\varphi(.,\lambda)$ is stable and if $\mu_1 > 0$ it is unstable [3,6,9] .

LEMMA 1 .

(i) $\mu_1(\lambda) > 0$ <u>for small values of</u> λ ;

(ii) $\mu_1(\lambda) < 0$ <u>for large values of</u> λ .

<u>Proof</u> .

(i) Let $a(.,.)$ be the bilinear form associated with Problem II :

$$a(u,v) = \int_{-1}^{1} \{u'v' - \lambda f_u(x,\varphi(x,\lambda))uv\}\, dx$$

defined on the space $H^1(-1,1)$. Then $\mu_1(\lambda)$ can be characterized by the variational expression

$$\mu_1(\lambda) = \max\left\{-a(v,v) : v \in H^1(-1,1)\, ,\ \int_{-1}^{1} v^2\, dx = 1\right\} \ .$$

Let $\overline{v}(x) \equiv 1/\sqrt{2}$. Then $\overline{v} \in H^1(-1,1)$, $\int_{-1}^{1} \overline{v}^{\,2}\, dx = 1$ and hence

$$\begin{aligned} \mu_1(\lambda) &\geq -a(\overline{v},\overline{v}) \\ &= \frac{1}{2}\lambda \int_{-1}^{1} f_u(x,\varphi(x,\lambda))\, dx \ . \end{aligned}$$

By Theorem 4 (iii) and the continuity of f_u

$$\lim_{\lambda \to 0} \int_{-1}^{1} f_u(x,\varphi(x,\lambda))\, dx = \int_{-1}^{1} f_u(x,\tfrac{1}{2})\, dx > 0 \ .$$

Hence , for small values of λ ,

$$\mu_1(\lambda) > 0 .$$

(ii) Let y_1 be the eigenfunction corresponding to μ_1 , i.e.

$$y''_1 + \lambda f_u(x, \varphi(x,\lambda)) y_1 = \mu_1 y_1 .$$

Since μ_1 is the largest eigenvalue of Problem II , $y_1(x)$ has no zeroes on $[-1,1]$; we may therefore assume that $y_1 > 0$ on $[-1,1]$.

When we multiply the equation for y_1 by φ' , integrate and use the boundary conditions we obtain

$$\mu_1 \int_{-1}^{1} y_1 \varphi' \, dx = -a(y_1, \varphi') . \tag{7}$$

Next, we remember that φ is symmetric , i.e.

$$\varphi(-x) = 1 - \varphi(x) \qquad -1 \le x \le 1$$

This implies that

$$\varphi'(-x) = \varphi'(x) \qquad -1 \le x \le 1$$

and, in view of the symmetry of f ,

$$f_u(-x, \varphi(-x,\lambda)) = f_u(x, \varphi(x,\lambda)) \qquad -1 \le x \le 1 .$$

This last equality implies , together with the uniqueness of y_1 , that

$$y_1(-x) = y_1(x) .$$

Thus

$$a(y_1, \varphi') = 2 \int_0^1 \{\varphi'' y_1' - \lambda f_+'(\varphi) \varphi' y_1\} \, dx$$

$$= -2\lambda \int_0^1 \{f_+(\varphi) y_1' + f_+'(\varphi) \varphi' y_1\} \, dx \tag{8}$$

$$= 2\lambda \{f_+(\varphi(0,\lambda)) y_1(0) - f_+(\varphi(1,\lambda)) y_1(1)\} .$$

Let

$$q(x,\lambda) = \lambda f_+(\varphi(x,\lambda)) \qquad 0 < x \le 1 \quad .$$

Then we can write the equation for y_1 as

$$y_1'' = \{\mu_1 - q(x,\lambda)\} y_1 \quad . \tag{9}$$

In view of the boundary conditions , and the symmetry of y_1 , there exists an $x_0 \in (0,1)$ such that $y_1''(x_0) = 0$.

Since $y_1 > 0$ this means by (9) that

$$q(x_0, \lambda) = \mu_1 \quad . \tag{10}$$

Note that

$$q'(x,\lambda) = \lambda f_+''(\varphi(x,\lambda))\, \varphi'(x,\lambda) \qquad \text{on } (0,1] \quad .$$

Hence , since $f_+''(u) < 0$ for $\frac{1}{2} \le u \le 1$ and $\varphi' > 0$ on $[0,1)$,

$$q'(x,\lambda) < 0 \quad \text{for } 0 < x < 1 \; . \tag{11}$$

This implies that the point x_0 is unique , and that

$$q(x,\lambda) - \mu_1 \begin{cases} > 0 & \text{for } 0 < x < x_0 \\ < 0 & \text{for } x_0 < x \le 1 \end{cases}$$

Using this in (9) we find that

$$y_1''(x) \begin{cases} < 0 & \text{for } 0 < x < x_0 \\ > 0 & \text{for } x_0 < x \le 1 \end{cases}$$

Thus

$$y_1'(x) < 0 \qquad \text{on } (0,1)$$

and in particular

$$y_1(0) > y_1(1) \quad .$$

Substituting this inequality into (8) we obtain the following lower bound for $a(y_1, \varphi')$

$$a(y_1, \varphi') > 2\lambda\, y_1(1)\, \{f_+(\tfrac{1}{2}) - f_+(\varphi(1,\lambda))\},$$

where we have used the fact that $\varphi(0,\lambda) = \frac{1}{2}$. But $f_+(\frac{1}{2}) > 0$ and $f_+(\varphi(1,\lambda)) \to 0$

as $\lambda \to \infty$ by Theorem 4 (iv). Hence, for large values of λ

$$a(y_1, \varphi') > 0 ,$$

and therefore, by (7)

$$\mu_1(\lambda) \int_{-1}^{1} y_1 \varphi' \, dx < 0 .$$

Since $y_1 > 0$ and $\varphi' > 0$ on $(-1,1)$ this means that

$$\mu_1(\lambda) < 0 \quad \text{for } \lambda \text{ large enough} .$$

This completes the proof of Lemma 1.

An immediate consequence of Lemma 1 is now the following stability result.

THEOREM 5. <u>The symmetric, strictly increasing solution $\varphi(x,\lambda)$ obtained in Theorem 4 is unstable for small values of λ and stable for large values of λ.</u>

Define

$$\lambda_0 = \sup \{ \lambda \in \mathbb{R}^+ : \mu_1(\lambda) > 0 \} .$$

By Lemma 1, $\lambda_0 < \infty$.

THEOREM 6. <u>The point $(\lambda_0, \varphi(\lambda_0))$ is a bifurcation point</u>.

<u>Proof</u>.

Let $u = \varphi + v$. Then v is a solution of the problem

$$\text{(III)} \quad \begin{cases} -v'' + v = g(\lambda, x, v) \\ v'(-1) = 0 , \; v'(+1) = 0 , \end{cases}$$

where

$$g(\lambda,x,v) = \lambda f(x,\varphi(x,\lambda)+v) - \lambda f(x,\varphi(x,\lambda)) + v \ .$$

Extending $f(x,s)$ smoothly for values $s \notin [0,1]$, we can define the Nemytskii operator $G(\lambda,.) : H^1(-1,1) \longrightarrow L^2(-1,1)$ by

$$G(\lambda,v)(x) = g(\lambda,x,v(x)) \ .$$

It is not difficult to show that $G(\lambda,.)$ is a continuous map .

To write Problem III as an equation in $H^1(-1,1)$ we consider the auxiliary problem

$$-u'' + u = p \qquad -1 < x < 1$$

$$u'(-1) = u'(+1) = 0 \ ,$$

where $p \in L^2$. It is well known that this problem possesses a unique solution $u \in H^2(-1,1)$. Thus we can define a bounded linear map $K : L^2 \longrightarrow H^2$ by $u = Kp$. This enables us to write Problem III as

$$v = KG(\lambda,v) \equiv \Phi(\lambda,v) \ .$$

Since H^2 is compactly imbedded in H^1 , $\Phi(\lambda,.) : H^1 \longrightarrow H^1$ is compact for each $\lambda > 0$.

Suppose $(\lambda_0, 0)$ is not a bifurcation point . Then there exists an $\varepsilon_0 > 0$ such that there are no nontrivial solutions in any cylinder of the form $[\lambda_0 - \varepsilon, \lambda_0 + \varepsilon] \times \overline{B}_\varepsilon$, where $B_\varepsilon = \{ v \in H^1 : \|v\|_1 < \varepsilon \}$ when $\varepsilon \in (0, \varepsilon_0]$. We shall obtain a contradiction by evaluating the Leray-Schauder degree $d(I - \Phi(\lambda,.), B_\varepsilon)$ at $\lambda_0 - \varepsilon$ and $\lambda_0 + \varepsilon$ for suitably small ε , and then using a homotopy argument with respect to λ .

Let $A(\lambda)$ denote the Fréchet derivative of $\Phi(\lambda,v)$ at $v = 0$. Then, in view of the assumption that there as no nontrivial solutions in $[\lambda_0 - \varepsilon_0 , \lambda_0 + \varepsilon_0] \times \overline{B}_{\varepsilon_0}$,

$$d(I-\Phi(\lambda,.),B_\varepsilon) = d(I-A(\lambda),B_\varepsilon) \text{ for } \lambda_0-\varepsilon_0<\lambda<\lambda_0+\varepsilon_0 . \quad (12)$$

Suppose A has eigenvalues $1<\nu_1<\nu_2<\dots<\nu_n$ of multiplicities $m_1, m_2, \dots, m_n$ respectively , and suppose $I-A$ is invertible . Then

$$d(I-A, B_\varepsilon) = (-1)^m \qquad m = m_1+\dots+m_n \quad .$$

The proofs of these statements can be found in [10] .

It follows from the definition of Φ that

$$A(\lambda)w = KG'(\lambda,0)w \quad .$$

Observe that $A : H^1 \longrightarrow H^1$ is self adjoint , for

$$\begin{aligned}(v, Aw)_1 &= (v, G'(\lambda,0)w)_0 \\ &= (G'(\lambda,0)v, w)_0 \\ &= (Av, w)_1\end{aligned}$$

for all v , $w \in H^1$. Here $(.,.)_0$ and $(.,.)_1$ denote , respectively , the inner product in $L^2(-1,1)$ and $H^1(-1,1)$. In addition A is compact . Hence

$$\begin{aligned}\nu_1 &= \max_{H^1} \frac{(w, Aw)_1}{\|w\|_1^2} \qquad w \neq 0 \\ &= \max_{H^1} \frac{\int_{-1}^{1} (q+1)w^2\,dx}{\int_{-1}^{1} (w'^2+w^2)\,dx} \qquad w \neq 0 \quad ,\end{aligned}$$

where $q(x,\lambda) = \lambda f_u(x, \varphi(x,\lambda))$.

We shall compare ν_1 with the largest eigenvalue μ_1 of the eigenvalue problem II :

$$y'' + qy = \mu y \qquad -1<x<1$$

$$y'(-1) = 0 \;,\; y'(+1) = 0 \;.$$

Suppose that ν_1 is 1 . Then

$$\int_{-1}^{1} (w'^2 - q w^2) \, dx \geq 0$$

for all $w \in H^1$, equality being attained for $w = w_1$, the eigenfunction corresponding to ν_1. Hence $\mu_1 = 0$ and $y_1 = w_1$. Similarly, if $\mu_1 = 0$, then $\nu_1 = 1$.

Next, suppose that $\nu_1 > 1$. Then

$$\int_{-1}^{1} (w'^2 - q w^2) \, dx > 0$$

for all $w \in H^1$, which implies that $\mu_1 < 0$. On the other hand, if $\nu_1 > 1$,

$$\int_{-1}^{1} (w_1'^2 - q w_1^2) \, dx < 0$$

and hence $\mu_1 > 0$.

Recall that $\mu_1(\lambda_0) = 0$ and hence $\mu_2(\lambda_0) < 0$. Hence, in view of the analyticity of $\mu_i(\lambda)$ there exists an $\varepsilon_1 \in (0, \varepsilon_0]$ such that

(i) $\mu_1(\lambda_0 - \varepsilon_1) > 0$ and $\mu_1(\lambda_0 + \varepsilon_1) < 0$;

(ii) $\mu_2(\lambda) < 0$ for $\lambda_0 - \varepsilon_1 \leq \lambda \leq \lambda_0 + \varepsilon_1$.

Thus, in view of the results obtained above,

$$\nu_1(\lambda_0 - \varepsilon_1) > 1 \text{ and } \nu_i(\lambda_0 - \varepsilon_1) < 1 \qquad i = 2, 3, \dots$$

Hence, $I - A(\lambda_0 - \varepsilon_1)$ is invertible and, because ν_1 is simple,

$$d\left(I - A(\lambda_0 - \varepsilon_1), B_{\varepsilon_1}\right) = -1 .$$

On the other hand

$$\nu_i(\lambda_0 + \varepsilon_1) < 1 \qquad i = 1, 2, \dots$$

and hence $I - A(\lambda_0 + \varepsilon_1)$ is invertible and

$$d\left(I - A(\lambda_0 + \varepsilon_1), B_{\varepsilon_1}\right) = +1 .$$

Thus, by (12)

$$d\left(I - \Phi(\lambda_0 - \varepsilon_1, .), B_{\varepsilon_1}\right) = -1 \qquad (13\,a)$$

and

$$d\left(I - \Phi(\lambda_0 + \varepsilon_1, .), B_{\varepsilon_1} \right) = +1 \quad . \qquad (13\,b)$$

However , by the homotopy invariance ,

$$d\left(I - \Phi(\lambda_0 - \varepsilon_1, .), B_{\varepsilon_1} \right) = d\left(I - \Phi(\lambda_0 + \varepsilon_1, .), B_{\varepsilon_1} \right)$$

which contradicts (13 a, b) . This completes the proof .

REFERENCES

[1] AMANN , H. : Existence of multiple solutions for nonlinear elliptic boundary value problems .
Indiana Univ. Math. J. 21 (1972) 925-935 .

[2] ARONSON , D.G. - H.F. WEINBERGER : Nonlinear diffusion in population genetics, combustion , and nerve propagation .
Proc. Tulane Progr. in Partial Differential Eqns., Springer , Lecture Notes in Mathematics (446) , 1975 .

[3] EWER, J.P.G. - L.A. PELETIER : On the asymptotic behaviour of solutions of semilinear parabolic equations.
SIAM J. Appl. Math. 28 (1975) 43-53 .

[4] FIFE, P.C. - L.A. PELETIER : Nonlinear diffusion in population genetics.
Archive Rat. Mech. Anal. 64 (1977) 93-109 .

[5] FISHER, R.A. : Gene frequencies in a cline determined by selection and diffusion .
Biometrics 6 (1950) 353-361 .

[6] FLEMING, W.H. : A selection-migration model in population genetics.
J. Math. Biol. 2 (1975) 219-233 .

[7] NAGYLAKI, T. : Conditions for the existence of a cline.

Genetics 80 (1975) 595-615 .

[8] PELETIER, L.A. : On a nonlinear diffusion equation arising in population genetics .

Proc. 4 th Conference on ordinary and partial differential equations at Dundee, Springer Lecture Notes (564) , 1976 .

[9] SATTINGER, D.H. : Stability of nonlinear parabolic systems .

J. Math. Anal. Appl. 24 (1968) 241-245 .

[10] SCHWARTZ, J.T. : Nonlinear functional analysis .

Gordon and Breach, New York , 1969 .

UN PROBLEME DE VALEUR PROPRE NON LINEAIRE ET DE FRONTIERE LIBRE

J.P. PUEL
Université Pierre et Marie Curie
Labo. Analyse Numérique (L.A.189)
Tour 55.65 - 5è étage
4 place Jussieu
75230 Paris Cedex 05

I. Introduction.

Ce travail est consacré à l'étude du problème non linéaire

$$(1.1)\quad \begin{cases} -\Delta u = \lambda u^+ \text{ dans } \Omega \\ u = C \quad \text{sur } \Gamma \text{ (C est une constante inconnue)} \\ -\int_\Gamma \frac{\partial u}{\partial n}\, d\Gamma = I \quad \text{(I est une constante positive donnée)} \end{cases}$$

où Ω est un ouvert borné régulier de $\mathbb{R}^n$ de frontière Γ. ($\vec{n}$ désigne alors la normale à Γ, extérieure à Ω).

Ce problème, qui apparaît comme un problème de valeur propre non linéaire, peut aussi s'interpréter comme un problème de frontière libre, si l'on considère l'ensemble ω de positivité de u ($\omega = \{x \mid x \in \Omega, u(x) > 0\}$) et les équations induites par (1.1) dans ω, dans $\Omega - \omega$ et sur la frontière γ de ω. Il semble alors relié à l'étude de la position, à l'équilibre, d'un plasma confiné dans un tore.

Des résultats d'existence, de régularité et d'unicité pour l'équation (1.1) ont été donnés par R. Temam [7] et [8] et par H. Berestycki et

H. Brezis [2] .

Par des méthodes assez différentes de celles employées dans les articles mentionnés ci-dessus , nous montrons ici l'existence , pour tout $\lambda > 0$, d'une solution de (1.1) , et la régularité de cette solution . Pour $\lambda > \lambda_1$ (où λ_1 est la première valeur propre du problème de Dirichlet sur Ω) , nous montrons l'existence d'une vraie frontière libre γ . Enfin si λ_2 est la deuxième valeur propre du problème de Dirichlet , nous montrons de manière simple l'unicité de la solution de (1.1) pour $0 < \lambda < \lambda_2$. Cette partie a été faite en collaboration avec A. Damlamian . Le résultat d'unicité est à rapprocher du résultat de D. Schaeffer [6] prouvant l'existence de deux solutions pour une valeur de λ supérieure à λ_2 mais sans doute voisine de λ_2 .

Dans une première partie nous étudierons les liaisons du problème (1.1) avec le problème

$$(1.2) \qquad \begin{cases} -\Delta u = \lambda u^+ & \text{dans } \Omega \\ u = C & \text{sur } \Gamma \qquad (\text{C constante fixée}) . \end{cases}$$

suivant les valeurs de λ et C . Dans une deuxième partie nous étudierons les solutions du problème (1.2) en fonction de λ et C , et nous en déduirons les résultats relatifs au problème (1.1) . Enfin dans une troisième partie nous montrerons le résultat d'unicité .

II. Relations entre les problèmes (1.1) et (1.2) .

Précisons tout d'abord que , tant pour le problème (1.1) que pour le problème (1.2) , nous chercherons les solutions u dans l'espace de Sobolev $H^1(\Omega)$.

Remarquons que pour $\lambda \le 0$, le problème (1.1) ne peut pas avoir de solution , car sinon nous aurions

$$\begin{cases} -\Delta u \leq 0 & \text{dans } \Omega \\ u = C & \text{sur } \Gamma \end{cases}$$

ce qui entraîne $\frac{\partial u}{\partial n} \geq 0$ sur Γ , d'où une contradiction avec la troisième ra - lation de (1.1) .

Enfin il est clair que toute solution du problème (1.1) est solu - tion du problème (1.2) avec un choix convenable de la constante C .

Soit donc $\lambda > 0$, C une constante et u une solution du problème (1.2) correspondant :

$$\begin{cases} -\Delta u = \lambda u^+ & \text{dans } \Omega \\ u = C & \text{sur } \Gamma \end{cases} .$$

Alors d'après le principe du maximum on voit que

$$u \geq C \quad \text{dans } \Omega \ .$$

Nous avons alors la

PROPOSITION 2.1 . Si $\lambda > 0$, pour toute solution u du problème (1.2) non identique à une constante , il existe une constante β positive telle que βu soit solution du problème (1.1) .

Démonstration .

Comme u n'est pas identique à C , nous avons

$$u^+ \not\equiv 0 \ .$$

En effet si $u^+ \equiv 0$, alors

$$\begin{cases} -\Delta u = 0 \\ u|_{\Gamma} = C \end{cases} ,$$

ce qui entraîne $u \equiv C$.

Puisque u^+ n'est pas identiquement nulle ,

$$\lambda \int_\Omega u^+ \, dx > 0 \quad ,$$

donc

$$\int_\Gamma \frac{\partial u}{\partial n} \, d\Gamma = - \int_\Omega \Delta u \, dx = \lambda \int_\Omega u^+ \, dx = \mu > 0 \; .$$

Par suite , si $\beta = \frac{I}{\mu}$ et si $\tilde{u} = \beta u$, comme β est positif , nous avons :

$$\begin{cases} - \Delta \tilde{u} = \lambda \tilde{u}^+ \\ \tilde{u}_{|_\Gamma} = \beta C \\ - \int_\Gamma \frac{\partial \tilde{u}}{\partial n} = d\Gamma = I \; . \end{cases}$$

Donc $\tilde{u}$ est bien solution du problème (1.1) . Pour étudier les solutions du problème (1.1) , nous allons étudier les solutions non constantes du problème (1.2) lorsque $\lambda > 0$.

III. Etude du problème (1.2) .

Existence et régularité des solutions de (1.1) .

Nous allons , lorsque λ et C varient , étudier les solutions du problème (1.2) . D'après le paragraphe II nous en déduirons les résultats relatifs au problème (1.1) , résultats que nous résumerons à la fin de cette section .

Si nous notons λ_i , i = 1, 2,..., les valeurs propres du problème de Dirichlet homogène sur Ω , rangées par ordre croissant , nous distinguerons le cas (facile) où $0 < \lambda \leq \lambda_1$ et le cas plus délicat où $\lambda > \lambda_1$.

PROPOSITION 3.1 . Pour λ vérifiant $0 < \lambda < \lambda_1$, et pour tout $C \in \mathbb{R}$, le problème (1.2) possède une solution unique .

Démonstration .

(i) unicité : Soient u_1 et u_2 deux solutions éventuelles .

Nous aurons alors

$$\begin{cases} -\Delta(u_1 - u_2) = \lambda[u_1^+ - u_2^+] \\ (u_1 - u_2)_{|\Gamma} = 0 \ ; \end{cases}$$

donc

$$\int_\Omega |\mathrm{grad}(u_1 - u_2)|^2 dx = \lambda \int_\Omega (u_1^+ - u_2^+)(u_1 - u_2)\, dx \quad .$$

Or , d'après la définition de λ_1 , nous savons que

$$\int_\Omega |\mathrm{grad}(u_1 - u_2)|^2 dx \geq \lambda_1 \int_\Omega |u_1 - u_2|^2 dx \ ,$$

et par suite

$$\lambda_1 \int_\Omega |u_1 - u_2|^2 dx \leq \lambda \int_\Omega (u_1^+ - u_2^+)(u_1 - u_2) dx \leq \lambda \int_\Omega |u_1 - u_2|^2 dx \ .$$

Comme $\lambda < \lambda_1$, on a

$$\int_\Omega |u_1 - u_2|^2 dx = 0 \ , \quad \text{d'où } u_1 = u_2 \ .$$

(ii) existence :

Si $C \leq 0$, $u \equiv C$ est solution de (1.2) (et donc l'unique solution) .

Si $C > 0$, nous voyons que le problème (1.2) se ramène à

$$(3.1) \qquad \begin{cases} -\Delta u = \lambda u & \text{dans } \Omega \\ u_{|\Gamma} = C \end{cases}$$

En effet puisque $\lambda < \lambda_1$, le problème (3.1) vérifie le principe du maximum et toute solution de (3.1) est donc positive , ce qui en fait une solution de (1.2) .

La coercivité de l'opérateur $-\Delta - \lambda I$ assure l'existence d'une solution de (3.1) , ce qui termine la démonstration de la proposition .

Examinons le cas où $\lambda = \lambda_1$. Soit φ_1 la fonction propre non négative du problème de Dirichlet homogène , associée à λ_1 .

PROPOSITION 3.2 . <u>Si</u> $\lambda = \lambda_1$, <u>pour</u> $C < 0$, <u>le problème</u> (1.2) <u>possède la seule solution</u> $u \equiv C$; <u>pour</u> $C > 0$, (1.2) <u>ne possède pas de solution</u> ; <u>enfin pour</u> $C = 0$ <u>la seule solution non nulle</u> (<u>à une constante multiplicative positive près</u>) <u>est la fonction</u> φ_1 .

<u>Démonstration</u> .

(i) Si $C < 0$, en posant $\tilde{u} = u - C$, le problème (1.2) s'écrit

$$(3.2)\qquad \begin{cases} -\Delta\tilde{u} - \lambda_1\tilde{u} = \lambda_1[(\tilde{u}+C)^+ - \tilde{u}] \\ \tilde{u} \in H^1_o(\Omega) \quad . \end{cases}$$

Nous savons , d'après le paragraphe II , que $\tilde{u} \geq 0$ dans Ω .

D'après l'alternative de Fredholm , pour pouvoir résoudre (3.2) nous devons avoir

$$(3.3)\qquad \int_\Omega \varphi_1[(\tilde{u}+C)^+ - \tilde{u}]\,dx = 0 \quad .$$

Or $C < 0$ entraîne $\tilde{u} + C < \tilde{u}$; comme $\tilde{u} \geq 0$,

nous avons

$$(\tilde{u} + C)^+ \leq \tilde{u} \quad .$$

Nous savons d'autre part que

$$\forall x \in \Omega \ , \ \varphi_1(x) > 0 \ .$$

Alors (3.3) entraîne

$$(\tilde{u} + C)^+ = \tilde{u} \ , \ \text{d'où} \ \tilde{u} \equiv 0 \ , \ \text{et } u \equiv C \ .$$

(ii) Si $C > 0$, le problème (1.2) s'écrit alors (toujours avec $\tilde{u} = u - C$)

$$(3.4) \quad \begin{cases} -\Delta\tilde{u} - \lambda_1\tilde{u} = \lambda_1 C \\ \tilde{u} \in H_o^1(\Omega) \\ \tilde{u} \geq 0 \ . \end{cases}$$

D'après l'alternative de Fredholm nous devons avoir

$$\int_\Omega C\,\varphi_1\,dx = 0 \ , \quad \text{d'où } C = 0 \ ,$$

ce qui constitue une contradiction .

(iii) Enfin , pour $C = 0$, le problème (3.4) s'écrit

$$(3.5) \quad \begin{cases} -\Delta\tilde{u} = \lambda_1\tilde{u} \\ \tilde{u} \in H_o^1(\Omega) \\ \tilde{u} \geq 0 \ . \end{cases}$$

Nous savons que la seule condition de ce problème (à une constante positive multiplicative près) est $\tilde{u} = \varphi_1$.

Nous allons maintenant étudier le cas plus délicat où $\lambda > \lambda_1$. Nous allons , pour cela , considérer le problème suivant , équivalent au problème (1.2) en posant $\tilde{u} = u - C$

$$(3.6) \quad \begin{cases} -\Delta\tilde{u} = \lambda(\tilde{u} + C)^+ \quad \text{dans } \Omega \\ \tilde{u} \in H_o^1(\Omega) \ . \end{cases}$$

Nous distinguons le cas $C \geq 0$ et le cas $C < 0$.

PROPOSITION 3.3 . Si λ vérifie $\lambda > \lambda_1$, pour $C > 0$ le problème (1.2) ne possède pas de solution ; pour $C = 0$ la seule solution est $u = 0$.

Démonstration .

Soit $C \geq 0$ et soit $\tilde{u}$ solution de (3.6) .

Nous savons que $\tilde{u} \geq 0$ et donc que $(\tilde{u} + C)^+ = \tilde{u} + C$.

D'après l'alternative de Fredholm nous avons :

$$(\lambda - \lambda_1) \int_\Omega \tilde{u}\ \varphi_1\, dx + \lambda \int_\Omega C\, \varphi_1\, dx = 0 .$$

Comme $\lambda - \lambda_1 > 0$, ceci entraîne $C = 0$ et $\tilde{u} = 0$, ce qui démontre la proposition .

Le seul cas qu'il nous reste à étudier est le cas où $\lambda > \lambda_1$ et où $C < 0$.

THEOREME 3.1 . Si λ vérifie $\lambda > \lambda_1$ et si $C < 0$, le problème (1.2) possède une solution non identique à C (par conséquent le problème (1.2) possède au moins deux solutions distinctes) .

Démonstration .

Pour $v \in H_o^1(\Omega)$, considérons la fonctionnelle

$$J(v) = \int_\Omega |(\text{grad } v)|^2\, dx - \lambda \int_\Omega |(v + C)^+|^2 dx .$$

Cette fonctionnelle est bien définie sur $H_o^1(\Omega)$ et est de classe C^1 . De plus , les points critiques de cette fonctionnelle sont clairement solutions du problème (3.6) .

Montrons que $v = 0$ est un point critique de J qui correspond à un vrai minimum local de J .

LEMME 3.1 . On peut trouver des nombres réels positifs γ et δ tels que si $\|v\|_{H_o^1(\Omega)} \leq \delta$ on ait

$$J(v) \geq \gamma \int_\Omega |\operatorname{grad} v|^2 \, dx .$$

Démonstration du lemme .

Nous avons

$$J(v) = \frac{1}{2} \int_\Omega |\operatorname{grad} v|^2 \, dx + \frac{1}{2} \left[\int_\Omega |\operatorname{grad} v|^2 \, dx - 2\lambda \int_\Omega |(v+C)^+|^2 \, dx \right] .$$

Il suffit donc de montrer qu'en choisissant δ assez petit , pour $\|v\|_{H_o^1(\Omega)} \leq \delta$,

$$2\lambda \int_\Omega |(v+C)^+|^2 \, dx \leq \int_\Omega |\operatorname{grad} v|^2 \, dx .$$

Il suffit encore de montrer $\left(\text{en remplaçant } v \text{ par } \frac{v}{\|v\|_{H_o^1(\Omega)}} \right)$ que

$$\lim_{\substack{\rho \to \infty \\ \rho > 0}} \int_\Omega |(v-\rho)^+|^2 \, dx = 0 ,$$

uniformément en v sur la sphère unité de $H_o^1(\Omega)$.

D'après le théorème d'injection de Sobolev , nous savons qu'il existe $q > 2$, et une constante C_q tels que :

$$H_o^1(\Omega) \hookrightarrow L^q(\Omega) , \text{ et } |v|_{L^q(\Omega)} \leq C_q \|v\|_{H_o^1(\Omega)} , \text{ pour tout } v \in H_o^1(\Omega) .$$

Soit $A_\rho(v) = \{x \mid x \in \Omega , v(x) \geq \rho \}$.

Alors

$$\int_\Omega |(v-\rho)^+|^2\,dx = \int_{A_\rho(v)} |(v-\rho)|^2\,dx \le \Big(\int_{A_\rho(v)} |(v-\rho)|^q\,dx\Big)^{2/q} . [\text{mes } A_\rho(v)]^{\frac{q-2}{q}}$$

$$\le |v|^2_{L^q(\Omega)} [\text{ mes } A_\rho(v)]^{\frac{q-2}{q}} ,$$

car sur $A_\rho(v)$, $|v-\rho| \le |v|$, et sur $\Omega - A_\rho(v)$, $|v| \ge 0$.

Donc , si v appartient à la sphère unité de $H^1_o(\Omega)$,

$$\int_\Omega |(v-\rho)^+|^2\,dx \le C_q^2 [\text{ mes } A_\rho(v)]^{\frac{q-2}{q}} .$$

Il suffit donc de montrer que

$$\lim_{\substack{\rho\to\infty\\ \rho>0}} [\text{ mes } A_\rho(v)] = 0 \text{ , uniformément sur la sphère unité de } H^1_o(\Omega) .$$

$$\text{Si } \|v\|_{H^1_o(\Omega)} = 1 \text{ , on a } |v|_{L^2(\Omega)} \le C_2 .$$

Montrons donc que :

$$\lim_{\substack{\rho\to+\infty\\ \rho>0}} [\text{ mes } A_\rho(v)] = 0 \text{ , uniformément sur } \Big\{ v \mid v\in L^2(\Omega), |v|_{L^2(\Omega)} \le C_2 \Big\}.$$

Nous avons :

$$\int_\Omega |v|^2\,dx = \int_{\{x|x\in\Omega,\ v(x)<\rho\}} |v(x)|^2\,dx + \int_{A_\rho(v)} |v(x)|^2\,dx \ge \rho^2 [\text{mes } A_\rho(v)]$$

donc

$$\text{mes } A_\rho(v) \le \frac{C_2^2}{\rho^2} .$$

Ceci termine la démonstration du lemme 3.1 .

LEMME 3.2 . On peut trouver $v_o \in H_o^1(\Omega)$, $v_o \neq 0$, tel que $J(v_o) \leq 0$.

Démonstration .

Considérons $J(\alpha\,\varphi_1)$, où φ_1 est défini comme précédemment .

$$J(\alpha\,\varphi_1) = \alpha^2\lambda_1 \int_\Omega \varphi_1^2\,dx - \lambda \int_\Omega |(\alpha\,\varphi_1 + C)^+|^2\,dx$$

$$= \alpha^2\lambda_1 \Big[\int_\Omega \varphi_1^2\,dx - \frac{\lambda}{\lambda_1} \int_\Omega |(\varphi_1 + \frac{C}{\alpha})^+|^2\,dx \Big] .$$

Si $\alpha \to +\infty$, $\frac{C}{\alpha} \to 0$, donc $\left(\varphi_1 + \frac{C}{\alpha}\right)^+ \longrightarrow \varphi_1^+$ dans $L^2(\Omega)$.

Or $\varphi_1^+ = \varphi_1$; donc

$$\left(\varphi_1 + \frac{C}{\alpha}\right)^+ \longrightarrow \varphi_1 \quad \text{dans} \quad L^2(\Omega) .$$

Comme $\frac{\lambda}{\lambda_1} > 1$, nous voyons que pour α assez grand $(\alpha \geq \alpha_o)$

$$\int_\Omega \varphi^2\,dx - \frac{\lambda}{\lambda_1} \int_\Omega \left|\left(\varphi_1 + \frac{C}{\alpha}\right)^+\right|^2 dx \leq 0 .$$

Nous prendrons alors $v_o = \alpha_o\,\varphi_1$, d'où le lemme 3.2 .

Revenons maintenant à la démonstration du théorème 3.1 .

Nous allons montrer que nous pouvons appliquer à J un théorème d'Ambrosetti-Rabinowitz [1] que nous rappelons ci-dessous .

THEOREME (Ambrosetti-Rabinowitz) . Soit E un espace de Banach et $J \in C^1(E, \mathbb{R})$ tel que $J(0) = 0$, et qui vérifie

(J_1) $\exists\, \delta > 0$ tel que $J(v) > 0$ si $v \in E$, $0 < \|v\|_E \leq \delta$

et $J(v) \geq \alpha > 0$ si $\|v\|_E = \delta$.

(J_2) $\exists\ e \in E$, $e \neq 0$ tel que $J(e) \leq 0$.

(J_3) J vérifie la condition $(P.S)^+$, c'est-à-dire :

si $(u_n)_{n \in \mathbb{N}}$ est une suite d'éléments de E tels que $0 < J(u_n) < M$ avec $J'(u_n) \longrightarrow 0$ si $n \to \infty$, alors $(u_n)_{n \in \mathbb{N}}$ possède une sous-suite convergente .

Alors si $\mathcal{K} = \{k \mid k \in C([0,1]; E), k(0) = 0, k(1) = e\}$ et si

$$d = \inf_{k \in \mathcal{K}} \sup_{t \in [0,1]} J(k(t)) ,$$

d est une valeur critique de J avec $0 < \alpha \leq d < +\infty$.

Ici les lemmes 3.1 et 3.2 nous assurent que J vérifie les conditions (J_1) et (J_2) . Montrons que J vérifie (J_3) .

Soit $(u_n)_{n \in \mathbb{N}}$ une suite de $H^1_o(\Omega)$ qui vérifie $J'(u_n) \longrightarrow 0$.

Alors

(3.7) $$-\Delta u_n - \lambda(u_n + C)^+ \longrightarrow 0 \quad \text{dans } H^{-1}(\Omega) .$$

Si $\|u_n\|_{H^1_o(\Omega)}$ est bornée , d'après la compacité de $H^1_o(\Omega)$ dans $L^2(\Omega)$, après extraction d'une sous-suite on peut supposer que $(u_n+C)^+$ converge dans $L^2(\Omega)$ fort , donc d'après (3.7) , u_n converge dans $H^1_o(\Omega)$ fort.

Si $\|u_n\|_{H^1_o(\Omega)}$ n'est pas bornée , on peut après extraction d'une sous-suite , supposer que $\|u_n\|_{H^1_o(\Omega)} \longrightarrow +\infty$.

Soit $v_n = \dfrac{u_n}{\|u_n\|_{H^1_o(\Omega)}}$. Alors , encore après extraction d'une sous-suite on peut supposer que :

$$\begin{cases} v_n \rightharpoonup \chi & \text{dans } H_o^1(\Omega) \text{ faible} \\ v_n \longrightarrow \chi & \text{dans } L^2(\Omega) \text{ fort .} \end{cases}$$

De plus , d'après (3.7) on a :

$$(3.8) \qquad -\Delta v_n - \lambda\Big(v_n + \frac{C}{\|u_n\|_{H_o^1(\Omega)}}\Big)^+ \longrightarrow 0 \text{ dans } H^{-1}(\Omega) \ .$$

Comme $\frac{C}{\|u_n\|_{H_o^1(\Omega)}} \longrightarrow 0$, $\Big(v_n + \frac{C}{\|u_n\|_{H_o^1(\Omega)}}\Big)^+ \longrightarrow \chi^+$ dans $L^2(\Omega)$ fort .

Donc $-\Delta v_n$ converge dans $H^{-1}(\Omega)$ fort et par suite v_n converge dans $H_o^1(\Omega)$ fort vers χ . Comme $\|v_n\|_{H_o^1(\Omega)} = 1$, on a $\chi \neq 0$ et de plus

$$\begin{cases} -\Delta\chi = \lambda\chi^+ & \text{dans } \Omega \\ \chi|_\Gamma = 0 & . \end{cases}$$

Par suite $\chi \geq 0$ dans Ω et $\lambda = \lambda_1$ ce qui constitue une contradiction .

Donc J vérifie (J_3) et nous pouvons appliquer le théorème d'Ambrosetti-Rabinowitz qui nous donne l'existence de $\tilde{u} \in H_o^1(\Omega)$, $\tilde{u} \neq 0$ tel que $J'(\tilde{u}) = 0$. Ceci termine la démonstration du théorème 3.1 .

REMARQUE . A l'aide des résultats d'un article récent de Brézis - Turner [3] il est possible de démontrer le théorème précédent sans employer le théorème d'Ambrosetti-Rabinowitz .

Nous pouvons maintenant revenir au problème (1.1) et résumer les résultats que nous obtenons dans le théorème suivant .

THEOREME 3.2 . Pour tout $\lambda > 0$, il existe une solution u du problème (1.1) avec $u \in W^{3,p}(\Omega)$ pour tout p tel que $1 \leq p < \infty$, et $u \in C^{2+\eta}(\overline{\Omega})$ pour tout η tel que $0 \leq \eta < 1$.

De plus , pour $\lambda \leq \lambda_1$, toute solution de (1.1) est positive ou nulle . Pour $\lambda > \lambda_1$, toute solution u de (1.1) définit un ouvert

$$\omega = \{x \mid x \in \Omega \ , \ u(x) > 0\} \ ,$$

et une frontière

$$\gamma = \partial\omega = \{x \mid x \in \overline{\Omega} \ , \ u(x) = 0\}$$

avec $\gamma \subset \Omega$.

Démonstration .

L'existence d'une solution résulte du paragraphe II , des propositions 3.1, 3.2, 3.3 et du théorème 3.1.

La régularité des solutions s'obtient aisément en réitérant les théorèmes de régularité pour le problème de Dirichlet (linéaire) et les théorèmes d'injection de Sobolev .

Les propositions 3.1 et 3.2 montrent que pour $\lambda \leq \lambda_1$, toute solution de (1.1) est positive ou nulle . (En fait elles démontrent aussi l'unicité dans ce cas) .

La proposition 3.3 montre que pour $\lambda > \lambda_1$, toute solution de (1.1) a sa trace sur Γ négative , d'où l'existence de ω et de γ .

REMARQUE . Nous ne pouvons donner de régularité de γ qu'au voisinage d'un point x_o tel que grad $u(x_o) \neq 0$. Kinderlehrer et Spruck [5]* donnent des résultats à ce sujet , en particulier dans le cas de la dimension 2 où les points x_o tels que grad $u(x_o) = 0$ sont isolés .

* et Kinderlehrer-Nirenberg-Spruck [9]

IV. Un résultat d'unicité (en collaboration avec A. Damlamian) .

Un résultat d'unicité pour le problème (1.1) dans le cas où $0<\lambda<\lambda_2$ a été donné par Temam [8] en dimension 2 . Nous présentons ici une démonstration élémentaire de ce résultat, sans restriction sur la dimension .

THEOREME 4.1 . *Si* λ *vérifie* $0<\lambda<\lambda_2$, *le problème* (1.1) *possède une solution unique* .

Démonstration .

D'après le théorème 3.2 , si u_1 et u_2 sont deux solutions du problème (1.1) (pour le même λ) , alors leurs valeurs au bord ont même signe . Il suffit donc de montrer l'unicité pour le problème (1.2) . Soient donc u_1 et u_2 deux solutions du problème (1.2) . Alors

$$(4.1) \qquad \begin{cases} -\Delta(u_1-u_2)=\lambda\,(u_1^+-u_2^+) & \text{dans } \Omega \\ u_1-u_2\in H_o^1(\Omega) . \end{cases}$$

Soit

$$h(x)=\begin{cases} 0 & \text{si } u_1(x)-u_2(x)=0 \\ \dfrac{u_1^+(x)-u_2^+(x)}{u_1(x)-u_2(x)} & \text{si } u_1(x)-u_2(x)\neq 0 . \end{cases}$$

Nous avons alors

$0\le h(x)\le 1$ pour tout $x\in\Omega$, et

$$(4.2) \qquad \begin{cases} -\Delta(u_1-u_2)=\lambda\,h(x)\,(u_1-u_2) \\ u_1-u_2\in H_o^1(\Omega) \end{cases}$$

Désignons par $\mu_i(\rho)$ les valeurs propres , rangées en ordre croissant , du problème (pour $\rho\ge 0$, $\rho\not\equiv 0$) .

$$\begin{cases} -\Delta v=\mu_i(\rho)\,\rho\, v \\ v\in H_o^1(\Omega) . \end{cases}$$

Si $h \not\equiv 0$, puisque $0 \leq h \leq 1$, nous savons (cf. par exemple Courant-Hilbert [4]) que

$$\mu_i(h) \geq \mu_i(1) = \lambda_i \quad , \text{ pour tout } i = 1,2,\ldots$$

Si $(u_1 - u_2) \not\equiv 0$, d'après (4.2) , λ est un $\mu_i(h)$.

Puisque $\lambda < \lambda_2$, nous avons $\lambda = \mu_1(h)$. Par suite $(u_1 - u_2)$ ne change pas de signe , et par exemple

$$u_1 \geq u_2 \quad \text{dans } \Omega$$

Si pour $i = 1, 2$, $\omega_i = \{x \mid x \in \Omega \; , \; u_i(x) > 0\}$, nous avons

$$\omega_2 \subset \omega_1 \quad .$$

Or λ est première valeur propre du problème de Dirichlet homogène sur ω_i . Donc , d'après Courant-Hilbert [4] , $\omega_1 = \omega_2$. Il est alors clair que $u_1 = u_2$, d'où le théorème .

REMARQUES . 1) Schaeffer [6] exhibe un exemple de non unicité dans le cas d'un ouvert particulier . Il choisit $\lambda > \lambda_1$ mais en fait , dans son exemple, $\lambda > \lambda_2$ car Ω contient deux ouverts disjoints Ω_1 et Ω_2 sur lesquels λ est première valeur propre du problème de Dirichlet . Il est aisé de montrer qu'alors $\lambda \geq \lambda_2$.

2) Les calculs explicites montrent qu'en dimension 1, si Ω est un intervalle, il y a unicité pour tout $\lambda > 0$. La question de savoir si pour certaines géométries de Ω il y a unicité pour tout $\lambda > 0$ reste donc ouverte .

REFERENCES

[1] A. AMBROSETTI - P.H. RABINOWITZ : Dual variational methods in critical point theory and applications. Journal of functional Analysis, 14, (1973), 349-381.

[2] H.BERESTYCKI - H. BREZIS : Sur certains problèmes de frontière libre. Note C.R.A.S. Paris.

[3] H. BREZIS - R.E.L. TURNER : On a class of superlinear elliptic problems - à paraître -

[4] R. COURANT - D. HILBERT : Methods of Mathematical Physics, New York, Interscience 1962.

[5] D. KINDERLEHRER - J. SPRUCK : à paraître.

[6] D.G. SCHAEFFER : Non uniqueness in the equilibrium shape of a confined plasma ; à paraître dans Communications in P.D.E.

[7] R. TEMAM : A nonlinear eigenvalue problem : the shape at equilibrium of a confined plasma. Archive for Rational Mechanics and Analysis, vol.60 (1975) 51-73.

[8] R. TEMAM : Remarks on a free boundary value problem arising in plasma physics ; à paraître dans Communications in P.D.E.

[9] D. KINDERLEHRER - L. NIRENBERG - J. SPRUCK : à paraître.

REGULARITE DE LA SOLUTION D'UNE EQUATION NON LINEAIRE DANS $\mathbb{R}^N$

Jacques SIMON
Université P. et M. Curie (Paris VI)
Labo. Analyse Numérique (L.A. 189)
Tour 55.65 - 5è étage
4 place Jussieu
75230 Paris Cedex 05

Introduction .

On s'intéresse aux solutions u de

(1) $$- \operatorname{div} (d_1 |\operatorname{grad} u|^{p-2} \operatorname{grad} u) + d_o |u|^{p-2} u = f \quad \text{dans } \mathbb{R}^N$$

où f, d_o et d_1 sont des fonctions données dans $\mathbb{R}^N$, $p > 1$ et $\operatorname{div} = \partial/\partial x_1 + \ldots + \partial/\partial x_N$, $\operatorname{grad} = (\partial/\partial x_1 , \ldots, \partial/\partial x_N)$.

Cette équation intervient en glaciologie, cf. Pelissier [1] , et admet moyennant des hypothèses convenables sur f , d_o et d_1 une solution unique .

On suppose d'abord f et d_1 dérivables (en ce sens que les dérivées $\partial f/\partial x_i$ et $\partial d/\partial x_i$ appartiennent respectivement aux espaces [1] dans lesquels on se donne f et d_1 pour avoir l'existence) et on en déduit une propriété de régularité de u .

On montre ensuite que l'ordre de dérivabilité obtenu pour u est optimal et qu'il y a un seuil de régularité, c'est-à-dire que quand f , d_o et d_1 sont très réguliers u ne l'est pas nécessairement .

---

[1] $\frac{\partial f}{\partial x_i} \in W^{-1,p^*}(\mathbb{R}^N)$ et $\frac{\partial d}{\partial x_i} \in L^\infty(\mathbb{R}^N)$, ou plus exactement $f \in L^{p^*}(\mathbb{R}^N)$ et $d \in W^{1,\infty}(\mathbb{R}^N)$.

On suppose enfin d_o et d_1 constants et f deux fois dérivable (au sens ci-dessus) et on en déduit quand $p > 2$ une propriété de régularité de u plus forte que précédemment .

On donne de plus des propriétés de régularité de $|\text{grad } u|^{\alpha-1}\text{grad } u$ où $\alpha > 0$ (donc en particulier du champ de contrainte dans un glacier) .

On établit les propriétés de régularité de u en utilisant la méthode des translations de Nirenberg [1] ; elle peut être utilisée pour d' autres équations que (1) qui est étudiée à titre de modèle , et en particulier pour des équations d'ordre plus élevé ou pour des équations d'évolution ou encore pour des inéquations .

Une partie de ces résultats ont été annoncés dans Simon [1] . Un résultat de régularité analogue au premier résultat qu'on établit ici est donné dans El Kolli [1] pour la solution périodique dans un pavé d'une équation voisine de (1) , avec $p \geq 2$.

Pour des propriétés de régularité des solutions de (1) , ou d'équations voisines , dans un ouvert quelconque on renvoie à Simon [2] et à sa bibliographie .

On suit le plan :

1 - Position du problème et résultat de régularité .

2 - Une propriété de l'opérateur $\mathcal{A}_p$.

3 - Démonstration du théorème 1.1 .

4 - Régularité intermédiaire .

5 - Optimalité .

6 - Seuil de régularité .

7 - Un autre résultat de régularité .

8 - Régularité des puissances du gradient .

1. Position du problème et résultat de régularité .

On note $x = (x_1, \dots, x_N)$ le point générique de $\mathbb{R}^N$, qu'on munit de la norme euclidienne $|x| = (|x_1|^2 + \dots + |x_N|^2)^{\frac{1}{2}}$. Etant donné $\beta = (\beta_1, \dots, \beta_N)$ un indice de dérivation (multi-entier positif) on note $|\beta| = \beta_1 + \dots + \beta_N$, $D^\beta = (\partial/\partial x_1)^{\beta_1} \circ \dots \circ (\partial/\partial x_N)^{\beta_N}$ et $D^{(0,\dots,0)} = \mathrm{Id}$.

On note pour m entier et $1 < r < \infty$,

$$W^{m,r}(\mathbb{R}^N) = \{v \mid D^\beta v \in L^r(\mathbb{R}^N) \ , \ |\beta| \le m\} \ ,$$

$$W^{-m,r}(\mathbb{R}^N) = \{v = \sum_{|\beta| \le m} D^\beta v_\beta \mid v_\beta \in L^r(\mathbb{R}^N)\} \ ,$$

et on définit par interpolation pour σ non entier , $E(\sigma)$ = partie entière de σ et $1 \le q \le \infty$,

$$B_q^{\sigma,r}(\mathbb{R}^N) = [W^{E(\sigma)+1,\,r}(\mathbb{R}^N) \ ; \ W^{E(\sigma),r}(\mathbb{R}^N)]_{E(\sigma)+1-\sigma,q} \quad (^1) \ .$$

Etant donnés $1 < p < \infty$ et

(1.1) $\qquad d_o, d_1 \in L^\infty(\mathbb{R}^N)$ tels que $\quad \operatorname*{Inf\,ess}_{x \in \mathbb{R}^N} d_i(x) > 0$

on définit un opérateur $\mathcal{a}_p$ de $W^{1,p}(\mathbb{R}^N)$ dans $W^{-1,p^*}(\mathbb{R}^N)$ où $\frac{1}{p} + \frac{1}{p^*} = 1$ par

$$\mathcal{a}_p(v) = -\operatorname{div}(d_1 |\operatorname{grad} v|^{p-2} \operatorname{grad} v) + d_o |v|^{p-2} v \quad (^2) \ .$$

---

(1) On note, cf. Peetre [1] ,

$$[A_1, A_2]_{\theta,q} = \left\{a \in A_1 + A_2 \mid h^{-\theta} K(h;a) \in L^q\left(0, \infty ; \frac{dh}{h}\right)\right\}$$

où $\quad K(h;a) = \operatorname{Inf}\left\{\|a_1\|_{A_1} + h\|a_2\|_{A_2} \mid a_1 + a_2 = a \ , \ a_i \in A_i\right\}$.

(2) i.e $\quad \mathcal{a}_p(v) = -\sum_{i=1\dots N} \frac{\partial}{\partial x_i}\left(d_1\left(\sum_{j=1\dots N} \left|\frac{\partial v}{\partial x_j}\right|^2\right)^{\frac{p-2}{2}} \frac{\partial v}{\partial x_i}\right) + d_o |v|^{p-2} v.$

Etant donné $f \in W^{-1,p^*}(\mathbb{R}^N)$ il existe - cf. Lions [1] théorème 2.1 p. 171 - une solution u unique , d'après le lemme 2.1 ci-après , de

$$(1.2) \qquad \begin{cases} u \in W^{1,p}(\mathbb{R}^N) , \\ \mathcal{a}_p(u) = f . \end{cases}$$

On démontrera au § 3 le résultat de régularité suivant :

THEOREME 1.1. <u>On suppose que</u>

$$(1.3) \qquad d_1 \in W^{1,\infty}(\mathbb{R}^N) \quad \underline{\text{et}} \quad f \in L^{p^*}(\mathbb{R}^N) .$$

<u>Alors</u>

$$(1.4) \qquad u \in \begin{cases} B_\infty^{1+\frac{1}{p-1},p}(\mathbb{R}^N) & \underline{\text{quand}}\ p > 2 , \\ W^{2,p}(\mathbb{R}^N) & \underline{\text{quand}}\ p \le 2 . \end{cases}$$

<u>Principe de démonstration</u> .

On se ramènera au cas $d_o \equiv 1$, puis on montrera que l'applica - tion $(d_1, f) \longrightarrow u$ est höldérienne $\Big($ d'ordre $\frac{1}{p-1}$ quand $p \ge 2$, d'ordre 1 quand $p \le 2 \Big)$ de $L^\infty(\mathbb{R}^N) \times W^{-1,p^*}(\mathbb{R}^N)$ dans $W^{1,p}(\mathbb{R}^N)$ et on utilisera les caractérisations par translation des espaces de Sobolev et de Besov sur $\mathbb{R}^N$.

REMARQUE 1.1. <u>Ordre de dérivabilité de</u> u .

On a $1 + \frac{1}{p-1} = p^*$, mais c'est une coïncidence que, quand $p > 2$, u soit " dérivable " d'ordre p^* conjugué de p .

Notons que $\frac{1}{p-1}$ est l'ordre d'homogénéité de $\mathcal{a}_p^{-1}$, au sens où

$$\mathcal{a}_p^{-1}(tf) = t^{\frac{1}{p-1}} \mathcal{a}_p^{-1}(f) \qquad \forall\, t \ge 0 .$$

Quand $p < 2$ l'ordre d'homogénéité $\frac{1}{p-1}$ étant supérieur à 1, il est remplacé par 1 [1].

REMARQUE 1.2. Régularité dans les espaces de Sobolev.

Les espaces de Sobolev d'ordre σ non entier étant définis de façon usuelle on a d'après Lions-Magenes [1], $W^{\sigma,r}(\mathbb{R}^N) = B_r^{\sigma,r}(\mathbb{R}^N)$ pour $1 < r < \infty$ donc (1.4) entraîne

$$(1.5) \qquad u \in W^{1+\frac{1}{p-1}-\varepsilon,p}(\mathbb{R}^N) \quad \text{pour tout } \varepsilon > 0 \text{, quand } p > 2 .$$

REMARQUE 1.3. Perte de régularité et optimalité.

On a fait des hypothèses de dérivabilité sur d_1 et f d'ordre 1 (par rapport aux hypothèses de définition de $\mathcal{A}_p$). Quand $p > 2$ on obtient une propriété de " dérivabilité d'ordre " $\frac{1}{p-1}$ qui est inférieur à 1 ; on perd donc de la régularité. On verra au § 5 qu'on ne peut pas faire mieux (pour l'hypothèse (1.3)).

2. Une propriété de l'opérateur $\mathcal{A}_p$.

Pour démontrer le théorème 1.1 on utilisera le

LEMME 2.1. *On suppose que* (1.1) *est vérifiée*.

Il existe une constante $c > 0$ *telle que pour tout* $v, v' \in W^{1,p}(\mathbb{R}^N)$,

---

(1) En effet $\mathcal{A}_p^{-1}$ n'est plus höldérienne d'ordre $\frac{1}{p-1}$ mais est lipschitzienne, cf. (2.1).

$$(2.1)\quad \|v'-v\|_{W^{1,p}(\mathbb{R}^N)} \le \begin{cases} c\left(\|\mathcal{a}_p(v')-\mathcal{a}_p(v)\|_{W^{-1,p^*}(\mathbb{R}^N)}\right)^{\frac{1}{p-1}} & \underline{\text{quand}}\ p \ge 2, \\ c\, M^{2-p}\, \|\mathcal{a}_p(v')-\mathcal{a}_p(v)\|_{W^{-1,p^*}(\mathbb{R}^N)} & \underline{\text{quand}}\ p \le 2, \end{cases}$$

où $M = \mathrm{Sup}\left\{ \|v\|_{W^{1,p}(\mathbb{R}^N)}\ ;\ \|v'\|_{W^{1,p}(\mathbb{R}^N)} \right\}$.

Démonstration .

a) Majorations liminaires. On note $\langle\ ,\ \rangle$ le produit scalaire dans $\mathbb{R}^N$. Il existe $c_1 > 0$ telle que , pour tout t, $t' \in \mathbb{R}^N$,

$$(2.2)\quad \langle |t'|^{p-2}t' - |t|^{p-2}t,\ t'-t\rangle \ge \begin{cases} c_1 |t'-t|^p & \text{quand } p \ge 2\ , \\ c_1 \dfrac{|t'-t|^2}{(|t'|+|t|)^{2-p}} & \text{quand } p \le 2\ . \end{cases}$$

Une démonstration utilisant des développements limités est donnée dans Glowinski-Marocco [1] , pour $N = 2$. On va utiliser une autre méthode:

On se ramène par homogénéité et symétrie au cas $|t'| = 1$ et $|t| \le 1$, et on choisit un système d'axes tel que $t' = (1, 0 \ldots 0)$ et $t = (t_1, t_2, 0 \ldots 0)$. Quand $p \le 2$, (2.2) est alors équivalent à

$$(2.3)\quad \begin{cases} \left(\left(1 - \dfrac{t_1}{\sqrt{t_1^2+t_2^2}^{\,2-p}}\right)(1-t_1) + \dfrac{t_2^2}{\sqrt{t_1^2+t_2^2}^{\,2-p}}\right) \dfrac{\left(1+\sqrt{t_1^2+t_2^2}\right)^{2-p}}{(1-t_1)^2+t_2^2} \ge c_1 \\ \text{pour tout } t = (t_1, t_2)\ ,\ t_1^2+t_2^2 \le 1\ ,\ t \ne (1,0)\ . \end{cases}$$

En minorant

$$1 - \frac{t_1}{\sqrt{t_1^2+t_2^2}^{\,2-p}} \geq \begin{cases} 1 - \dfrac{t_1}{|t_1|^{2-p}} \geq (p-1)(1-t_1) & \text{si } 0 \leq t_1 \leq 1 , \\ 1 - t_1 \geq (p-1)(1-t_1) & \text{si } t_1 \leq 0 , \end{cases}$$

$$\frac{1}{\sqrt{t_1^2+t_2^2}^{\,2-p}} \geq 1 , \quad (1+\sqrt{t_1^2+t_2^2})^{2-p} \geq 1$$

on établit (2.3) , donc (2.2) , avec $c_1 = p-1$.

Quand $p \geq 2$ on effectue un calcul analogue .

b) <u>Le cas</u> $p \geq 2$. On a

(2.4)
$$\begin{cases} [\mathcal{a}_p(v') - \mathcal{a}_p(v), v'-v]_{W^{-1,p^*}(\mathbb{R}^N), W^{1,p}(\mathbb{R}^N)} = \\ = \int_{\mathbb{R}^N} d_1 \langle |\text{grad } v'|^{p-2} \text{grad } v' - |\text{grad } v|^{p-2} \text{grad } v, \text{grad } v' - \text{grad } v \rangle \\ \qquad + \int_{\mathbb{R}^N} d_o (|v'|^{p-2} v' - |v|^{p-2} v)(v'-v) . \end{cases}$$

En majorant le premier membre par le produit des normes duales et en mino - rant le second membre avec (1.1) et (2.2) il vient

(2.5)
$$\begin{cases} \|\mathcal{a}_p(v') - \mathcal{a}_p(v)\|_{W^{-1,p^*}(\mathbb{R}^N)} \|v'-v\|_{W^{1,p}(\mathbb{R}^N)} \\ \geq c_2 \int_{\mathbb{R}^N} |\text{grad}(v'-v)|^p + |v'-v|^p \geq c_3 \left(\|v'-v\|_{W^{1,p}(\mathbb{R}^N)} \right)^p \end{cases}$$

d'où (2.1) .

c) <u>Le cas</u> $p \leq 2$. En utilisant l'inégalité de Hölder avec $\frac{2}{p} = 1 + \frac{2-p}{p}$ on déduit de (2.2) que, pour tout $t, t' \in L^p(\mathbb{R}^N)^N$,

$$\Big(\int_{\mathbb{R}^N} |t'-t|^p\Big)^{\frac{2}{p}} \le$$

$$\le \Big(\int_{\mathbb{R}^N} \langle |t'|^{p-2}t' - |t|^{p-2}t, t'-t\rangle\Big)\Big(\int_{\mathbb{R}^N} |t'|^p + |t|^p\Big)^{\frac{2-p}{p}}$$

ce qui permet de minorer le second membre de (2.4) par

$$\frac{c_2}{M^{2-p}}\Big(\Big(\int_{\mathbb{R}^N}|\operatorname{grad}(v'-v)|^p\Big)^{\frac{2}{p}} + \Big(\int_{\mathbb{R}^N}|v'-v|^p\Big)^{\frac{2}{p}}\Big) \ge$$

$$\ge \frac{c_3}{M^{2-p}}\Big(\|v'-v\|_{W^{1,p}(\mathbb{R}^N)}\Big)^2$$

d'où (2.1).

3. Démonstration du théorème 1.1.

a) Rappel.

Etant donnée une fonction v sur $\mathbb{R}^N$ on note $v_{h,i}$ où $h \in \mathbb{R}$ et $i = 1\ldots N$ ses translatées définies par $v_{h,i}(x) = v(x_1, \ldots, x_i+h, \ldots, x_N)$. On étend par dualité cette définition aux distributions sur $\mathbb{R}^N$.

On a pour μ entier et $1 < r \le \infty$ ($r < \infty$ si $\mu < 0$)

$$(3.1)\quad W^{\mu+1,r}(\mathbb{R}^N) = \Big\{v \in W^{\mu,r}(\mathbb{R}^N) \mid \sup_{h>0} \frac{1}{h}\|v_{h,i} - v\|_{W^{\mu,r}(\mathbb{R}^N)} < \infty,\ i = 1\ldots N\Big\}$$

et d'après Lions-Peetre [1], pour $0 < s < 1$

$$(3.2)\quad B_\infty^{\mu+s,r}(\mathbb{R}^N) = \Big\{v \in W^{\mu,r}(\mathbb{R}^N) \mid \sup_{h>0} \frac{1}{h^s}\|v_{h,i} - v\|_{W^{\mu,r}(\mathbb{R}^N)} < \infty,\ i = 1\ldots N\Big\}.$$

$\varepsilon > 0$ il existe f tel que

r tout r , $1 \le r \le \infty$,

$1 \le r_1 \le \infty$, la solution de (3) vérifie

ε, r_1

$(\mathbb{R}^N)$ quand $p \ge 2$,

$\mathbb{R}^N)$ quand $p \le 2$.

Etant donnés $s \ge 0$, $1 \le r \le \infty$ et

$< x_i < \frac{1}{N}$ pour $i \ge 2 \}$, on a

3) si et seulement si $\{x \longrightarrow g(|x|)\} \in W^{s,r}(\cdot C)$.

féomorphisme de C sur $D =]2,3[\times]0,1[^{N-1}$ défini

$y_i = N x_i$ pour $i \ge 2$

.3) si et seulement si $\{y \longrightarrow g(y_1)\} \in W^{s,r}(D)$,

e quand s est entier, et qui s'obtient par interpola -

entier .

et f quand $p > 2$. On a $\frac{1}{p-1} \le 1$ donc d'après Simon

> 0 , il existe une fonction w telle que

b) On peut supposer $d_o \equiv 1$.

En effet il résulte de (1.2) que

$$- \operatorname{div} (d_1 |\operatorname{grad} u|^{p-2} \operatorname{grad} u) + |u|^{p-2} u = f_1$$

où $f_1 = f + (1-d_o) |u|^{p-2} u$ qui appartient comme f à $L^{p^*}(\mathbb{R}^N)$.

c) Une majoration pour $p > 2$ $(d_o \equiv 1)$.

En translatant l'équation (1.2) il vient

$$- \operatorname{div} ((d_1)_{h,i} |\operatorname{grad} u_{h,i}|^{p-2} \operatorname{grad} u_{h,i}) + |u_{h,i}|^{p-2} u_{h,i} = f_{h,i}$$

d'où

$$\mathcal{A}_p(u_{h,i}) = - \operatorname{div} (d_1 |\operatorname{grad} u_{h,i}|^{p-2} \operatorname{grad} u_{h,i}) + |u_{h,i}|^{p-2} u_{h,i}$$
$$= - \operatorname{div} ((d_1 - (d_1)_{h,i}) |\operatorname{grad} u_{h,i}|^{p-2} \operatorname{grad} u_{h,i}) + f_{h,i}$$

et avec (1.2) ,

$$\mathcal{A}_p(u_{h,i}) - \mathcal{A}_p(u) = (f_{h,i} - f) + \operatorname{div}\Big(((d_1)_{h,i} - d_1) |\operatorname{grad} u_{h,i}|^{p-2} \operatorname{grad} u_{h,i} \Big)$$

donc

$$(3.3) \quad \begin{cases} \|\mathcal{A}_p(u_{h,i}) - \mathcal{A}_p(u)\|_{W^{-1,p^*}(\mathbb{R}^N)} \le \\ \le \|f_{h,i} - f\|_{W^{-1,p^*}(\mathbb{R}^N)} + \|((d_1)_{h,i} - d_1) |\operatorname{grad} u_{h,i}|^{p-2} \operatorname{grad} u_{h,i}\|_{L^{p^*}(\mathbb{R}^N)^N} \\ \le \| f_{h,i} - f \|_{W^{-1,p^*}(\mathbb{R}^N)} + c_1 \| (d_1)_{h,i} - d_1 \|_{L^\infty(\mathbb{R}^N)} \end{cases}$$

où $c_1 = \left(\|\operatorname{grad} u_{h,i}\|_{L^p(\mathbb{R}^N)^N} \right)^{p-1} = \left(\|\operatorname{grad} u\|_{L^p(\mathbb{R}^N)^N} \right)^{p-1}$.

Le lemme 2.1 montre alors que

$$(3.4) \quad \|u_{h,i} - u\|_{W^{1,p}(\mathbb{R}^N)} \le c_2 \Big(\|f_{h,i} - f\|_{W^{-1,p^*}(\mathbb{R}^N)} + \|(d_1)_{h,i} - d_1\|_{L^\infty(\mathbb{R}^N)} \Big)^{\frac{1}{p-1}} .$$

d) Régularité de u pour $p > 2$.

L'hypothèse (1.3) entraîne, d'après la caractérisation (3.1) ,

$$(3.5) \qquad \sup_{h>0} \frac{1}{h} \| f_{h,i} - f \|_{W^{-1,p^*}(\mathbb{R}^N)} < \infty \, , \quad \sup_{h>0} \frac{1}{h} \| (d_1)_{h,i} - d_1 \|_{L^\infty(\mathbb{R}^N)} < \infty$$

et la majoration (3.4) donne

$$\sup_{h>0} \frac{1}{h^{1/(p-1)}} \| u_{h,i} - u \|_{W^{1,p}(\mathbb{R}^N)} < \infty$$

i.e. d'après (3.2) , $u \in B_\infty^{1+1/(p-1),\, p}(\mathbb{R}^N)$.

e) Le cas $p \leq 2$.

Le lemme 2.1 donne alors d'après (3.3) ,

$$(3.6) \quad \| u_{h,i} - u \|_{W^{1,p}(\mathbb{R}^N)} \leq c_2 \, M^{2-p} \Big(\| f_{h,i} - f \|_{W^{-1,p^*}(\mathbb{R}^N)} + \| (d_1)_{h,i} - d_1 \|_{L^\infty(\mathbb{R}^N)} \Big)$$

où $M = \sup_{h \geq 0} \| u_{h,i} \|_{W^{1,p}(\mathbb{R}^N)} = \| u \|_{W^{1,p}(\mathbb{R}^N)}$, et il résulte de (3.5) que

$$\sup_{h \geq 0} \frac{1}{h} \| u_{h,i} - u \|_{W^{1,p}(\mathbb{R}^N)} < \infty$$

i.e. d'après (3.1) , $u \in W^{2,p}(\mathbb{R}^N)$.

REMARQUE 3.1. Le cas où d_o n'est pas strictement positif .

Pour qu'il existe une solution unique de (1.2) on a supposé , cf. (1.1) ,

$$\operatorname*{inf\,ess}_{x \in \mathbb{R}^N} d_o(x) > 0 \ .$$

Si cette hypothèse n'est pas vérifiée, la démonstration ci-dessus montre que toute solution u de (1.2) vérifie le théorème 1.1 .

$$(5.5)\qquad \begin{cases} w \in W^{1,\infty}(2,3) \ , \\ |w|^{\frac{1}{p-1}-1} \quad w \notin W^{\frac{1}{p-1}+\varepsilon,1}(2,3) \ . \end{cases}$$

On introduit un prolongement $\tilde{w}$ de w tel que

$$(5.6)\qquad \begin{cases} \tilde{w} \in W^{1,\infty}(0,\infty) \ , \\ \tilde{w}(t) = 0 \quad \text{si } t \leq 1 \text{ ou si } t \geq 4 \ , \\ \displaystyle\int_0^4 |\tilde{w}(\xi)|^{\frac{1}{p-1}-1} \ \tilde{w}(\xi)\, d\xi = 0 \ . \end{cases}$$

On définit alors u par

$$u(x) = \int_0^{|x|} |\tilde{w}(\xi)|^{\frac{1}{p-1}-1} \ \tilde{w}(\xi)\, d\xi \ .$$

Notons que

$$(5.7)\qquad \frac{\partial |x|}{\partial x_i} = \frac{x_i}{|x|} \ ,$$

$$(5.8)\qquad \sum_{i=1\dots N} \frac{\partial}{\partial x_i}\left(\frac{x_i}{|x|}\right) = \sum_{i=1\dots N}\left(\frac{1}{|x|} - \frac{x_i}{|x|^2}\,\frac{x_i}{|x|}\right) = \frac{N-1}{|x|} \ .$$

On a donc

$$(5.9)\qquad \frac{\partial u}{\partial x_i}(x) = |\tilde{w}(|x|)|^{\frac{1}{p-1}-1} \ w(|x|)\frac{x_i}{|x|}$$

d'où

$$\left(\sum_{j=1\dots N}\left|\frac{\partial u}{\partial x_j}(x)\right|^2\right)^{\frac{p-2}{2}} = |\tilde{w}(|x|)|^{\frac{p-2}{p-1}} = |\tilde{w}(|x|)|^{1-\frac{1}{p-1}}$$

et

$$(5.10)\quad \begin{cases} f(x) = -\displaystyle\sum_{i=1\ldots N} \frac{\partial}{\partial x_i}\Big(\Big(\sum_{j=1\ldots N}\Big|\frac{\partial u}{\partial x_j}\Big|^2\Big)^{\frac{p-2}{2}} \frac{\partial u}{\partial x_i}\Big)(x) + |u(x)|^{p-2}u(x) \\ \quad = -\displaystyle\sum_{i=1\ldots N} \frac{\partial}{\partial x_i}\Big(\tilde{w}(|x|)\frac{x_i}{|x|}\Big) + |u(x)|^{p-2}u(x) \\ \quad = -\dfrac{d\tilde{w}}{dt}(|x|) - \dfrac{N-1}{|x|}\tilde{w}(|x|) + |u(x)|^{p-2}u(x) \quad . \end{cases}$$

c) <u>Propriétés de</u> u <u>et</u> f <u>quand</u> $p \geq 2$. Les propriétés (5.3) , (5.5) et (5.6) entraînent , d'après (5.9) et (5.10) ,

$$\begin{cases} \dfrac{\partial u}{\partial x_i} \in L^\infty(\mathbb{R}^N) \ , \ \dfrac{\partial u}{\partial x_1} \notin W^{\frac{1}{p-1}+\varepsilon,1}(\mathbb{R}^N) \\ f \in L^\infty(\mathbb{R}^N) \ . \end{cases}$$

Comme u et f sont à support compact il en résulte que $u \in W^{1,p}(\mathbb{R}^N)$, donc que (1.2) est vérifié , et que (5.1) et (5.2) sont vérifiés .

d) <u>Le cas</u> $p \leq 2$. On a $\dfrac{1}{p-1} \geq 1$ donc , d'après Simon [3] § 4 , on peut supposer ici que $|w|^{1/(p-1)-1}\, w \notin W^{1+\varepsilon,1}(2,3)$. Avec (5.3) cela entraîne, d'après (5.8) , que $\partial u/\partial x_1 \notin W^{1+\varepsilon,1}(\mathbb{R}^N)$ d'où (5.2) puisque u est à support compact .

6. <u>Seuil de régularité</u> .

On suppose dans ce paragraphe que $d_1 \equiv 1$ et $d_o \equiv 0$.

On montre que quand f est très régulier , u ne l'est pas nécessairement .

THEOREME 6.1 . On suppose $\frac{1}{p-1}$ non entier . Il existe f tel que

(6.1) $f \in C^\infty(\mathbb{R}^N)$ et support de f est compact

pour lequel (1.2) admet une solution u vérifiant pour tout $\varepsilon > 0$ et tout r , $1 \leq r \leq \infty$,

(6.2) $$u \notin W^{1+\frac{1}{p-1}+\frac{1}{r}+\varepsilon, r}(\mathbb{R}^N) \quad .$$

REMARQUE 6.1 . L'ordre maximum de " dérivabilité " de u est donc $2+\frac{1}{p-1}$. On a vu à la remarque 3.1 que le théorème 1.1 est vérifié quand $d_o = 0$, donc que sous l'hypothèse (1.3) toute solution u de (1.2) est dérivable d' ordre $1+\frac{1}{p-1}$ quand $p \geq 2$ et d'ordre 2 quand $p \leq 2$.

Il serait intéressant de savoir si avec des hypothèses plus fortes on peut atteindre un ordre de dérivabilité compris entre $1+\frac{1}{p-1}$ (ou 2 si $p < 2$) et $2+\frac{1}{p-1}$.

Démonstration du théorème 6.1 .

a) Construction de u et f . On se donne une fonction w vérifiant

(6.3) $$w(t) = \begin{cases} 2-|t|^{1+\frac{1}{p-1}} & \text{si } |t| \leq 1 , \\ \exp\left(-\frac{1}{3-|t|}\right) & \text{si } 2 \leq |t| \leq 3 , \\ 0 & \text{si } |t| \geq 3 , \end{cases}$$

(6.4) $$w \in C^\infty(J) \text{ et } \inf_{t \in J} \left|\frac{dw}{dt}(t)\right| > 0 \text{ , où } J = \left\{ t \mid \frac{1}{2} < |t| < \frac{5}{2} \right\} \quad .$$

On pose

$$(6.5) \qquad u(x) = w\Big(|x| - 4\Big), \quad x \in \mathbb{R}^N .$$

D'après (5.7) on a

$$(6.6) \qquad \frac{\partial u}{\partial x_i}(x) = \frac{dw}{dt}\Big(|x| - 4\Big)\frac{x_i}{|x|}$$

donc

$$\Big(\Big(\sum_{j=1\dots N}\Big|\frac{\partial u}{\partial x_j}\Big|^2\Big)^{\frac{p-2}{2}}\frac{\partial u}{\partial x_i}\Big)(x) = v\Big(|x|\Big)\frac{x_i}{|x|} ,$$

où

$$(6.7) \qquad v(t) = \Big|\frac{dw}{dt}(t-4)\Big|^{p-2}\frac{dw}{dt}(t-4) ,$$

et , avec (5.7) et (5.8) , il vient

$$(6.8) \qquad \begin{cases} f(x) = -\displaystyle\sum_{i=1\dots N}\Big(\Big(\sum_{j=1\dots N}\Big|\frac{\partial u}{\partial x_j}\Big|^2\Big)^{\frac{p-2}{2}}\frac{\partial u}{\partial x_i}\Big)(x) \\[2ex] \quad = -\displaystyle\sum_{i=1\dots N}\Big(\frac{dv}{dt}\Big(|x|\Big)\Big(\frac{x_i}{|x|}\Big)^2 + v\Big(|x|\Big)\frac{\partial}{\partial x_i}\Big(\frac{x_i}{|x|}\Big)\Big) \\[2ex] \quad = -\dfrac{dv}{dt}\Big(|x|\Big) - \dfrac{N-1}{|x|}v\Big(|x|\Big) . \end{cases}$$

b) <u>Propriétés de</u> u <u>et</u> f . On a

$$\frac{dw}{dt}(t) = \begin{cases} -\Big(1 + \dfrac{1}{p-1}\Big)(\operatorname{sgn} t)\,|t|^{\frac{1}{p-1}} & \text{si} \quad |t| \le 1 , \\[2ex] -\dfrac{\operatorname{sgn} t}{(3-|t|)^2}\exp\Big(-\dfrac{1}{3-|t|}\Big) & \text{si} \quad 2 \le |t| \le 3 , \\[2ex] 0 & \text{si} \quad |t| \ge 3 , \end{cases}$$

où sgn t est le signe de t . Avec (6.4) cela montre , d'après (6.6) , que $\partial u/\partial x_i \in L^\infty(\mathbb{R}^N)$ et comme u est à support compact il en résulte que $u \in W^{1,p}(\mathbb{R}^N)$ donc que (1.2) est vérifié .

On a de plus

$$\left(\left|\frac{dw}{dt}\right|^{p-2}\frac{dw}{dt}\right)(t) = \begin{cases} -\left(1+\dfrac{1}{p-1}\right)^{p-1} t & \text{si } |t| \leq 1 , \\ -\dfrac{\operatorname{sgn} t}{(3-|t|)^{2p-2}} \exp\left(-\dfrac{p-1}{3-|t|}\right) & \text{si } 2 \leq |t| \leq 3 , \\ 0 & \text{si } |t| \geq 3 . \end{cases}$$

Avec (6.4) il en résulte que $\left|\frac{dw}{dt}\right|^{p-2}\frac{dw}{dt} \in C^\infty(\mathbb{R})$ et f , qui est donné par (6.8) et (6.7) vérifie

$f \in C^\infty(\mathbb{R}^N)$ et le support de f est compact .

Enfin $w(t) = 2 - |t|^{1+\frac{1}{p-1}}$ si $|t| \leq 1$ donc , $\frac{1}{p-1}$ étant non entier , $w \notin W^{1+\frac{1}{p-1}+\varepsilon,\infty}(-1,1)$ (1) et d'après le théorème de Sobolev - cf. Sobolev [1] - $w \notin W^{1+\frac{1}{p-1}+\frac{1}{r}+\varepsilon,r}(-1,1)$. La propriété (5.3) relative

---

(1) Pour s non entier de partie entière E(s) , $W^{s,\infty}(-1,1)$ est l'ensemble des fonctions dont la dérivée d'ordre E(s) est Höldérienne d'ordre s-E(s) sur (-1,1) .

au segment]3,5[(au lieu de]2,3[ ) montre que u , qui est donné par (6.5), vérifie

$$u \notin W^{1+\frac{1}{p-1}+\frac{1}{r}+\varepsilon, r}(\mathbb{R}^N) .$$

7. Un autre résultat de régularité quand $p > 2$.

On suppose dans ce paragraphe que $d_o = d_1 \equiv 1$.

THEOREME 7.1. On suppose que $p > 2$ et que

(7.1) $f \in W^{1,p^*}(\mathbb{R}^N)$.

Alors la solution de (1.2) vérifie

(7.2) $u \in B_\infty^{1+\frac{2}{p}, p}(\mathbb{R}^N)$.

REMARQUE 7.1 . L'ordre de dérivabilité $1 + \frac{2}{p}$ obtenu ici est compris entre $1 + \frac{1}{p-1} = 1 + \frac{p^*}{p}$ obtenu au théorème 1.1 et l'ordre maximum $1 + \frac{1}{p-1} + \frac{1}{p} = 1 + \frac{p^*+1}{p}$ mis en évidence au théorème 6.1 pour l'ordre d'intégration p .

Démonstration du théorème 7.1 .

a) Une propriété de $\mathfrak{A}_p$. Reprenons l'égalité (2.4) . Quand $\mathcal{a}_p(v)$ et $\mathcal{a}_p(v')$ appartiennent à $L^{p^*}(\mathbb{R}^N)$ on a

$$(7.3) \quad \begin{cases} [\mathcal{a}_p(v') - \mathcal{a}_p(v), v'-v] = \int_{\mathbb{R}^N} (\mathcal{a}_p(v') - \mathcal{a}_p(v))(v'-v) \\ \qquad \le \|\mathcal{a}_p(v') - \mathcal{a}_p(v)\|_{L^{p^*}(\mathbb{R}^N)} \|v'-v\|_{L^p(\mathbb{R}^N)} \end{cases}$$

et en minorant le second membre avec (1.1) et (2.2) comme dans (2.5) il vient

$$\|v'-v\|_{W^{1,p}(\mathbb{R}^N)} \leq c\left(\|\mathcal{a}_p(v')-\mathcal{a}_p(v)\|_{L^{p^*}(\mathbb{R}^N)} \|v'-v\|_{L^p(\mathbb{R}^N)}\right)^{\frac{1}{p}} .$$

b) Régularité de u . Comme $d_o = d_1 \equiv 1$, en translatant l'équation (1.2) il vient $\mathcal{a}_p(u_{h,i}) = f_{h,i} \in L^{p^*}(\mathbb{R}^N)$ d'où

$$\|u_{h,i}-u\|_{W^{1,p}(\mathbb{R}^N)} \leq c\left(\|f_{h,i}-f\|_{L^{p^*}(\mathbb{R}^N)} \|u_{h,i}-u\|_{L^p(\mathbb{R}^N)}\right)^{\frac{1}{p}} .$$

L'hypothèse (7.1) et $u \in W^{1,p}(\mathbb{R}^N)$ entraînent , d'après (3.1) , que

$$\sup_{h>0} \frac{1}{h} \|f_{h,i}-f\|_{L^{p^*}(\mathbb{R}^N)} < \infty \ , \ \sup_{h>0} \frac{1}{h} \|u_{h,i}-u\|_{L^p(\mathbb{R}^N)} < \infty$$

donc

$$\sup_{h>0} \frac{1}{h^{2/p}} \|u_{h,i}-u\|_{W^{1,p}(\mathbb{R}^N)} < \infty$$

ce qui , d'après (3.2) , établit (7.2) .

8. Régularité des puissances du gradient .

Certaines grandeurs physiques associées à l'équation (1) sont des puissances du gradient de u : d'après Pelissier-Reynaud [1] le champ de contrainte T dans un glacier est associé à la vitesse linéaire u par $T = \left(|\text{grad } u|_{\mathbb{R}^3}\right)^{p-2} \text{grad } u$.

THEOREME 8.1 . On suppose que (1.3) est vérifié .

i) Le cas $p > 2$. On a

$$(8.1)\quad |\text{grad}\, u|^{\alpha-1}\text{grad}\, u \in \begin{cases} B_{\infty}^{\frac{p}{2(p-1)},\frac{p}{\alpha}}(\mathbb{R}^N)^N & \underline{\text{si}}\quad \alpha \geq \frac{p}{2} \\ B_{\infty}^{\frac{\alpha}{p-1},\frac{p}{\alpha}}(\mathbb{R}^N)^N & \underline{\text{si}}\quad 0 < \alpha \leq \frac{p}{2}\ . \end{cases}$$

ii) <u>Le cas</u> $p \leq 2$. <u>On a</u>

$$(8.2)\quad |\text{grad}\, u|^{\alpha-1}\text{grad}\, u \in \begin{cases} W^{1,\frac{p}{\alpha}}(\mathbb{R}^N)^N & \underline{\text{si}}\quad \alpha \geq \frac{p}{2}\ , \\ B_{\infty}^{\frac{2\alpha}{p},\frac{p}{\alpha}}(\mathbb{R}^N)^N & \underline{\text{si}}\ 0 < \alpha < \frac{p}{2}\ . \end{cases}$$

Notons qu'on retrouve les résultats du théorème 1.1 en prenant $\alpha = 1$.

<u>Démonstration du théorème</u> 8.1 .

a) <u>Le cas</u> $\alpha = \frac{p}{2}$. On démontre de façon analogue à (2.2) qu'il existe des constantes $c > 0$ et c' telles que , pour tout t , $t' \in \mathbb{R}^N$,

$$\langle |t'|^{p-2}t' - |t|^{p-2}t, t'-t\rangle \geq c\ \left|\ |t'|^{\frac{p}{2}-1}t' - |t|^{\frac{p}{2}-1}t\ \right|^2\ ,$$

$$|t'-t| \leq \begin{cases} c'\ \left|\ |t'|^{\frac{p}{2}-1}t' - |t|^{\frac{p}{2}-1}t\ \right|^{\frac{2}{p}} & \text{si}\quad p \geq 2\ , \\ c'\ \left|\ |t'|^{\frac{p}{2}-1}t' - |t|^{\frac{p}{2}-1}t\ \right|\left(\ |t'| + |t|\ \right)^{\frac{2-p}{2}} & \text{si}\quad p \leq 2\ . \end{cases}$$

On déduit de façon analogue au lemme 2.1 que l' application $\mathcal{A}_p(u) \longrightarrow |\text{grad}\, u|^{\frac{p}{2}-1}\text{grad}\, u$ est höldérienne des bornés de $W^{-1,p^*}(\mathbb{R}^N)$ dans $L^2(\mathbb{R}^N)^N$

d'ordre $\frac{p}{2(p-1)}$ quand $p \geq 2$ et d'ordre 1 quand $p \leq 2$.

On établit alors (8.1) et (8.2) par une démonstration analogue à celle du théorème 1.1 .

b) Le cas général . L'application $|v|^{\frac{p}{2}-1} v \longrightarrow |v|^{\alpha-1} v$ est hölderienne sur les bornés de $L^2(\mathbb{R}^N)^N$ dans $L^{\frac{p}{\alpha}}(\mathbb{R}^N)^N$, d'ordre 1 quand $\alpha \geq \frac{p}{2}$ et d'ordre $\frac{2-\alpha}{p}$ quand $\alpha \leq \frac{p}{2}$.

D'après les caractérisations (3.1) et (3.2) les résultats (8.1)et (8.2) relatifs à $\alpha = \frac{p}{2}$ entraînent donc les résultats pour tout α .

On obtient de même des résultats analogues à ceux du théorème 7.1 :

THEOREME 8.2 . On suppose que $p > 2$, $d_o = d_1 \equiv 1$ et que (7.1) est vérifié . On a

$$|\text{grad } u|^{\alpha-1} \text{grad } u \in \begin{cases} W^{1,\frac{p}{\alpha}}(\mathbb{R}^N)^N & \text{si } \alpha \geq \frac{p}{2} , \\ B_{\infty}^{\frac{2\alpha}{p},\frac{p}{\alpha}}(\mathbb{R}^N)^N & \text{si } \alpha < \frac{p}{2} . \end{cases}$$

REFERENCES

EL KOLLI A. [1] , Régularité de la solution et majoration de l'erreur d'approximation ...,
C.R. Acad.Sci., Paris, 273 (1973) 735-737 .

GLOWINSKI R. & MARROCCO A. [1] , Sur l'approximation , par éléments finis d'ordre un , et la résolution ...,
Revue Française d'Automatique , Informatique et Rech. Opérationnelle , (Aout 1975) R.2 , 41-76 .

LIONS J.L. [1] , Quelques méthodes de résolution des problèmes aux limites non linéaires , Paris , Dunod (1968) .

LIONS J.L. & MAGENES E. [1] , Problemi al contorno non omogenei (III) ,
Ann. Scuola Norm. Sup., Pisa, vol. 15 (1961) 39-101 .

LIONS J.L. & PEETRE J. [1] , Sur une classe d'espaces d'interpolation ,
Inst. Hautes Etudes , Paris , n° 19 (1964) 5-68 .

NIRENBERG L. [1] , Remarks on strongly elliptic partial differential equations,
Comm. Pure Appl. Math., vol.8 (1955) 648-674 .

PEETRE J. [1] , Nouvelles propriétés d'espaces d'interpolation ,
C.R. Acad. Sci., Paris , 256 (1963) 54-55 .

PELISSIER M.C. [1] , Sur quelques problèmes non linéaires en glaciologie ,
Thèse , Publications Mathématiques d'Orsay n° 110 (1975) .

PELISSIER M.C. & REYNAUD L. [1] , Etude d'un modèle mathématique d'écoulement de glaciers , C.R. Acad.Sci.,Paris, 279 (1974) 531-534.

SIMON J. [1] , Régularité de solutions de problèmes non linéaires ,
C.R. Acad. Sci., Paris, 282 (1976) 1351-1354 .

[2] , Régularité de la solution d'un problème aux limites non linéaires , Publications du L.A. 189, Université P. et M. Curie , Paris (1976)

[3] , Régularité de la composée de deux fonctions et applications , Publications du L.A. 189 , Université P. et M. Curie , Paris (1976)

SOBOLEV S.I. [1] , Applications de l'Analyse fonctionnelle aux équations de la physique mathématique , Léningrad (1950) .

UNE NOUVELLE METHODE DE RESOLUTION D'EQUATIONS AUX DERIVEES PARTIELLES NON LINEAIRES

L.TARTAR

Laboratoire de Mathématiques. Bt 425.
Université Paris-Sud. Centre d'Orsay.

91 405 ORSAY Cedex

0. INTRODUCTION.

Quand on étudie les méthodes utilisées pour résoudre les équations aux dérivées partielles non linéaires de la mécanique et de la physique (qui sont les sources principales d'inspiration pour les spécialistes), on s'aperçoit qu'elles sont peu nombreuses quant aux idées directrices ; la multiplicité des exemples alliée au caractère très technique des vérifications à effectuer pour se ramener à un modèle standard crée cependant une apparente diversité.

Tout d'abord, on trouve la méthode des itérations successives où le cadre est celui des espaces métriques complets. Sa mise en oeuvre peut être très délicate et on peut y rattacher des outils très élaborés comme le théorème des fonctions implicites de Nash-Moser (dont toutes les variantes actuelles sont malheureusement d'usage difficile).

Une autre méthode, très liée à la précédente sous certains aspects, utilise le cadre des espaces ordonnés inductifs. On peut y rattacher certaines applications du principe du maximum.

A côté de ces méthodes on en trouve d'autres qui ont reçu plus d'attention ces dernières années :

- La méthode de minimisation dont le cadre est celui des espaces compacts. La vérification de la semi-continuité inférieure d'une fonction n'est cependant pas toujours facile, même quand on a deviné la bonne topologie.

- La méthode du degré topologique dont le cadre est $\mathbb{R}^N$ (ou une variété). En général, on doit travailler en dimension finie et un argument de passage à la limite doit être utilisé.

Ce problème du passage de la dimension finie à la dimension infinie se pose naturellement pour toutes les méthodes d'approximation et en particulier pour les méthodes numériques. C'est la difficulté d'effectuer de tels passages à la limite qui constitue l'obstacle essentiel des problèmes non linéaires. Tout récemment encore (cf. Lions [1]) on utilisait deux techniques pour surmonter cette difficulté : la méthode de compacité et la méthode de monotonie.

Si on met de côté le formalisme abstrait, fort attrayant il est vrai, de la méthode de monotonie et de la théorie des semi-groupes de contraction, et que l'on s'intéresse au cas des équations aux dérivées partielles non linéaires on s'aperçoit que la méthode de monotonie n'est qu'un cas particulier d'une famille de méthodes dont les extrêmes sont d'une part la méthode de compacité et d'autre part une méthode de convexité qui a représenté jusqu'à présent l'outil essentiel de la méthode de minimisation et qui est la base des méthodes de relaxation en contrôle optimal.

Cette classe de méthodes, fruit de la confrontation des idées de l'homogénéisation (cf. Tartar [1]) et de l'élasticité non linéaire (cf. Ball [1]) utilise un outil nouveau : la compacité par compensation (cf. Murat [1] , Tartar [1]).

Il est trop tôt pour prévoir l'importance des applications de cette nouvelle idée à la résolution des équations aux dérivées partielles de la mécanique et de la physique. Au contraire, on peut déjà lui faire le même reproche qu'à toutes les autres méthodes : elle n'aide pas à comprendre comment attaquer les systèmes hyperboliques non linéaires car elle ne sait pas traiter les conditions d'entropie ; comme presque toutes les équations d'évolution de la mécanique et de la physique sont de nature hyperbolique, la méthode proposée ne peut s'appliquer qu'à des situations simplifiées : en particulier à des problèmes stationnaires. (En fait, on postule, sans le dire, que dans les cas stationnaires toutes les solutions faibles sont valables, ce qui est discutable, et tout simplement faux dans certains cas).

La présentation donnée ici n'est pas la plus générale et elle est plutôt adaptée à des équations de type elliptique ; on peut généraliser sans trop d'efforts : au cas parabolique ou pour certains opérateurs pseudo-différentiels.

1. CONVERGENCE FAIBLE ET GRANDEURS MACROSCOPIQUES.

La plupart des équations de la mécanique ont trait à des grandeurs macroscopiques, les phénomènes microscopiques étant plutôt du ressort de la physique. La distinction n'est pas toujours aussi nette mais une ambiguité subsiste souvent : il n'est pas toujours facile de reconnaitre si les équations considérées sont satisfaites par les grandeurs physiques (microscopiques) ou par leurs approximations macroscopiques. Les mesures de ces grandeurs donnent en général des valeurs macroscopiques qui sont des moyennes.

Par exemple, une mesure du champ électrique $E(x) = -\frac{du}{dx}$ se fait par l'intermédiaire de mesures du potentiel électrostatique u. Si u a la forme $u_o(x) + \varepsilon u_1(\frac{x}{\varepsilon})$ avec u_1 périodique et ε très petit, seule la composante $u_o(x)$ sera prise en considération (le terme εu_1 ne pouvant se distinguer d'une erreur de mesure) et on en déduira la valeur $-u_o'(x)$ pour valeur macroscopique de E. La vraie valeur de E est $-u_o'(x) - u_1'(\frac{x}{\varepsilon})$, le terme $u_1'(\frac{x}{\varepsilon})$ n'est pas petit mais il varie vite et sa moyenne sur une période est 0 ; quand ε tend vers 0 il tend faiblement vers 0 (mais pas fortement).

Si des grandeurs physiques sont reliées par une relation non linéaire, il n'est pas sûr que les grandeurs macroscopiques le soient (on sait par exemple que la moyenne du carré d'une fonction n'est pas le carré de la moyenne) ; mais s'il n'y a pas de relations entre les grandeurs macroscopiques il devient impossible de vérifier par des mesures si le modèle utilisé est bon (en fait, le physicien reconnaitra vite qu'il s'agit d'un phénomène essentiellement microscopique et il saura, généralement à grand frais, concevoir une expérience et des mesures adaptées à cette situation). On doit quelquefois introduire des grandeurs spécifiquement macroscopiques ; si les grandeurs macroscopiques vérifient les mêmes équations que les grandeurs microscopiques, cela est dû à une structure algébrique particulière de ces équations.

Par l'analogie citée plus haut, si on effectue la même mesure sur une suite faiblement convergente de fonctions , on s'attend à obtenir des résultats convergents : on postule donc que les mesures (au niveau macroscopique) correspondent à des fonctionnelles faiblement (séquentiellement) continues.

Si on connait les équations satisfaites par les grandeurs physiques, trouver les équations satisfaites par les grandeurs macroscopiques consiste à caractériser les limites faibles de solutions des équations initiales. (Cela dépend essentiellement des estimations à priori que l'on a sur les solutions et toute l'analyse ci-dessus suppose qu'il y a des estimations naturelles ; il faut se rappeler que, le plus souvent, les théorèmes de régularité s'appliquent à la grandeur macroscopique et pas à la grandeur physique : cet argument est d'ailleurs standard en homogénéisation). Cette procédure est analogue au principe de relaxation en contrôle optimal ; mais si les résultats sont (plus ou moins) classiques quand aucune dérivée n'intervient ils sont embryonnaires dans le cas général.

Si on a établi correctement les équations macroscopiques, une limite faible de solutions de ces équations doit encore être solution. (avec ce critère il n'est pas sûr que toutes les équations classiques de la mécanique et de la physique aient été correctement établies).

2. CONVERGENCE FAIBLE ET NON LINEARITE : CADRE SANS DERIVEES

Le cadre est le suivant :

Un ouvert Ω de $\mathbb{R}^N$, un ensemble K de $\mathbb{R}^p$ et des fonctions mesurables U_n de Ω dans $\mathbb{R}^p$ prenant presque partout leurs valeurs dans K. Si U_n converge faiblement vers U_∞ quand $n \to \infty$, que peut-on dire de $U_\infty(x)$? La réponse est très simple (et valable quand Ω est un espace mesuré muni d'une mesure sans atome).

THEOREME 1.

Si U_n converge dans $(L^\infty(\Omega))^p$ faible $*$ vers U_∞ et $U_n(x) \in K$ p.p. alors $U_\infty(x) \in \overline{\text{conv } K}$ p.p. (enveloppe convexe fermée de K). Réciproquement si $U_\infty \in (L^\infty(\Omega))^p$ avec $U_\infty(x) \in \overline{\text{conv } K}$ p.p. alors il existe une suite U_n vérifiant les conditions ci-dessus.

Ce résultat est à la base des méthodes de relaxation (cf. Ekeland - Temam [1]) mais il ne semble jamais énoncé sous cette forme.

Démonstration.

Pour la première partie c'est une simple application du fait qu'une limite faible de fonctions positives est positive ainsi que de la caractérisation de $\overline{\text{conv } K}$ comme intersection des demi-espaces fermés contenant K.

Pour la seconde partie il suffit, pour chaque $\theta \in [0,1]$, de savoir construire une suite χ_n de fonctions caractéristiques convergeant faiblement vers θ.

Soit k et $k' \in K$; les fonctions $U_n = \chi_n k + (1-\chi_n)k'$ prennent leurs valeurs dans K et convergent vers $\theta k + (1-\theta)k'$. Pour une partition de Ω on peut utiliser des valeurs différentes de θ, k, k' pour chaque élément de la partition et on approche ainsi par des fonctions étagées prenant leurs valeurs dans K n'importe quelle fonction étagée prenant ses valeurs dans $K_1 = \bigcup_{0 \le \theta \le 1} (1-\theta)K + \theta K$. Réitérant p fois cette méthode et utilisant une suite diagonale, on sait approcher toute fonction étagée prenant ses valeurs dans conv K et après un dernier passage à la limite le théorème est démontré.

Pour fabriquer χ_n on prend une partition A_j de Ω en ensembles mesurables de diamètre $\leq \frac{1}{n}$; puis on choisit une partie mesurable B_j de A_j vérifiant mes $B_j = \theta$ mes A_j ; on prend pour χ_n la fonction caractéristique de $\bigcup_j B_j$.

Ce théorème permet de trouver toutes les limites possibles de fonctions de la forme $f(U_n)$ quand on sait que $U_n \longrightarrow U_\infty$ faiblement et $U_n(x) \in K$ p.p. ; il suffit de rajouter une $(p+1)$ème composante égale à $f(U)$ et d'appliquer le théorème au nouvel ensemble K' formé. En fait, on peut caractériser directement toutes les limites possibles de fonctions $f(x, U_n)$ à l'aide d'une mesure paramétrée.

Tout d'abord à chaque fonction U_n on associe une mesure sur $\Omega \times \mathbb{R}^p$ définie par $\langle \mu_n, f(x,k) \rangle = \int_\Omega f(x, U_n(x))dx$ pour f continue à support compact en x (comme U_n est bornée il n'y a pas de difficultés avec k). Cette mesure μ_n a la propriété d'être positive et de projection dx sur Ω (c'est ce qu'on appelle une mesure paramétrée sur $\Omega \times \mathbb{R}^p$) ; de plus μ_n est portée par la fermeture du graphe de U_n. On peut extraire une sous-suite telle que μ_n converge vaguement vers une mesure paramétrée μ à support dans $\Omega \times \overline{K}$. Réciproquement on a le

THEOREME 2.

Toute mesure paramétrée à support dans $\Omega \times \overline{K}$ est limite vague de mesures μ_n associées à des fonctions $U_n : \Omega \to \mathbb{R}^p$ vérifiant $U_n(x) \in K$ p.p.

Démonstration.

Soit M l'ensemble des mesures paramétrées associées à des fonctions prenant leurs valeurs dans K. On montre d'abord que la fermeture (vague)

de M contient conv M.

Soit $\mu = \sum_1^q \theta_i \mu_i$ avec $\theta_i \geq 0$, $\sum_1^q \theta_i = 1$ et μ_i associée à U_i.

D'après le théorème 1 on peut trouver des fonctions caractéristiques $\chi_{1n}, \ldots, \chi_{qn}$, vérifiant $\sum_1^q \chi_{jn} = 1$ et $\chi_{jn} \longrightarrow \theta_j$ dans L^∞ faible $*$; alors la mesure associée à $v_n = \sum_1^q \chi_{jn} U_j$ converge vaguement vers μ.

On identifie ensuite $\overline{\text{conv } M}$ grâce au théorème de Hahn-Banach.

S'il existe $\varphi \in C^\circ(\Omega \times \mathbb{R}^p)$, $\alpha \in \mathbb{R}$ tels que $\langle \mu, \varphi \rangle + \alpha \geq 0 \quad \forall \mu \in M$, alors en posant $\psi(x) = \inf_{k \in K} \varphi(x, k)$ on trouve $\int_\Omega \psi(x)dx + \alpha \geq 0$ et $\varphi(x,k) = \psi(x) + \chi(x,k)$ avec $\chi \geq 0$ sur K Si ensuite ν est une mesure sur $\Omega \times \mathbb{R}^p$ vérifiant (*) on trouve $\langle \nu, \chi \rangle \geq 0$ si $\chi \geq 0$ sur K donc $\nu \geq 0$ et support $\nu \subset \Omega \times \overline{K}$, puis $\langle \mu, \psi(x) \rangle \geq \int_\Omega \psi(x)dx$ c'est-à-dire $\text{Proj}_\Omega\, \mu = dx$.

On voit que grâce à ces deux théorèmes le cas où aucune dérivée n'apparait est complètement résolu. En particulier les seuls ensembles K qui ont la propriété de passer à la limite faible (c'est-à-dire $U_\infty(x) \in K$ p.p. dès que $U_n \longrightarrow U_\infty$ faiblement et $U_n(x) \in K$ p.p.) sont les convexes fermés. De même si $K = \mathbb{R}^p$ les seules fonctions continues F telles que, si $U_n \longrightarrow U_\infty$ et $F(U_n) \longrightarrow \ell$ faiblement on peut déduire $\ell \geq F(u)$, sont les fonctions convexes.

3. CONVERGENCE FAIBLE ET NON LINEARITE : CADRE AVEC DERIVEES

Le cadre est maintenant le suivant :

Un ouvert Ω de $\mathbb{R}^N$, un ensemble K de $\mathbb{R}^p$ et des fonctions mesurables U_n de Ω dans $\mathbb{R}^p$ prenant presque partout leurs valeurs dans K. On suppose que U_n converge vers U_∞ dans $(L^\infty(\Omega))^p$ faible $*$ et que certaines dérivées (au sens des distributions) sont bornées.

(*) $\langle \nu, \varphi \rangle + \alpha \geq 0$

(R) $\sum_{j,k} a_{ijk} \frac{\partial(U_n)_j}{\partial x_k}$ est borné dans $L^\infty(\Omega)$ pour $i=1,\dots,q$ $(a_{ijk}\in\mathbb{R})$

Que peut-on dire de $U_\infty(x)$? en particulier pour quels ensembles K peut-on déduire que $U_\infty(x)\in K$ p.p. ?

Evidemment si la liste des dérivées de (R) est vide on applique les résultats du paragraphe précédent. Si la liste contient toutes les dérivées $\frac{\partial(U_n)_j}{\partial x_k}$ alors on peut en déduire $U_n \to U_\infty$ p.p. et donc $U_\infty(x)\in \bar{K}$. Dans le premier cas seuls les convexes fermés ont la propriété de passer à la limite faible ; dans le second cas tous les convexes fermés l'ont.

Si $K=\mathbb{R}^p$, F réelle continue, $U_n \rightharpoonup U_\infty$ et $F(U_n) \rightharpoonup \ell$ faiblement on ne peut déduire $\ell \geq F(U_\infty)$ que si F est convexe dans le premier cas alors qu'on a toujours $\ell = F(U_\infty)$ dans le second.

Dans le cadre qui nous intéresse le résultat va dépendre de la richesse de la liste des dérivées qui restent bornées , malheureusement on ne sait pas caractériser les bons ensembles K ou les bonnes fonctions F.

Les résultats partiels utilisent de manière essentielle le cône suivant :

$$\Lambda = \{\lambda\in\mathbb{R}^p : \exists \zeta\in\mathbb{R}^N, \quad \zeta\neq 0 \ : \sum_{jk} a_{ijk}\,\lambda_j\,\zeta_k = 0 \text{ pour } i=1,\dots,q\}.$$

Remarquons que dans le cas sans dérivées on a $\Lambda=\mathbb{R}^p$ (mais qu'on peut avoir $\Lambda=\mathbb{R}^p$ avec quelques informations surles dérivées) et que le cas où toutes les dérivées sont bornées donne $\Lambda = 0$.

THEOREME 3.

<u>Supposons que</u> K <u>ait la propriété de passer à la limite faible et que</u> $k,k'\in K$ <u>avec</u> $k-k'\in\Lambda$; <u>alors tout le segment</u> $[k,k']$ <u>appartient à</u> K.

<u>Démonstration</u>.

Soit ζ associé à $k-k'$ dans la définition de Λ et $\theta\in[0,1]$.

Soit χ_n une suite de fonctions caractéristiques sur $\mathbb{R}$ convergeant faiblement vers θ. Posons $U_n(x) = k + \chi_n(x \cdot \zeta)(k' - k)$; alors U_n ne prend que les valeurs k et k' et converge faiblement vers $(1-\theta)k + \theta k'$.

D'autre part $\sum_{jk} a_{ijk} \frac{\partial (U_n)_j}{\Sigma X_k} = 0$ pour $i = 1, \ldots . q$ grâce au choix de ζ et donc (R) est vérifiée.

Nous disons qu'une fonction réelle continue F sur $\mathbb{R}^p$ a la propriété (I) si $U_n \rightharpoonup U$, $F(U_n) \rightharpoonup \ell$ dans L^∞ faible $*$ avec U_n vérifiant (R) entrainent $\ell \geq F(U_\infty)$ p.p.

Comme corollaire du théorème 3, on obtient la condition nécessaire suivante :

COROLLAIRE 1.

Si F a la propriété (I) elle vérifie la condition

(C) $\forall \nu \in \mathbb{R}^p$, $\forall \lambda \in \Lambda$ la fonction $t \to F(\nu + t\lambda)$ est convexe.

Démonstration.

On rajoute une $(p+1)$ème composante égale à $F(u)$ et on pose $K = \{(u, s) : s \geq F(u)\}$; puis on applique le théorème 3 à K.

Cette condition est suffisante dans le cas où F est quadratique grâce au

THEOREME 4.

Soit F réelle quadratique sur $\mathbb{R}^p$ vérifiant $F(\lambda) \geq 0$ $\forall \lambda \in \Lambda$ (ce qui équivaut à (C)) ; alors si $U_n \rightharpoonup U_\infty$ dans $(L^2(\Omega))^p$ faible et $F(U_n) \rightharpoonup \mu$ vaguement avec U_n vérifiant

(R') $\sum_{jk} a_{ijk} \frac{\partial (U_n)_j}{\partial X_k}$ borné dans $L^2(\Omega)$ pour $i = 1, \ldots, q$ on a

$$\mu \geq F(U_\infty) .$$

Démonstration.

On localise le problème en remarquant que si $\varphi \in \mathcal{D}(\Omega), \varphi \geq 0$, alors φU_n vérifie (R'), $\varphi U_n \longrightarrow \varphi U_\infty$, $F(\varphi U_n) \longrightarrow \varphi^2 \mu$ et qu'il suffit de savoir montrer que $\liminf \int F(\varphi U_n)\,dx \geq \int F(\varphi U_\infty)\,dx$.

En notant $\hat{}$ la transformée de Fourier et en appliquant Plancherel - Parseval il suffit de montrer que si les U_n vérifient (R'), convergent faiblement vers U_∞ et gardent leur support dans un compact fixe on peut en déduire $\liminf \int F(\hat{U}_n)\,d\zeta \geq \int F(\hat{U}_\infty)\,d\zeta$ où F est prolongée à $\mathbb{C}^p$ en une forme hermitienne. Comme $\hat{U}_n \longrightarrow \hat{U}_\infty$ uniformément sur les bornés de $\mathbb{R}^N$, il suffit de vérifier que l'intégrale $\int_{|\zeta| \geq r} \operatorname{Re} F(\hat{U}_n)\,d\zeta$ est minorée, uniformément en n, et pour r assez grand, par une quantité arbitrairement voisine de 0. Pour cela on utilise le lemme suivant :

LEMME.

$\forall \epsilon > 0 \quad \exists r_\epsilon : \forall \zeta, |\zeta| \geq r_\epsilon \quad \forall \lambda \in \mathbb{C}^N$ entrainent

$$(*) \qquad \operatorname{Re} F(\lambda) \geq -\epsilon \left(|\lambda|^2 + \sum_i \Big| \sum_{jk} a_{ijk} \lambda_j \zeta_k \Big|^2 \right).$$

Ceci se démontre aisément par l'absurde en utilisant $\operatorname{Re} F(\lambda) \geq 0$ si $\lambda \in \Lambda + i\Lambda$.

On ne sait pas si la condition (C) est suffisante ; on conjecture en fait (cf. Ball [1]) qu'elle ne l'est pas pour certains exemples.

En dehors des cas triviaux [$\Lambda = \{0\}$ où tous les fermés passent à la limite et toutes les fonctions continues ont la propriété (I), $\Lambda = \mathbb{R}^p$ où seuls les convexes fermés passent à la limite et seules les fonctions convexes ont la propriété (I)] on sait traiter l'exemple suivant :

Exemple.

$\Omega \subset \mathbb{R}^2$, U_1, U_2 vérifiant (R) $\dfrac{\partial U_1}{\partial X_1}$ et $\dfrac{\partial U_2}{\partial X_2}$ bornés dans L^∞.

PROPOSITION.

Les seuls ensembles passant à la limite sont les fermés dont les intersections avec les parallèles aux axes sont des intervalles ; les seules fonctions ayant la propriété (I) sont les fonctions séparément convexes en U_1 et U_2.

Démonstration.

Si $U_{in} \longrightarrow U_i$ alors d'après le théorème 4, $U_{1n}U_{2n} \longrightarrow U_1 U_2$; de même si f et g sont lipschitziennes sur $\mathbb{R}$, $f(U_{1n}) \longrightarrow \nu_1$, $g(U_{2n}) \longrightarrow \nu_2$ alors $f(U_{1n})\, g(U_{2n}) \longrightarrow \nu_1 \nu_2$. Si la mesure paramétrée associée à (U_{1n}, U_{2n}) converge vaguement vers $\mu = \int \nu_x \, dx$, on en déduit que, pour presque tout x, ν_x est un produit tensoriel $\nu_x^1 \otimes \nu_x^2$ avec $U_i(x) = \langle \nu_x^i, \lambda_i \rangle$ pp. Si $F(U_1^n, U_2^n) \longrightarrow \ell$ alors

$\ell(x) = \langle \nu_x^1 \otimes \nu_x^2, F(\lambda_1, \lambda_2) \rangle$ pp. Si F est séparément convexe on a $\ell(x) = F(U_1(x), U_2(x))$ pp en appliquant 2 fois l'inégalité de Jensen.

On en déduit ensuite, en utilisant $F(\lambda_1, \lambda_2) = (\varepsilon_1 \lambda_1)^+ \cdot (\varepsilon_2 \lambda_2)^+$, $\varepsilon_i = \pm 1$, que les ensembles K de la forme $(\varepsilon_1 \lambda_1 \leq 0,\ \varepsilon_2 \lambda_2 \leq 0)$ passent à la limite. Les ensembles K de l'énoncé sont des intersections de translatés d'ensembles de ce type et donc passent aussi à la limite.

Chaque fois qu'on connaitra une fonction ayant la propriété (I) on aura trouvé une fonctionnelle faiblement (séquentiellement) semi-continue inférieurement sur un espace de fonctions satisfaisant (R).

Application.

Soit F continue séparément convexe sur $\mathbb{R}^2$ vérifiant $F(\lambda_1, \lambda_2) \geq \alpha(\lambda_1^2 + \lambda_2^2)$, $\alpha > 0$; alors la fonctionnelle

$$\int_\Omega \left(\left(\frac{\partial U_1}{\partial x_1} \right)^2 + \left(\frac{\partial U_2}{\partial x_2} \right) + F(U_1, U_2) \right) dx$$ est faiblement (séquentiellement)

semi-continue inférieurement sur $(L^2(\Omega))^2$ quand $\Omega \subset \mathbb{R}^2$.

4. PERSPECTIVES.

La méthode de monotonie, ressuscitant les méthodes de convexité, avait permis, après une recherche systématique de classer un grand nombre de problèmes de mécanique et de physique sous la rubrique inéquations variationnelles (cf. Duvaut-Lions [1]).

Le même travail peut être fait à nouveau pour les problèmes qui avaient résisté ; on doit évidemment auparavant perfectionner le cadre abstrait présenté ici.

Rappelons toutefois que les résultats qu'on peut en espérer sont limités par leur inadaptation aux conditions d'entropie.

Un aspect important laissé de côté ici est le couplage de ces idées avec celles de l'homogénéisation (cf. Tartar [2]).

REFERENCES

BALL J.M. [1] Convexity conditions and existence theorems in nonlinear elasticity. Arch. Rat. Mech. Anal. 63, 337-403 (1977)

DUVAUT G. LIONS J.L. [1] Les inéquations en mécanique et en physique Dunod, Paris 1972.

EKELAND I. TEMAM R. [1] Analyse convexe et problèmes variationnels, Dunod, Paris 1974.

LIONS J.L. [1] Quelques méthodes de résolution des problèmes aux limites non linéaires, Dunod, Paris 1969.

MURAT F. [1] Compacité par compensation, à paraître Annali di Pisa.

TARTAR L. [1] Homogénéisation dans les équations aux dérivées partielles Cours Peccot 1977, à paraître.

[2] Non linear constitutive relations and homogenization. International Symposium on Continum Mechanics and Partial Differential Equations, Rio de Janeiro, août 1977, à paraître.

STRONGLY NONLINEAR ELLIPTIC EQUATIONS

J.R.L. WEBB
Department of Mathematics
University Gardens
Glasgow, W.2

Recently much attention has been paid to boundary value problems for nonlinear elliptic partial differential equations in which some of the terms may have exponential growth . These have been called " strongly nonlinear " problems and it had been customary to tackle these problems in the framework of Orlicz-Sobolev spaces . However , Browder [2] showed how certain problems could be dealt with in the usual Sobolev spaces using mappings of monotone type . A sign condition was required and the terms involving the highest order derivatives had polynomial growth . A more satisfactory framework for these problems was developed by Hess [5] : operators of type (M) with respect to two Banach spaces . Extensions were made by Edmunds , Moscatelli and Webb [4] so as to include applications to problems in unbounded domains . Variational Inequalities were also dealt with by various authors (cf.e.g.[6]).

Further work by Simader [9] and Landes [8] showed that one can allow strongly nonlinear terms of all orders under more stringent hypotheses . Both authors use convexity arguments though of a somewhat different nature in each case .

In the present paper we first consider strongly nonlinear terms of lower order only and here we weaken a technical assumption made by Browder [2]. This assumption , which we shall call the " ε-condition " is an inequality depending on a parameter ε and was required to be satisfied for all positive ε (near zero) . Here we require it only for $\varepsilon = 1$. It is known ([7] , [10]) that no such hypothesis is required for second order equations - a truncation argument is used - but it is an open problem whether the hypothesis can be dropped , or even weakened further , for higher order equations . Neverthe - less , we exhibit a reasonably large class of functions that do satisfy the ε-condition . We also make extensions to the work of Simader [9] . We allow the lower order terms to be more general than his . Moreover , we use the tech - niques of mappings of monotone type to simplify some of the proofs . Our work does not fit in well with that of Landes [8] . It is an open problem whether one can combine hypotheses of the type made here on the lower order terms with hypotheses on the highest order terms of the type used by Landes .

1. Strongly nonlinear lower order terms .

For simplicity , we shall work in bounded domains in R^n. For un-bounded domains modifications as in [4] or [9] would be needed .

Let Ω be a bounded domain in R^n , $n \geq 1$, such that the Sobolev embedding theorem holds . We consider the Dirichlet problem for a quasili - near elliptic partial differential equation of order $2m$

$$\left.\begin{array}{ll} Au + Bu = f & \text{in } \Omega \\ D^\alpha u = 0 & \text{on } \partial\Omega \, , \ |\alpha| \leq m-1 \end{array}\right\}$$

where

$$A(u) = \sum_{|\alpha| \leq m} (-1)^{|\alpha|} D^\alpha A_\alpha(x, u, \ldots, D^m u)$$

and

$$B(u) = \sum_{|\beta| \leq m-1} (-1)^{|\beta|} D^\beta B_\beta(x, u, \ldots, D^{m-1} u) \, .$$

Here $x = (x_i)$ is any point of Ω , D^α stands for the differential operator $\prod_{i=1}^{n} (\partial/\partial x_i)^{\alpha_i}$ of order $|\alpha| = \sum_{i=1}^{n} \alpha_i$, and $D^k u$ represents all derivatives of u of order k .

Let s_m be the number of n-tuples α with $|\alpha| \le m$, and for $\xi = (\xi_\alpha : |\alpha| \le m)$ write $\xi = (\eta, \zeta)$ where $\eta \in R^{s_{m-1}}$ denotes the lower order part of ξ , and $\zeta = (\xi_\alpha : |\alpha| = m)$. The coefficients A_α are then functions from $\Omega \times R^{s_m}$ into R and B_β map $\Omega \times R^{s_{m-1}}$ into R . The following assumptions are made :

(A1) $A_\alpha(x, \xi)$ is measurable in x for each fixed ξ in R^{s_m} and continuous in ξ for almost all x in Ω .

(A2) There exists a real number r ($1 < r < \infty$) and a constant $C > 0$ such that $|A_\alpha(x,\xi)| \le C(1 + |\xi|^{r-1})$ for all x in Ω, ξ in R^{s_m} .

(A3) For all $\xi = (\eta, \zeta)$ and $\xi' = (\eta, \zeta')$ in R^{s_m} with $\zeta \neq \zeta'$, and almost all x in Ω ,

$$\sum_{|\alpha| = m} \{A_\alpha(x,\eta,\zeta) - A_\alpha(x,\eta,\zeta')\}(\zeta_\alpha - \zeta'_\alpha) > 0 \ .$$

(A4) There exists $C_o > 0$ such that for all ξ in R^{s_m}

$$\sum_{|\alpha| = m} A_\alpha(x,\xi)\,\xi_\alpha \ge C_o \sum_{|\alpha| = m} |\xi_\alpha|^r \ .$$

The assumption (A2) can be weakened somewhat by making use of the Sobolev embedding theorems (cf. e.g. [2]) .

Under the above assumptions it follows that , for u, v in the Sobolev space $V = H_o^{m,r}(\Omega)$,

$$a(u,v) \overset{\text{def.}}{=} \int_\Omega \sum_{|\alpha| \le m} A_\alpha(x,u,\ldots, D^m u)\, D^\alpha v \, dx$$

is well defined and , for each u in V , defines an element $T_o(u)$ of V^* by the rule

$$a(u,v) = (T_o(u), v)$$

where $(T_o(u),v)$ denotes the value of $T_o(u)$ in V^* at v in V. Moreover $T_o : V \to V^*$ is of type (M), that is, if (u_j) is a sequence in V such that u_j converges weakly to u, $T_o u_j$ converges weakly in V^* to y and $\limsup (T_o u_j, u_j - u) \le 0$ then $y = T_o u$. One in fact has : u_j converges to u in norm (cf. e.g. [1]). Clearly any linear operator is of type (M).

We do not suppose that the B_β terms have polynomial growth (i.e. A2) but assume the following :

(B1) $B_\alpha(x,\eta)$ satisfies (A1) and the <u>sign condition</u>

$$\Psi(x,\eta) \equiv \sum_{|\beta| \le m-1} B_\beta(x,\eta)\,\eta_\beta \ge 0 \text{ for all } \eta \text{ in } R^{s_{m-1}} .$$

(B2) For each β, there exists a function δ_β and a constant K such that

$$|B_\beta(x,\hat{\eta})| \le \delta_\beta(|\hat{\eta}|)\,\Psi(x,\eta) + K ,$$

where $\hat{\eta}$ denotes those variables which actually occur in $B_\beta(x,\eta)$, and $\delta_\beta(t) \to 0$ as $t \to \infty$.

$(B3)_\varepsilon$ For every $\varepsilon > 0$ there exists $K_\varepsilon > 0$ such that, for all β and any pair η, η'

$$\sum_{|\beta| \le m-1} B_\beta(x,\eta)\,\eta'_\beta \le \varepsilon\Psi(x,\eta') + K_\varepsilon(1 + \Psi(x,\eta)) .$$

(B2) and $(B3)_\varepsilon$ can be weakened as in Browder [2] by using the Sobolev embedding theorems. (B2) as given here is a modification due to Landes [8] of Browder's original hypothesis. If B_β depends only on η_β it is automatically satisfied, so if

$$Bu = \sum_{|\alpha| \le m-1} (-1)^{|\alpha|} D^\alpha p_\alpha(D^\alpha u)$$

(B2) is redundant, whereas Browder's original version may not be. We refer to Landes for an example. $(B3)_\varepsilon$ is not needed for <u>second order</u> equations as, in that case, a truncation argument is available ([7] and [10]). We shall show that one only needs $(B3)_1$.

Let $W = H_o^{m,s}(\Omega)$ where $s > n$. Then we have : $w \in W$ and

$|\alpha| \le m-1$ imply $D^\alpha w$ belongs to L^∞ and $\|D^\alpha w\|_{L^\infty} \le C\|u\|_W$. Define

$$V_1 = \{u \in V : \text{for } |\beta| \le m-1 ,\ B_\beta(x,\eta(u)) \in L^1(\Omega) \text{ and } \Psi(x,\eta(u)) \in L^1(\Omega)\}$$

where

$$\eta(u) = (\eta_\alpha(u) : |\alpha| \le m-1) = (D^\alpha u : |\alpha| \le m-1) .$$

Clearly $W \subset V_1 \subset V$. Moreover $C_o^\infty(\Omega)$ is dense in W . It follows that

$$b(u,w) \overset{\text{def.}}{=} \int_\Omega \sum_{|\beta| \le m-1} B_\beta(x,\eta(u))\, D^\beta w\, dx$$

is well defined for u in V_1 and w in W and defines an element $T_1(u)$ of W^* by $(T_1(u),w) = b(u,w)$, $u \in V_1$, $w \in W$.

DEFINITION . Let f belong to V^* . A <u>variational solution</u> of the Dirichlet problem $Au + Bu = f$ is an element u in V_1 such that

$$a(u,w) + b(u,w) = (f,w) \quad \text{for all } w \text{ in } W .$$

Thus if we define $\tilde{T}_o : V_1 \to W^*$ by $\tilde{T}_o u = T_o u|_W$ a variational solution is a solution of

$$\tilde{T}_o u + T_1 u = f \text{ in } W^* .$$

THEOREM 1 . <u>Let</u> A_α <u>satisfy</u> (A1) - (A4) <u>and</u> B_α <u>satisfy</u> (B1) (B2) $(B3)_1$. <u>Then a variational solution exists for all</u> f <u>in</u> V^* .

<u>Proof</u> .

We follow the proof given in [10] so we omit some details . By a result of Browder and Ton [3] there exists a separable Hilbert space H and a compact one-one linear embedding $\varphi : H \to W$ with $\varphi(H)$ dense in W . We easily prove that $w_n \to w$ in W implies $T_1 w_n \to T_1 w$ weakly in W^* (demi - continuity) . We then solve the equation

$$\varepsilon u_\varepsilon + \varphi^*(T_o + T_1)\varphi u_\varepsilon = \varphi^* f$$

in H, for each $\varepsilon > 0$, using the Leray-Schauder fixed point theorem . We obtain the a priori estimates (using A4)

$$\|\varphi u_\varepsilon\|_V \le \text{Const.}$$

$$\varepsilon\|u_\varepsilon\|_H^2 \le \text{Const.}$$

$$(T_1\varphi u_\varepsilon, \varphi u_\varepsilon) \le \text{Const.}$$

Thus there exists a subsequence $v_j \equiv \varphi u_{\varepsilon_j}$ such that v_j converges weakly in V to v , say and , as T_o is bounded , we have $T_o v_j$ weakly convergent in V^* to y , say . We need

LEMMA 1 . $T_1 v_j$ <u>converges weakly in</u> W^* <u>to</u> $T_1 v$ <u>and</u> $\Psi(x,\eta(v)) \in L^1$.

<u>Proof of the Lemma</u> .

As v_j converges weakly in V , for a subsequence , $D^\alpha v_j(x) \to D^\alpha v(x)$ a.e. in Ω for $|\alpha| \le m-1$. $(T_1 v_j, v_j) \le$ Constant (C) gives $\int_\Omega \Psi(x,\eta(v_j)) \le C$, and by the sign condition we can apply Fatou's lemma to yield $\int_\Omega \Psi(x,\eta(v)) \le C$. For any fixed β , any x in Ω , and all $\delta > 0$ there exists a constant $C(\delta)$ such that either

$$|B_\beta(x, \hat{\eta}(v_j(x)))| \le \delta\psi(x, \eta(v_j(x))) + K$$

or

$$|D^{\hat{\beta}} v_j(x)| \le C(\delta) \quad (\text{by (B2)}) \quad .$$

By continuity , the latter case implies $|B_\beta(\hat{\eta}(v_j(x)))| \le C_1(\delta)$. Hence, for any measurable set E in Ω ,

$$\int_E |B_\beta(\hat{\eta}(v_j))| \le C_2(\delta)\,\text{meas}(E) + \delta\int_\Omega \Psi(x, \eta(v_j)) \quad .$$

Given $\varepsilon > 0$ let δ be such that $\delta C < \frac{\varepsilon}{2}$ and then let meas $(E) < \frac{\varepsilon}{2C_2(\delta)}$. Then Vitali's convergence theorem implies that $B_\beta(\eta(v_j)) \to B_\beta(\eta(v))$ in L^1 and the Lemma is proved .

<u>Continuation of proof of Theorem 1</u> .

From the equation it follows that

$$y + T_1 v = f \quad \text{in} \quad W^*$$

so it remains to show that $y = T_o v$. To do this we prove $\limsup (T_o v_j, v_j - v) \le 0$ and apply (M) . We have

$$(T_o v_j, v_j - v) = (T_o v_j, v_j) - (T_o v_j, v)$$
$$\le (f, v_j) - (T_1 v_j, v_j) - (T_o v_j, v) .$$

As $(T_o v_j, v) \longrightarrow (y, v) = \lim (y, v_j)$ we have

$$\limsup (T_o v_j, v_j - v) \le \limsup [(f - y, v_j) - (T_1 v_j, v_j)]$$
$$= \limsup [(T_1 v - T_1 v_j, v_j)]$$
$$= \limsup \Big[\sum_{|\beta| \le m-1} \int_\Omega \{B_\beta(x, \eta(v)) - B_\beta(x, \eta(v_j))\} D^\beta v_j \, dx \Big].$$

The integrand converges to zero pointwise a.e. in Ω and its positive part is dominated by

$$K_1(1 + \Psi(x, \eta(v(x))))$$

by $(B3)_1$. By the Lemma, this is an L^1 function so the above integral is nonpositive . This completes the proof .

REMARK . It is clear from the proof that , if T_o is <u>linear</u> (or, more generally , <u>weakly continuous</u>) one has at once that $y = T_o v$ so hypothesis (B3) is not needed . When T_o is nonlinear as above it remains open whether (B3) can be further weakened .

2. <u>Remarks on $(B3)_\varepsilon$</u> .

In general it seems rather hard to determine the exact significance of the " ε-condition " . However, when $B_\alpha(x, \eta(u)) = p_\alpha(D^\alpha u)$, the following results exhibit a large class of permissible functions p_α .

THEOREM 2 . <u>Let</u> $p : [0, \infty) \longrightarrow [0, \infty)$ <u>be a continuous increasing function with</u> $p(0) = 0$ <u>and suppose</u> $t \longmapsto t p(t)$ <u>is convex</u> , <u>that is</u> $\varphi(t) \equiv (t p(t))'$

is strictly increasing. Suppose $\varphi(kt) \geq c(k)\, p(t)$ for all $k \geq 1$ where $c(k) \to \infty$ as $k \to \infty$. Extend p to all of R by making it odd. Then p satisfies the stronger inequality:

for every $\varepsilon > 0$ there exists $K_\varepsilon > 0$ such that for all real s, t,

$$p(t)s \leq \varepsilon\, s\, p(s) + K_\varepsilon\, t\, p(t) .$$

Proof.

Evidently the inequality need only be shown for s, t both positive. Define $\Phi(x) = \int_0^x \varepsilon\varphi(t)\, dt$ and let $\Psi(y) = \int_0^y (\varepsilon\varphi)^{-1}(s)\, ds$.

By Young's inequality, $ab \leq \Phi(a) + \Psi(b)$, we have

$$s\, p(t) \leq \varepsilon\, s\, p(s) + \Psi(p(t)) .$$

Now $(\varepsilon\varphi)^{-1}(s) = \varphi^{-1}\left(\frac{s}{\varepsilon}\right)$ and changing the variable of integration from s to z where $\varphi(z) = \frac{s}{\varepsilon}$ we have

$$\Psi(y) = \varepsilon \int_0^{\varphi^{-1}(y/\varepsilon)} z\varphi'(z)\, dz$$
$$\leq \varepsilon [z\varphi(z)]_0^{\varphi^{-1}(y/\varepsilon)} .$$

Thus $$\Psi(p(t)) \leq p(t)\, \varphi^{-1}\left(\frac{p(t)}{\varepsilon}\right) .$$

Now given $\varepsilon > 0$ let K_ε be so that $\varphi(K_\varepsilon t) \geq \frac{1}{\varepsilon} p(t)$. This establishes the inequality.

REMARKS. The hypothesis $\varphi(kt) \geq c(k)\, p(t)$ is satisfied if $p(kt) \geq c(k)\, p(t)$, $k \geq 1$, and this is so p is convex. For then we write

$$t = \left(1 - \frac{1}{k}\right) 0 + \frac{1}{k}(kt)$$

and convexity yields

$$p(t) \leq \frac{1}{k}\, p(kt) .$$

Another rather simple criterion is: $p(t)/t^\alpha$ is nondecreasing for some $\alpha > 0$.

For then, $\frac{p(kt)}{p(t)} = k^{\alpha} \frac{p(kt)}{(kt)^{\alpha}} \frac{t^{\alpha}}{p(t)} \geq k^{\alpha}$ for $k \geq 1$ by the nondecreasing property. This supplies a large number of examples of which two of the simplest are $p(t) = t^{2n+1}$, $p(t) = t\,e^{|t|}$. The next result shows that the " ε-condition " can be satisfied by functions which are not increasing.

THEOREM 3. Let $p(t) \to \infty$ as $t \to \infty$ and satisfy

(*) $\qquad p(t)s \leq \varepsilon s p(s) + K_{\varepsilon}(1+p(t)t),$ for all $\varepsilon > 0$, s, t in R.

Let q be odd and such that there are constants C, k_1, k_2 for which

$$k_1 p(t) - C \leq q(t) \leq k_2 p(t) + C, \quad \text{for all } t \geq 0.$$

Then q satisfies (*) with a new constant K'_{ε}.

Proof.

We have $q(t)s \leq k_2 p(t)s + Cs$.

Given $\varepsilon > 0$ apply (*) for ε' where $\varepsilon' k_2 = \varepsilon k_1$.

One obtains

$$q(t)s \leq \varepsilon s q(s) + K'_{\varepsilon}(1+q(t)t) + K''_{\varepsilon} t + Cs.$$

The last two terms can be incorporated in the first two : for example

$$Cs \leq \varepsilon s q(s) + C_{\varepsilon} \quad \text{since } q(s) \to \infty \text{ as } s \to \infty.$$

REMARKS.

(1) This result allows q to oscillate between a small multiple of p and a large multiple of p. However a function is not allowed to oscillate at will. For example $p(t) = t\,e^{|t|}\,|\sin t|$ does not satisfy (*) (take $s = n\pi$ and let $n \to \infty$).

(2) (*) is satisfied for $\varepsilon = 1$ by and nondecreasing function for example $\log(1+t)$. However, $\log(1+t)$ does not satisfies (*) for all $\varepsilon > 0$, as may be readily verified.

(3) It is tempting to speculate that if p, q and r are odd functions and $p(t) \leq r(t) \leq q(t)$ for $t \geq 0$,

then r would satisfy (*) if both p and q did . This is false as the following example shows .

Example . Let $p(t) = t$, $q(t) = 2e^t$, $r(t) = t + e^t |\sin t|$, $t \geq 0$. Then p and q satisfy (*) but r does not . To see this , take $\varepsilon = 1$ any K and take $t = (n + \frac{1}{2})\pi$, $s = n^2\pi$, n an integer . Then the inequality fails for sufficiently large n .

3. Strong Nonlinearities of order m .

The method applied above to the lower order terms runs into difficulties when terms of order m occur . The problem is : given a sequence (u_n) in V with u_n converging weakly in V to u we cannot assert that $D^\alpha u_n(x) \longrightarrow D^\alpha u(x)$ a.e. for $|\alpha| = m$. Simader [9] had the interesting idea of showing that $\limsup (T_o u_n , u_n - u) \leq 0$ and this inequality was known to give $D^\alpha u_n(x) \longrightarrow D^\alpha u(x)$ for $|\alpha| = m$. Even so estimates on the terms of order m were needed and a convexity argument was used . Landes [8] was able to extend Simader's work by a different type of convexity hypothesis but it seems that Landes allows greater flexibility on the top order terms but less on the terms with $|\alpha| \leq m-1$. Here we follow Simader's approach but allow more general lower order terms than be did . Also we use known results for operators of monotone type to simplify some of the work .

We study operators of the form A+B+C where A and B are of the same type as before and

$$Cu(x) = \sum_{|\alpha| = m} (-1)^{|\alpha|} D^\alpha p_\alpha(D^\alpha u(x))$$

where $p_\alpha : R \to R$ are continuous nondecreasing functions such that $p_\alpha(0) = 0$ and $t \longmapsto t p_\alpha(t)$ are convex .

We shall be truncating certain functions and we write

$$v^{(n)}(x) = \begin{cases} v(x) & \text{, when } |v(x) \le n \\ n\,\dfrac{v(x)}{|v(x)|} & \text{, when } |v(x) > n \;. \end{cases}$$

We define maps $T_{1,n}$, $T_{2,n}$: $V \to V^*$ by

$$(T_{1,n}(u), v) = \int_\Omega \sum_{|\alpha| \le m-1} B_\alpha^{(n)}(x, \eta(u(x)))\, D^\alpha v(x)\, dx$$

$$(T_{2,n}(u), v) = \int_\Omega \sum_{|\alpha| = m} p_\alpha(D^\alpha u^{(n)}(x))\, D^\alpha v(x)\, dx \;.$$

T_o is defined as before . We assume (A1) - (A4) , (B1)(B2) and (B4) where

(B4) For all η , η' in $R^{s_{m-1}}$

$$\sum_{|\alpha| \le m-1} B_\alpha(x,\eta')\,\eta_\alpha \le \sum_{|\alpha| \le m-1} B_\alpha(x,\eta')\,\eta'_\alpha + K(1 + \Psi(x,\eta)) \;.$$

(B4) is similar in appearance to $(B3)_1$ but differs in an essential way : the roles of η' and η on the left are interchanged . (B4) was essentially used by Simader for the took $B_\alpha(x, \eta(u)) = p_\alpha(D^\alpha u)$ and required

$$p_\alpha(t)\, s \le t\, p_\alpha(t) + C\, p_\alpha(s)\, s \;.$$

THEOREM 4 . $S \equiv T_o + T_{1,n} + T_{2,n} : V \to V^*$ <u>is of type</u> (M) .

<u>Proof</u> .

Suppose u_j converges weakly to u in V , Su_j converges weakly to g in V^* and lim sup $(Su_j, u_j - u) \le 0$. Since $\|T_{i,n} u_j\|_{V^*}$ are bounded $i = 1, 2$, $T_o u_j$ is also bounded . Thus we suppose , passing to subsequences, that $T_o u_j$ converges weakly to y , $T_{1,n} u_j$ converges weakly to w and $T_{2,n} u_j$ converges weakly to z in V^* . We assert that lim sup$(T_o u_j , u_j - u) \le 0$. Indeed we have $(T_o u_j, u_j - u) - (Su_j, u_j - u) + (T_{1,n} u_j, u - u_j) + (T_{2,n} u_j, u - u_j)$.

Now

$$\left| \int_\Omega B_\alpha^{(n)}(x,\eta(u_j))(D^\alpha u(x) - D^\alpha u_j(x))\,dx \right| \le n \int_\Omega |D^\alpha u - D^\alpha u_j|\,dx \longrightarrow 0 \quad \text{as } j \to \infty ,$$

since $D^\alpha u_j$ converges to $D^\alpha u$ in L^r for $|\alpha| \le m-1$.

For $|\alpha| = m$ we have

$$\int_\Omega p_\alpha(D^\alpha u_j^{(n)})(D^\alpha u - D^\alpha u_j) \le \int_\Omega p_\alpha(D^\alpha u^{(n)})(D^\alpha u - D^\alpha u_j)$$

since p_α is increasing and truncation preserves this property .

The right hand side converges to zero since $p_\alpha(D^\alpha u^{(n)}) \in L^\infty \subset L^{r'}$ and $D^\alpha u_j$ converges weakly to $D^\alpha u$ in L^r . This proves the assertion and by the properties of T_o we conclude that $y = T_o u$ and $D^\alpha u_j(x) \longrightarrow D^\alpha u(x)$ a.e. for $|\alpha| = m$. As in Lemma 1 one shows that

$$\Sigma \int_\Omega |B_\alpha^{(n)}(\eta(u_j))| \longrightarrow \Sigma \int_\Omega |B_\alpha^{(n)}(\eta(u))|$$

with a similar result for the other terms . This shows that $w = T_{1,n} u$, $z = T_{2,n} u$ and so $g = Su$, as was to be shown .

THEOREM 5 . Under the above assumptions , for every f in V^* there exists u in V such that $\sum_{|\alpha| \le m-1} B_\alpha(x,\eta(u))$ and $\sum_{|\alpha| = m} p_\alpha(D^\alpha u)$ belong to L^1 and

$$(T_o u, w) + \int_\Omega \sum_{|\alpha| \le m-1} B_\alpha(x,\eta(u))\, D^\alpha w + \int_\Omega \Sigma\, p_\alpha(D^\alpha u)\, D^\alpha w = (f,w)$$

for all w in $C_o^\infty(\Omega)$.

Proof .

Let f belong to V^* . As T_o is coercive on V (by (A4)) by the basic existence theorem for operators of type (M) , for every n there exists u_n in V such that

$$T_o u_n + T_{1,n} u_n + T_{2,n} u_n = f .$$

We have : $\|u_n\| \le C$, $(T_{1,n} u_n, u_n) \le C$ and $(T_{2,n} u_n, u_n) \le C$.

As T_o is bounded we can suppose u_n converges weakly to u in V and $T_o u_n$ converges weakly to y in V^* .

By Lemma 1 , noting that $B_\alpha^{(n)}$ satisfies (B2) for every n , we have $\Psi(\eta(u))$ belongs to L^1 and $\sum_{|\alpha| \le m-1} |B_\alpha^{(n)}(\eta(u_n))|$ converges in L^1 to $\sum_{|\alpha| \le m-1} |B_\alpha(\eta(u))|$. Moreover, By Lemmas 6 and 7 of Simader [9] , exploiting the convexity hypothesis , one has

$$\sum_{|\alpha| = m} p_\alpha(D^\alpha u) D^\alpha u \quad \text{in } L^1 .$$

Now

$$\limsup (T_o u_n, u_n - u) = \limsup \{(T_{1,n} u_n, u - u_n) + (T_{2,n} u_n, u - u_n)\}$$

$$= \limsup \{I_1 + I_2\} , \quad \text{say} .$$

$$I_1 = \sum_{|\alpha| \le m-1} \int_\Omega B_\alpha^{(n)}(\eta(u_n))(D^\alpha u - D^\alpha u_n)\, dx .$$

Now $B_\alpha^{(n)}(\eta(u_n))(D^\alpha u - D^\alpha u_n)$ is either equal to $B_\alpha(\eta(u_n))(D^\alpha u - D^\alpha u_n)$ or is multiplied by a positive constant less than one . Thus the positive part of the integrand is dominated by the positive part obtained by replacing $B_\alpha^{(n)}$ by B_α . Now applying (B4) we find this is dominated by $C(1 + \Psi(\eta(u))$ which is an L^1 function by the above . Thus $\limsup I_1 \le 0$ by Lebesgue's dominated convergence theorem .

$$I_2 = \sum_{|\alpha| = m} \int_\Omega p_\alpha(D^\alpha u_n^{(n)})(D^\alpha u - D^\alpha u_n)\, dx \equiv \sum_{|\alpha| = m} \int_\Omega h_n(x)\, dx .$$

For each n, let $\Omega_1 = \{x \in \Omega : |D^\alpha u_n(x)| \le |D^\alpha u(x)| , |\alpha| = m\}$ and let $F_k = \{x \in \Omega : |u(x)| \le k\}$. Using the properties of p_α we have

$$\int_{\Omega \setminus F_k} h_n(x)\,dx \le \int_{\Omega_1 \setminus F_k} h_n(x)\,dx \le \int_{\Omega_1 \setminus F_k} p_\alpha(D^\alpha u_n^{(n)})\, D^\alpha u\,dx$$

$$\le \int_{\Omega \setminus F_k} p_\alpha(D^\alpha u)\, D^\alpha u\,dx \ .$$

Given $\varepsilon > 0$ this integral can be made less than ε for $k \ge k_o$, uniformly in n, as the integrand is in L^1.

Further

$$\int_{F_{k_o}} h_n(x)\,dx \le \int_{F_{k_o}} p_\alpha(D^\alpha u^{(n)})(D^\alpha u - D^\alpha u_n)\,dx$$

$$= \int_{F_{k_o}} p_\alpha(D^\alpha u)(D^\alpha u - D^\alpha u_n)\,dx \ , \quad \text{for } n \ge k_o \ ,$$

$$\longrightarrow 0 \quad \text{as } n \to \infty \ ,$$

since $p_\alpha(D^\alpha u) \in L^{r'}(F_{k_o})$ and $D^\alpha u_n \longrightarrow D^\alpha u$ weakly in $L^r(F_{k_o})$.

In all, $\limsup\,(T_o u_n, u_n - u) \le 0$ so that

$y = T_o u$ and $D^\alpha u_n(x) \longrightarrow D^\alpha u(x)$ for $|\alpha| = m$.

It now follows readily that

$$\sum_{|\alpha| = m} |p_\alpha(D^\alpha u_n^{(n)})| \longrightarrow \sum_{|\alpha| = m} |p_\alpha(D^\alpha u)|$$

in L^1, by Vitali's theorem. Hence we can pass to the limit and obtain the conclusion of the theorem.

REFERENCES

[1] F.E. BROWDER : Existence theorems for nonlinear partial differential equations.

Proc. Sympos. Pure Math. 16 (1970), 1-60.

[2] F.E. BROWDER : Existence theory for boundary value problems for quasilinear elliptic systems with strongly nonlinear lower order terms.
Proc. Sympos. Pure Math. 23 (1973), 269-286.

[3] F.E. BROWDER - B.A. TON : Nonlinear functional equations in Banach spaces and elliptic super regularisation.
Math. Z. 105 (1968), 177-195.

[4] D.E. EDMUNDS - V.B. MOSCATELLI - J.R.L. WEBB : Strongly nonlinear elliptic operators in unbounded domains.
Publ. Math. Bordeaux 4 (1974), 6-32.

[5] P. HESS : On nonlinear mappings of monotone type with respect to two Banach spaces.
J. Math. pures et appl. 52 (1973), 13-26.

[6] P. HESS : On a class of strongly nonlinear elliptic variational inequalities.
Math. Ann. 211 (1974), 289-297.

[7] P. HESS : A strongly nonlinear elliptic boundary value problem.
J. Math. Anal. Appl. 43 (1973), 241-249.

[8] R. LANDES : Quasilineare elliptische Differentialoperatoren mit starkem Wachstum in den Termen höchster Ordnung.
Math. Z., to appear.

[9] C.G. SIMADER : Über schwache Lösungen des Dirichletproblems für streng nichtlineare elliptische Differentialgleichungen.
Math. Z. 150 (1976), 1-26.

[10] J.R.L. WEBB : On the Dirichlet problem for strongly nonlinear elliptic operators in unbounded domains.
J. London Math. Soc. (2) 10 (1975), 163-170.

ry, Evanston 1976. Proceedings. Edited ges. 1976.

n, K. Wirthmüller, A. A. du Plessis and pological Stability of Smooth Mappings. V,

n, Categories of Algebraic Systems. Vector and , Semigroups, Rings and Lattices. VIII, 217 pages.

. H. Smith, Mal'cev Varieties. VIII, 158 pages. 1976.

Ishida, The Genus Fields of Algebraic Number Fields. es. 1976.

Approximation Theory. Bonn 1976. Proceedings. Edited by back and K. Scherer. VII, 466 pages. 1976.

557: W. Iberkleid and T. Petrie, Smooth S^1 Manifolds. III, pages. 1976.

ol. 558: B. Weisfeiler, On Construction and Identification of Graphs. XIV, 237 pages. 1976.

Vol. 559: J.-P. Caubet, Le Mouvement Brownien Relativiste. IX, 212 pages. 1976.

Vol. 560: Combinatorial Mathematics, IV, Proceedings 1975. Edited by L. R. A. Casse and W. D. Wallis. VII, 249 pages. 1976.

Vol. 561: Function Theoretic Methods for Partial Differential Equations. Darmstadt 1976. Proceedings. Edited by V. E. Meister, N. Weck and W. L. Wendland. XVIII, 520 pages. 1976.

Vol. 562: R. W. Goodman, Nilpotent Lie Groups: Structure and Applications to Analysis. X, 210 pages. 1976.

Vol. 563: Séminaire de Théorie du Potentiel. Paris, No. 2. Proceedings 1975–1976. Edited by F. Hirsch and G. Mokobodzki. VI, 292 pages. 1976.

Vol. 564: Ordinary and Partial Differential Equations, Dundee 1976. Proceedings. Edited by W. N. Everitt and B. D. Sleeman. XVIII, 551 pages. 1976.

Vol. 565: Turbulence and Navier Stokes Equations. Proceedings 1975. Edited by R. Temam. IX, 194 pages. 1976.

Vol. 566: Empirical Distributions and Processes. Oberwolfach 1976. Proceedings. Edited by P. Gaenssler and P. Révész. VII, 146 pages. 1976.

Vol. 567: Séminaire Bourbaki vol. 1975/76. Exposés 471–488. IV, 303 pages. 1977.

Vol. 568: R. E. Gaines and J. L. Mawhin, Coincidence Degree, and Nonlinear Differential Equations. V, 262 pages. 1977.

Vol. 569: Cohomologie Etale SGA 4½. Séminaire de Géométrie Algébrique du Bois-Marie. Edité par P. Deligne. V, 312 pages. 1977.

Vol. 570: Differential Geometrical Methods in Mathematical Physics, Bonn 1975. Proceedings. Edited by K. Bleuler and A. Reetz. VIII, 576 pages. 1977.

Vol. 571: Constructive Theory of Functions of Several Variables, Oberwolfach 1976. Proceedings. Edited by W. Schempp and K. Zeller. VI, 290 pages. 1977

Vol. 572: Sparse Matrix Techniques, Copenhagen 1976. Edited by V. A. Barker. V, 184 pages. 1977.

Vol. 573: Group Theory, Canberra 1975. Proceedings. Edited by R. A. Bryce, J. Cossey and M. F. Newman. VII, 146 pages. 1977.

Vol. 574: J. Moldestad, Computations in Higher Types. IV, 203 pages. 1977.

Vol. 575: K-Theory and Operator Algebras, Athens, Georgia 1975. Edited by B. B. Morrel and I. M. Singer. VI, 191 pages. 1977.

Vol. 576: V. S. Varadarajan, Harmonic Analysis on Real Reductive Groups. VI, 521 pages. 1977.

Vol. 577: J. P. May, E_∞ Ring Spaces and E_∞ Ring Spectra. IV, 268 pages. 1977.

Vol. 578: Séminaire Pierre Lelong (Analyse) Année 1975/76. Edité par P. Lelong. VI, 327 pages. 1977.

Vol. 579: Combinatoire et Représentation du Groupe Symétrique, Strasbourg 1976. Proceedings 1976. Edité par D. Foata. IV, 339 pages. 1977.

Vol. 580: C. Castaing and M. Valadier, urable Multifunctions. VIII, 278 pages. 1977.

Vol. 581: Séminaire de Probabilités XI, Université de Proceedings 1975/1976. Edité par C. Dellacherie, P. A. M. Weil. VI, 574 pages. 1977.

Vol. 582: J. M. G. Fell, Induced Representations and Banach *-Algebraic Bundles. IV, 349 pages. 1977.

Vol. 583: W. Hirsch, C. C. Pugh and M. Shub, Invariant Manifolds. IV, 149 pages. 1977.

Vol. 584: C. Brezinski, Accélération de la Convergence en Analyse Numérique. IV, 313 pages. 1977.

Vol. 585: T. A. Springer, Invariant Theory. VI, 112 pages. 1977.

Vol. 586: Séminaire d'Algèbre Paul Dubreil, Paris 1975–1976 (29ème Année). Edited by M. P. Malliavin. VI, 188 pages. 1977.

Vol. 587: Non-Commutative Harmonic Analysis. Proceedings 1976. Edited by J. Carmona and M. Vergne. IV, 240 pages. 1977.

Vol. 588: P. Molino, Théorie des G-Structures: Le Problème d'Equivalence. VI, 163 pages. 1977.

Vol. 589: Cohomologie l-adique et Fonctions L. Séminaire de Géométrie Algébrique du Bois-Marie 1965–66, SGA 5. Edité par L. Illusie. XII, 484 pages. 1977.

Vol. 590: H. Matsumoto, Analyse Harmonique dans les Systèmes de Tits Bornologiques de Type Affine. IV, 219 pages. 1977.

Vol. 591: G. A. Anderson, Surgery with Coefficients. VIII, 157 pages. 1977.

Vol. 592: D. Voigt, Induzierte Darstellungen in der Theorie der endlichen, algebraischen Gruppen. V, 413 Seiten. 1977.

Vol. 593: K. Barbey and H. König, Abstract Analytic Function Theory and Hardy Algebras. VIII, 260 pages. 1977.

Vol. 594: Singular Perturbations and Boundary Layer Theory, Lyon 1976. Edited by C. M. Brauner, B. Gay, and J. Mathieu. VIII, 539 pages. 1977.

Vol. 595: W. Hazod, Stetige Faltungshalbgruppen von Wahrscheinlichkeitsmaßen und erzeugende Distributionen. XIII, 157 Seiten. 1977.

Vol. 596: K. Deimling, Ordinary Differential Equations in Banach Spaces. VI, 137 pages. 1977.

Vol. 597: Geometry and Topology, Rio de Janeiro, July 1976. Proceedings. Edited by J. Palis and M. do Carmo. VI, 866 pages. 1977.

Vol. 598: J. Hoffmann-Jørgensen, T. M. Liggett et J. Neveu, Ecole d'Eté de Probabilités de Saint-Flour VI – 1976. Edité par P.-L. Hennequin. XII, 447 pages. 1977.

Vol. 599: Complex Analysis, Kentucky 1976. Proceedings. Edited by J. D. Buckholtz and T. J. Suffridge. X, 159 pages. 1977.

Vol. 600: W. Stoll, Value Distribution on Parabolic Spaces. VIII, 216 pages. 1977.

Vol. 601: Modular Functions of one Variable V, Bonn 1976. Proceedings. Edited by J.-P. Serre and D. B. Zagier. VI, 294 pages. 1977.

Vol. 602: J. P. Brezin, Harmonic Analysis on Compact Solvmanifolds. VIII, 179 pages. 1977.

Vol. 603: B. Moishezon, Complex Surfaces and Connected Sums of Complex Projective Planes. IV, 234 pages. 1977.

Vol. 604: Banach Spaces of Analytic Functions, Kent, Ohio 1976. Proceedings. Edited by J. Baker, C. Cleaver and Joseph Diestel. VI, 141 pages. 1977.

Vol. 605: Sario et al., Classification Theory of Riemannian Manifolds. XX, 498 pages. 1977.

Vol. 606: Mathematical Aspects of Finite Element Methods. Proceedings 1975. Edited by I. Galligani and E. Magenes. VI, 362 pages. 1977.

Vol. 607: M. Métivier, Reelle und Vektorwertige Quasimartingale und die Theorie der Stochastischen Integration. X, 310 Seiten. 1977.

Vol. 608: Bigard et al., Groupes et Anneaux Réticulés. XIV, 334 pages. 1977.

Vol. 551: Algebraic K-Theory, Evanston 1976. Proceedings. Edited by M. R. Stein. XI, 409 pages. 1976.

Vol. 552: C. G. Gibson, K. Wirthmüller, A. A. du Plessis and E. J. N. Looijenga. Topological Stability of Smooth Mappings. V, 155 pages. 1976.

Vol. 553: M. Petrich, Categories of Algebraic Systems. Vector and Projective Spaces, Semigroups, Rings and Lattices. VIII, 217 pages. 1976.

Vol. 554: J. D. H. Smith, Mal'cev Varieties. VIII, 158 pages. 1976.

Vol. 555: M. Ishida, The Genus Fields of Algebraic Number Fields. VII, 116 pages. 1976.

Vol. 556: Approximation Theory. Bonn 1976. Proceedings. Edited by R. Schaback and K. Scherer. VII, 466 pages. 1976.

Vol. 557: W. Iberkleid and T. Petrie, Smooth S^1 Manifolds. III, 163 pages. 1976.

Vol. 558: B. Weisfeiler, On Construction and Identification of Graphs. XIV, 237 pages. 1976.

Vol. 559: J.-P. Caubet, Le Mouvement Brownien Relativiste. IX, 212 pages. 1976.

Vol. 560: Combinatorial Mathematics, IV, Proceedings 1975. Edited by L. R. A. Casse and W. D. Wallis. VII, 249 pages. 1976.

Vol. 561: Function Theoretic Methods for Partial Differential Equations. Darmstadt 1976. Proceedings. Edited by V. E. Meister, N. Weck and W. L. Wendland. XVIII, 520 pages. 1976.

Vol. 562: R. W. Goodman, Nilpotent Lie Groups: Structure and Applications to Analysis. X, 210 pages. 1976.

Vol. 563: Séminaire de Théorie du Potentiel. Paris, No. 2. Proceedings 1975–1976. Edited by F. Hirsch and G. Mokobodzki. VI, 292 pages. 1976.

Vol. 564: Ordinary and Partial Differential Equations, Dundee 1976. Proceedings. Edited by W. N. Everitt and B. D. Sleeman. XVIII, 551 pages. 1976.

Vol. 565: Turbulence and Navier Stokes Equations. Proceedings 1975. Edited by R. Temam. IX, 194 pages. 1976.

Vol. 566: Empirical Distributions and Processes. Oberwolfach 1976. Proceedings. Edited by P. Gaenssler and P. Révész. VII, 146 pages. 1976.

Vol. 567: Séminaire Bourbaki vol. 1975/76. Exposés 471–488. IV, 303 pages. 1977.

Vol. 568: R. E. Gaines and J. L. Mawhin, Coincidence Degree, and Nonlinear Differential Equations. V, 262 pages. 1977.

Vol. 569: Cohomologie Etale SGA 4½. Séminaire de Géométrie Algébrique du Bois-Marie. Edité par P. Deligne. V, 312 pages. 1977.

Vol. 570: Differential Geometrical Methods in Mathematical Physics, Bonn 1975. Proceedings. Edited by K. Bleuler and A. Reetz. VIII, 576 pages. 1977.

Vol. 571: Constructive Theory of Functions of Several Variables, Oberwolfach 1976. Proceedings. Edited by W. Schempp and K. Zeller. VI, 290 pages. 1977

Vol. 572: Sparse Matrix Techniques, Copenhagen 1976. Edited by V. A. Barker. V, 184 pages. 1977.

Vol. 573: Group Theory, Canberra 1975. Proceedings. Edited by R. A. Bryce, J. Cossey and M. F. Newman. VII, 146 pages. 1977.

Vol. 574: J. Moldestad, Computations in Higher Types. IV, 203 pages. 1977.

Vol. 575: K-Theory and Operator Algebras, Athens, Georgia 1975. Edited by B. B. Morrel and I. M. Singer. VI, 191 pages. 1977.

Vol. 576: V. S. Varadarajan, Harmonic Analysis on Real Reductive Groups. VI, 521 pages. 1977.

Vol. 577: J. P. May, E_∞ Ring Spaces and E_∞ Ring Spectra. IV, 268 pages. 1977.

Vol. 578: Séminaire Pierre Lelong (Analyse) Année 1975/76. Edité par P. Lelong. VI, 327 pages. 1977.

Vol. 579: Combinatoire et Représentation du Groupe Symétrique, Strasbourg 1976. Proceedings 1976. Edité par D. Foata. IV, 339 pages. 1977.

Vol. 580: C. Castaing and M. Valadier, Convex Analysis and Measurable Multifunctions. VIII, 278 pages. 1977.

Vol. 581: Séminaire de Probabilités XI, Université de Strasbourg. Proceedings 1975/1976. Edité par C. Dellacherie, P. A. Meyer et M. Weil. VI, 574 pages. 1977.

Vol. 582: J. M. G. Fell, Induced Representations and Banach *-Algebraic Bundles. IV, 349 pages. 1977.

Vol. 583: W. Hirsch, C. C. Pugh and M. Shub, Invariant Manifolds. IV, 149 pages. 1977.

Vol. 584: C. Brezinski, Accélération de la Convergence en Analyse Numérique. IV, 313 pages. 1977.

Vol. 585: T. A. Springer, Invariant Theory. VI, 112 pages. 1977.

Vol. 586: Séminaire d'Algèbre Paul Dubreil, Paris 1975–1976 (29ème Année). Edited by M. P. Malliavin. VI, 188 pages. 1977.

Vol. 587: Non-Commutative Harmonic Analysis. Proceedings 1976. Edited by J. Carmona and M. Vergne. IV, 240 pages. 1977.

Vol. 588: P. Molino, Théorie des G-Structures: Le Problème d'Equivalence. VI, 163 pages. 1977.

Vol. 589: Cohomologie l-adique et Fonctions L. Séminaire de Géométrie Algébrique du Bois-Marie 1965–66, SGA 5. Edité par L. Illusie. XII, 484 pages. 1977.

Vol. 590: H. Matsumoto, Analyse Harmonique dans les Systèmes de Tits Bornologiques de Type Affine. IV, 219 pages. 1977.

Vol. 591: G. A. Anderson, Surgery with Coefficients. VIII, 157 pages. 1977.

Vol. 592: D. Voigt, Induzierte Darstellungen in der Theorie der endlichen, algebraischen Gruppen. V, 413 Seiten. 1977.

Vol. 593: K. Barbey and H. König, Abstract Analytic Function Theory and Hardy Algebras. VIII, 260 pages. 1977.

Vol. 594: Singular Perturbations and Boundary Layer Theory, Lyon 1976. Edited by C. M. Brauner, B. Gay, and J. Mathieu. VIII, 539 pages. 1977.

Vol. 595: W. Hazod, Stetige Faltungshalbgruppen von Wahrscheinlichkeitsmaßen und erzeugende Distributionen. XIII, 157 Seiten. 1977.

Vol. 596: K. Deimling, Ordinary Differential Equations in Banach Spaces. VI, 137 pages. 1977.

Vol. 597: Geometry and Topology, Rio de Janeiro, July 1976. Proceedings. Edited by J. Palis and M. do Carmo. VI, 866 pages. 1977.

Vol. 598: J. Hoffmann-Jørgensen, T. M. Liggett et J. Neveu, Ecole d'Eté de Probabilités de Saint-Flour VI – 1976. Edité par P.-L. Hennequin. XII, 447 pages. 1977.

Vol. 599: Complex Analysis, Kentucky 1976. Proceedings. Edited by J. D. Buckholtz and T. J. Suffridge. X, 159 pages. 1977.

Vol. 600: W. Stoll, Value Distribution on Parabolic Spaces. VIII, 216 pages. 1977.

Vol. 601: Modular Functions of one Variable V, Bonn 1976. Proceedings. Edited by J.-P. Serre and D. B. Zagier. VI, 294 pages. 1977.

Vol. 602: J. P. Brezin, Harmonic Analysis on Compact Solvmanifolds. VIII, 179 pages. 1977.

Vol. 603: B. Moishezon, Complex Surfaces and Connected Sums of Complex Projective Planes. IV, 234 pages. 1977.

Vol. 604: Banach Spaces of Analytic Functions, Kent, Ohio 1976. Proceedings. Edited by J. Baker, C. Cleaver and Joseph Diestel. VI, 141 pages. 1977.

Vol. 605: Sario et al., Classification Theory of Riemannian Manifolds. XX, 498 pages. 1977.

Vol. 606: Mathematical Aspects of Finite Element Methods. Proceedings 1975. Edited by I. Galligani and E. Magenes. VI, 362 pages. 1977.

Vol. 607: M. Métivier, Reelle und Vektorwertige Quasimartingale und die Theorie der Stochastischen Integration. X, 310 Seiten. 1977.

Vol. 608: Bigard et al., Groupes et Anneaux Réticulés. XIV, 334 pages. 1977.

Vol. 489: J. Bair and R. Fourneau, Etude Géométrique des Espaces Vectoriels. Une Introduction. VII, 185 pages. 1975.

Vol. 490: The Geometry of Metric and Linear Spaces. Proceedings 1974. Edited by L. M. Kelly. X, 244 pages. 1975.

Vol. 491: K. A. Broughan, Invariants for Real-Generated Uniform Topological and Algebraic Categories. X, 197 pages. 1975.

Vol. 492: Infinitary Logic: In Memoriam Carol Karp. Edited by D. W. Kueker. VI, 206 pages. 1975.

Vol. 493: F. W. Kamber and P. Tondeur, Foliated Bundles and Characteristic Classes. XIII, 208 pages. 1975.

Vol. 494: A Cornea and G. Licea. Order and Potential Resolvent Families of Kernels. IV, 154 pages. 1975.

Vol. 495: A. Kerber, Representations of Permutation Groups II. V, 175 pages. 1975.

Vol. 496: L. H. Hodgkin and V. P. Snaith, Topics in K-Theory. Two Independent Contributions. III, 294 pages. 1975.

Vol. 497: Analyse Harmonique sur les Groupes de Lie. Proceedings 1973–75. Edité par P. Eymard et al. VI, 710 pages. 1975.

Vol. 498: Model Theory and Algebra. A Memorial Tribute to Abraham Robinson. Edited by D. H. Saracino and V. B. Weispfenning. X, 463 pages. 1975.

Vol. 499: Logic Conference, Kiel 1974. Proceedings. Edited by G. H. Müller, A. Oberschelp, and K. Potthoff. V, 651 pages 1975.

Vol. 500: Proof Theory Symposion, Kiel 1974. Proceedings. Edited by J. Diller and G. H. Müller. VIII, 383 pages. 1975.

Vol. 501: Spline Functions, Karlsruhe 1975. Proceedings. Edited by K. Böhmer, G. Meinardus, and W. Schempp. VI, 421 pages. 1976.

Vol. 502: János Galambos, Representations of Real Numbers by Infinite Series. VI, 146 pages. 1976.

Vol. 503: Applications of Methods of Functional Analysis to Problems in Mechanics. Proceedings 1975. Edited by P. Germain and B. Nayroles. XIX, 531 pages. 1976.

Vol. 504: S. Lang and H. F. Trotter, Frobenius Distributions in GL_2-Extensions. III, 274 pages. 1976.

Vol. 505: Advances in Complex Function Theory. Proceedings 1973/74. Edited by W. E. Kirwan and L. Zalcman. VIII, 203 pages. 1976.

Vol. 506: Numerical Analysis, Dundee 1975. Proceedings. Edited by G. A. Watson. X, 201 pages. 1976.

Vol. 507: M. C. Reed, Abstract Non-Linear Wave Equations. VI, 128 pages. 1976.

Vol. 508: E. Seneta, Regularly Varying Functions. V, 112 pages. 1976.

Vol. 509: D. E. Blair, Contact Manifolds in Riemannian Geometry. VI, 146 pages. 1976.

Vol. 510: V. Poènaru, Singularités C^{∞} en Présence de Symétrie. V, 174 pages. 1976.

Vol. 511: Séminaire de Probabilités X. Proceedings 1974/75. Edité par P. A. Meyer. VI, 593 pages. 1976.

Vol. 512: Spaces of Analytic Functions, Kristiansand, Norway 1975. Proceedings. Edited by O. B. Bekken, B. K. Øksendal, and A. Stray. VIII, 204 pages. 1976.

Vol. 513: R. B. Warfield, Jr. Nilpotent Groups. VIII, 115 pages. 1976.

Vol. 514: Séminaire Bourbaki vol. 1974/75. Exposés 453 – 470. IV, 276 pages. 1976.

Vol. 515: Bäcklund Transformations. Nashville, Tennessee 1974. Proceedings. Edited by R. M. Miura. VIII, 295 pages. 1976.

Vol. 516: M. L. Silverstein, Boundary Theory for Symmetric Markov Processes. XVI, 314 pages. 1976.

Vol. 517: S. Glasner, Proximal Flows. VIII, 153 pages. 1976.

Vol. 518: Séminaire de Théorie du Potentiel, Proceedings Paris 1972–1974. Edité par F. Hirsch et G. Mokobodzki. VI, 275 pages. 1976.

Vol. 519: J. Schmets, Espaces de Fonctions Continues. XII, 150 pages. 1976.

Vol. 520: R. H. Farrell, Techniques of Multivariate Calculation. X, 337 pages. 1976.

Vol. 521: G. Cherlin, Model Theoretic Algebra – Selected Topics. IV, 234 pages. 1976.

Vol. 522: C. O. Bloom and N. D. Kazarinoff, Short Wave Radiation Problems in Inhomogeneous Media: Asymptotic Solutions. V. 104 pages. 1976.

Vol. 523: S. A. Albeverio and R. J. Høegh-Krohn, Mathematical Theory of Feynman Path Integrals. IV, 139 pages. 1976.

Vol. 524: Séminaire Pierre Lelong (Analyse) Année 1974/75. Edité par P. Lelong. V, 222 pages. 1976.

Vol. 525: Structural Stability, the Theory of Catastrophes, and Applications in the Sciences. Proceedings 1975. Edited by P. Hilton. VI, 408 pages. 1976.

Vol. 526: Probability in Banach Spaces. Proceedings 1975. Edited by A. Beck. VI, 290 pages. 1976.

Vol. 527: M. Denker, Ch. Grillenberger, and K. Sigmund, Ergodic Theory on Compact Spaces. IV, 360 pages. 1976.

Vol. 528: J. E. Humphreys, Ordinary and Modular Representations of Chevalley Groups. III, 127 pages. 1976.

Vol. 529: J. Grandell, Doubly Stochastic Poisson Processes. X, 234 pages. 1976.

Vol. 530: S. S. Gelbart, Weil's Representation and the Spectrum of the Metaplectic Group. VII, 140 pages. 1976.

Vol. 531: Y.-C. Wong, The Topology of Uniform Convergence on Order-Bounded Sets. VI, 163 pages. 1976.

Vol. 532: Théorie Ergodique. Proceedings 1973/1974. Edité par J.-P. Conze and M. S. Keane. VIII, 227 pages. 1976.

Vol. 533: F. R. Cohen, T. J. Lada, and J. P. May, The Homology of Iterated Loop Spaces. IX, 490 pages. 1976.

Vol. 534: C. Preston, Random Fields. V, 200 pages. 1976.

Vol. 535: Singularités d'Applications Differentiables. Plans-sur-Bex. 1975. Edité par O. Burlet et F. Ronga. V, 253 pages. 1976.

Vol. 536: W. M. Schmidt, Equations over Finite Fields. An Elementary Approach. IX, 267 pages. 1976.

Vol. 537: Set Theory and Hierarchy Theory. Bierutowice, Poland 1975. A Memorial Tribute to Andrzej Mostowski. Edited by W. Marek, M. Srebrny and A. Zarach. XIII, 345 pages. 1976.

Vol. 538: G. Fischer, Complex Analytic Geometry. VII, 201 pages. 1976.

Vol. 539: A. Badrikian, J. F. C. Kingman et J. Kuelbs, Ecole d'Eté de Probabilités de Saint Flour V-1975. Edité par P.-L. Hennequin. IX, 314 pages. 1976.

Vol. 540: Categorical Topology, Proceedings 1975. Edited by E. Binz and H. Herrlich. XV, 719 pages. 1976.

Vol. 541: Measure Theory, Oberwolfach 1975. Proceedings. Edited by A. Bellow and D. Kölzow. XIV, 430 pages. 1976.

Vol. 542: D. A. Edwards and H. M. Hastings, Čech and Steenrod Homotopy Theories with Applications to Geometric Topology. VII, 296 pages. 1976.

Vol. 543: Nonlinear Operators and the Calculus of Variations, Bruxelles 1975. Edited by J. P. Gossez, E. J. Lami Dozo, J. Mawhin, and L. Waelbroeck, VII, 237 pages. 1976.

Vol. 544: Robert P. Langlands, On the Functional Equations Satisfied by Eisenstein Series. VII, 337 pages. 1976.

Vol. 545: Noncommutative Ring Theory. Kent State 1975. Edited by J. H. Cozzens and F. L. Sandomierski. V, 212 pages. 1976.

Vol. 546: K. Mahler, Lectures on Transcendental Numbers. Edited and Completed by B. Diviš and W. J. Le Veque. XXI, 254 pages. 1976.

Vol. 547: A. Mukherjea and N. A. Tserpes, Measures on Topological Semigroups: Convolution Products and Random Walks. V, 197 pages. 1976.

Vol. 548: D. A. Hejhal, The Selberg Trace Formula for PSL $(2,\mathbb{R})$. Volume I. VI, 516 pages. 1976.

Vol. 549: Brauer Groups, Evanston 1975. Proceedings. Edited by D. Zelinsky. V, 187 pages. 1976.

Vol. 550: Proceedings of the Third Japan – USSR Symposium on Probability Theory. Edited by G. Maruyama and J. V. Prokhorov. VI, 722 pages. 1976.